			13	14	15	16	17	18
								2He ヘリウム 4.003
			5B ホウ素 10.81	6C 炭素 12.01	7N 窒素 14.01	8O 酸素 16.00	9F フッ素 19.00	10Ne ネオン 20.18
10	11	12	13Al アルミニウム 26.98	14Si ケイ素 28.09	15P リン 30.97	16S 硫黄 32.07	17Cl 塩素 35.45	18Ar アルゴン 39.95
28Ni ニッケル 58.69	29Cu 銅 63.55	30Zn 亜鉛 65.38	31Ga ガリウム 69.72	32Ge ゲルマニウム 72.63	33As ヒ素 74.92	34Se セレン 78.97	35Br 臭素 79.90	36Kr クリプトン 83.80
46Pd パラジウム 106.4	47Ag 銀 107.9	48Cd カドミウム 112.4	49In インジウム 114.8	50Sn スズ 118.7	51Sb アンチモン 121.8	52Te テルル 127.6	53I ヨウ素 126.9	54Xe キセノン 131.3
78Pt 白金 195.1	79Au 金 197.0	80Hg 水銀 200.6	81Tl タリウム 204.4	82Pb 鉛 207.2	83Bi* ビスマス 209.0	84Po* ポロニウム (210)	85At* アスタチン (210)	86Rn* ラドン (222)
110Ds* ダームスタチウム (281)	111Rg* レントゲニウム (280)	112Cn* コペルニシウム (285)	113Nh* ニホニウム (278)	114Fl* フレロビウム (289)	115Mc* モスコビウム (289)	116Lv* リバモリウム (293)	117Ts* テネシン (293)	118Og* オガネソン (294)

64Gd ガドリニウム 157.3	65Tb テルビウム 158.9	66Dy ジスプロシウム 162.5	67Ho ホルミウム 164.9	68Er エルビウム 167.3	69Tm ツリウム 168.9	70Yb イッテルビウム 173.0	71Lu ルテチウム 175.0
96Cm* キュリウム (247)	97Bk* バークリウム (247)	98Cf* カリホルニウム (252)	99Es* アインスタイニウム (252)	100Fm* フェルミウム (257)	101Md* メンデレビウム (258)	102No* ノーベリウム (259)	103Lr* ローレンシウム (262)

)内に示した。

フレンドリー基礎物理化学演習

田中 潔　荒井 貞夫

三共出版

まえがき

　2004年4月に「フレンドリー物理化学」の初版を発行して以来，多くの読者に愛読してもらっていることをはじめに感謝したい。「フレンドリー物理化学」は理系学部初年度の学生を対象として，高校化学の内容からはじまり，物質の構造や変化についてまとめたものである。とりわけ大きな批判はこれまでもなかったが，一人の学生が次のようにつぶやくのを聞いたことがある。「本のタイトルはフレンドリーなのに，本当にフレンドリーになるのは講義が終わったあと1年くらいたってから」というものである。このタイムラグは，昔と比べ多くのことを学ぶ学生にはもったいないと思い，今回，「フレンドリー基礎物理化学演習」を上梓することにした。ごく初歩的な例題から取り上げており，解法もできるだけ丁寧に記述するよう心掛けた。特に，単位についての記述は，計算途中でもできる限り付け加えるようにした。物理量は単位があって初めて意味があることを理解してほしいためである。本書は，化学の初歩的な内容を理解するのに大きな助けになるようにとつくったものである。章の構成は「フレンドリー物理化学」とまったく同じにしたので，その本の参考書として使用してもらえればと考えている。講義が終了するときには，化学が「フレンドリー」なものになり，さらなる高みを目指していってほしいと心から願っている。

　本書を執筆するにあたり，多くの著作物を参考にさせていただいた。これらの著者名をあげることはしないが，著者の方々に心から御礼を申し上げる。また，本書の足りない箇所や誤っている点をご指摘賜れば幸甚である。最後に本書の出版にあたり，ご尽力いただいた，また，遅筆にご辛抱いただいた三共出版(株)の秀島功氏，飯野久子氏に深く御礼申し上げる。

著者ら記す

2013年春

目　　次

序　章
- 0−1　数値の取扱い　　　1
- 0−2　単位の換算　　　5
- 0−3　原子量と分子量　　　10
- 0−4　モルとアボガドロ定数　　　13
- 0−5　化 学 量 論　　　14
  - 0−5−1　化　学　式　　　14
  - 0−5−2　化学反応式　　　19
- 章末問題　　　22

1章　原子の内部
- 1−1　原子スペクトル　　　25
- 1−2　ボーアの水素原子モデル　　　27
- 1−3　電子の二重性：波動力学　　　29
- 1−4　水素原子の構造　　　31
- 1−5　多電子原子の構造　　　36
- 1−6　イオン化エネルギーと電子親和力　　　40
- 章末問題　　　43

2章　化学結合と分子の形
- 2−1　金 属 結 合　　　45
- 2−2　オクテット則　　　46
- 2−3　イオン結合　　　47
  - 2−3−1　イオンとイオン結合　　　47
  - 2−3−2　イオン化合物とその命名　　　50

2-4 共有結合とルイス構造 ………………………………………… 50
  2-4-1 分子と共有結合 ………………………………………… 50
  2-4-2 ルイス構造 ……………………………………………… 52
  2-4-3 形式電荷 ………………………………………………… 56
  2-4-4 共鳴構造 ………………………………………………… 57
2-5 VSEPR理論と分子の形 ……………………………………… 59
2-6 混成軌道と分子の形 …………………………………………… 62
  2-6-1 共有結合と軌道の重なり ……………………………… 62
  2-6-2 sp^3 混成軌道とメタンの構造 ……………………… 63
  2-6-3 sp^2 混成とエチレンの構造 ………………………… 65
  2-6-4 sp 混成とアセチレンの構造 ………………………… 68
2-7 電気陰性度と極性分子 ………………………………………… 70
  2-7-1 電気陰性度 ……………………………………………… 70
  2-7-2 極性分子 ………………………………………………… 72
2-8 水素結合 ………………………………………………………… 73
章末問題 ……………………………………………………………… 75

3章 気体の性質 −自由な粒子−

3-1 理想気体の状態式 ……………………………………………… 77
3-2 ドルトンの分圧の法則 ………………………………………… 80
3-3 気体分子運動論 ………………………………………………… 84
3-4 実在気体 ………………………………………………………… 88
章末問題 ……………………………………………………………… 89

4章 物質の状態と分子間力

4-1 分子間の引力 …………………………………………………… 91
4-2 液体の蒸発 ……………………………………………………… 91
4-3 固体の融解・昇華 ……………………………………………… 94
4-4 状態図 …………………………………………………………… 97
4-5 固体の内部 ……………………………………………………… 99

章末問題……………………………………………………………… *103*

5章 ● 溶液の性質
　5－1　溶液の濃度……………………………………………… *105*
　5－2　固体の溶解度…………………………………………… *109*
　5－3　溶液の束一的性質……………………………………… *110*
　　5－3－1　蒸気圧降下　ラウールの法則………………… *110*
　　5－3－2　沸点上昇………………………………………… *111*
　　5－3－3　凝固点降下……………………………………… *111*
　　5－3－4　浸　透　圧……………………………………… *114*
　章末問題……………………………………………………………… *116*

6章 ● イオン性溶液の性質
　6－1　電解質溶液……………………………………………… *117*
　6－2　電　気　分　解………………………………………… *121*
　章末問題……………………………………………………………… *123*

7章 ● 状態変化に伴うエネルギー－熱化学－
　7－1　熱，仕事およびエネルギー…………………………… *125*
　7－2　内部エネルギーとエンタルピー……………………… *128*
　7－3　転移のエンタルピー…………………………………… *131*
　7－4　反応のエンタルピー…………………………………… *132*
　7－5　反応エンタルピーの温度依存性……………………… *138*
　章末問題……………………………………………………………… *140*

8章 ● 熱力学の第二法則－自然に起こる変化の方向－
　8－1　エントロピー変化……………………………………… *142*
　8－2　熱力学の第二法則……………………………………… *143*
　8－3　物質のエントロピー…………………………………… *144*
　8－4　ギブズの自由エネルギー……………………………… *145*

8－5　自由エネルギーと正味の仕事…………………………………… *151*
章末問題………………………………………………………………… *152*

9章 ● 化学平衡と熱力学

9－1　平 衡 定 数……………………………………………………… *154*
9－2　不均一系の化学平衡……………………………………………… *157*
9－3　平衡の移動………………………………………………………… *158*
9－4　イオンを含む平衡－溶解度積－………………………………… *161*
9－5　平衡定数とギブズの自由エネルギー…………………………… *164*
9－6　相の間の平衡……………………………………………………… *166*
章末問題………………………………………………………………… *169*

10章 ● 酸 と 塩 基

１０－１　酸 と 塩 基…………………………………………………… *171*
　　１０－１－１　酸と塩基の定義………………………………… *171*
　　１０－１－２　酸と塩基の価数………………………………… *174*
　　１０－１－３　酸・塩基の強さ………………………………… *175*
１０－２　酸・塩基・塩の水溶性のpH………………………………… *180*
　　１０－２－１　水のイオン積と水溶液のpH ………………… *180*
　　１０－２－２　強酸・強塩基水溶液のpH …………………… *184*
　　１０－２－３　弱酸・弱塩基水溶液のpH …………………… *186*
　　１０－２－４　塩の水溶液のpH ……………………………… *191*
１０－３　緩 衝 液………………………………………………………… *196*
　　１０－３－１　緩 衝 作 用………………………………………… *196*
　　１０－３－２　緩衝液のpHとヘンダーソン-ハッセルバルヒの式 … *198*
１０－４　中 和 反 応……………………………………………………… *200*
　　１０－４－１　中 和 滴 定………………………………………… *200*
　　１０－４－２　強酸と強塩基の滴定…………………………… *201*
　　１０－４－３　弱酸と強塩基の滴定…………………………… *203*
　　１０－４－４　弱塩基と強酸の滴定…………………………… *207*

章 末 問 題………………………………………………………………………… *210*

11章 ● 電気化学―化学エネルギーと電気エネルギー―

11－1 酸化と還元…………………………………………………… *212*
11－2 化 学 電 池………………………………………………… *214*
11－3 起電力と平衡………………………………………………… *219*
11－4 起電力とギブズの自由エネルギー変化…………………… *222*
章 末 問 題………………………………………………………………………… *224*

12章 ● 化学反応の速度

12－1 反応速度と反応速度式……………………………………… *226*
　12－1－1 反 応 速 度……………………………………… *226*
　12－1－2 反応速度式………………………………………… *228*
12－2 1 次 反 応……………………………………………… *230*
12－3 2 次 反 応……………………………………………… *235*
12－4 反応速度の温度依存性……………………………………… *238*
　12－4－1 衝 突 理 論……………………………………… *238*
　12－4－2 アレニウスの式…………………………………… *240*
12－5 速度式の解釈：反応機構…………………………………… *242*
12－6 触媒と酵素…………………………………………………… *245*
章 末 問 題………………………………………………………………………… *247*

13章 ● 放射線と放射能

13－1 同 位 体…………………………………………………… *249*
13－2 放射性崩壊と放射線………………………………………… *250*
　13－2－1 α 崩 壊……………………………………… *250*
　13－2－2 β 崩 壊……………………………………… *253*
　13－2－3 γ 崩 壊……………………………………… *254*
　13－2－4 自然放射線………………………………………… *255*
13－3 放射線の性質………………………………………………… *256*

13－4　放射能と放射線に関わる単位 ………………………… 257
13－5　半　減　期 ………………………………………………… 258
13－6　核反応と核エネルギー ……………………………………… 260
　13－6－1　核　反　応 …………………………………………… 260
　13－6－2　核の結合エネルギー ………………………………… 261
　13－6－3　核分裂と原子力 ……………………………………… 263
　13－6－4　核　融　合 …………………………………………… 264
章　末　問　題 ……………………………………………………… 265

演習問題解答 ………………………………………………………… 267
索　　　引 …………………………………………………………… 317

序　章

　はじめに，化学や物理で見出されてきた法則などは 1 つひとつの測定値を基に構築されてきたものである。したがって測定値を扱う上で注意すべきこと，たとえば数値の精密さや単位，および数値の取扱い上の規則を最初にまとめる。続いて，物質についての基礎的な知識となる原子の性質，モルとアボガドロ数および化学量論について学ぶ。

0－1　数値の取扱い

　化学や物理で扱う数値は，「誤差を含む数値」と「誤差を含まない数値」に分けることができる。測定値は「誤差を含む数値」に分類される。測定値は，必ず測定器具の精密さに支配されているので，その精密さにより有効な数字は決まってくる。たとえば，0.1 g まで測定できる電子天秤での測定値が 18.3 g で，(18.3 ± 0.1) g の意味をもつとき，18.3 の 3 は不確実な値といえる。このように不確かな数字を 1 桁加えて得られる数字を有効数字といい，この場合の有効数字の桁数は 3 桁であるという。一方，もう少し精密な電子天秤での測定値が 18.321 g となったときには，1 が不確かな数字であり，この場合の有効数字の桁数は 5 桁となる。すなわち，有効数字の桁数は測定値の精度の高低を表しているといえる。

　「誤差を含まない数値」には，たとえば，定義の中で与えられる数（1 m は 1000 mm や，^{12}C は 12 とするなど）や数えられる数（部屋にいる人数など）が挙げられる。いずれも不確定なものは含んでおらず，正確な値あるいは絶対数とよばれ，無限の桁数の有効数字をもつとする。

　数字の 0 は置かれた位置により有効数字の桁数に数えられる場合とそうでない場合があるので注意が必要である。規則は次の通り。
　(a) 0 以外の数字に挟まれた 0 は有効数字になる。
　(b) 小数点より右側にある 0 は一番外側であっても有効数字となる。

(c) 小数点以下の位を示すために使われる 0 は有効数字とはならない。

(d) 整数で末端から連続している 0 は，有効数字なのかそうでないのか曖昧さが生じる。

たとえば，1200 という数字は，測定器具の精密さにより，その有効数字は 2 桁，3 桁あるいは 4 桁ともいえる。この曖昧さを解消するには次の科学的表記法が有効である。この方法によれば 1200 は次のように表すことができる。

1.2×10^3　　　　　有効数字 2 桁
1.20×10^3　　　　有効数字 3 桁
1.200×10^3　　　有効数字 4 桁

0 はその位置により有効数字の桁数に含める場合と含めない場合があることに注意。

> **例題 0・1**　0 の位置に注意して次の有効数字の桁数を記せ。
> (a) 1.004　(b) 1.00　(c) 0.575　(d) 0.0575　(e) 1.5870　(f) 0.5870
> (g) 250
>
> (a) 4 桁　(b) 3 桁　(c) 3 桁　(d) 3 桁　(e) 5 桁　(f) 4 桁　(g) 2.5×10^2 ならば 2 桁，2.50×10^2 ならば 3 桁

次に，数値を扱う上での注意とその表し方および計算する上での規則についてまとめる。

数値の表し方

(a) 計算して出てくる数値を必要な桁まで処理する（丸めるという）ときは，四捨五入による[*1]。

(b) 計算の途中でいったん答を出す場合には，必要な有効数字の桁数より 1～2 桁多く残しその後を切り捨てる。また，計算の途中で 1～2 桁多く残した数字を記すときには，小さな数字を使う。

[*1] 末尾の 5 や，それに続く数字が 0（たとえば，～50 や～500）などを丸めるには，その前の桁の数字が偶数ならば切り捨て，奇数ならば切り上げる。

(c) 気体定数などのように十分大きな桁が与えられている数値を計算に使うときには，その計算に使われる他の数値のうちの精度がもっとも低いものより1～2桁多いところまでを使う。

0の取扱いにも注意して3桁に丸めてみよう。

> **例題0・2** 次の数値を有効数字3桁で表すといくらか。
> (a) 1.232　(b) 0.1237　(c) 0.001236　(d) 1.006　(e) 0.5670　(f) 1508
> (g) 15012
>
> (a) 1.23　(b) 0.124　(c) 0.00124　(d) 1.01　(e) 0.567　(f) 1.51×10^3
> (g) 1.50×10^4

数値の計算

(a) 加減法の計算では，答の数値の最後の桁が，計算に使われた数値のうちで最後の桁のもっとも高いものに一致する。

(b) 乗除法の計算では，答の有効数字の桁数が，計算に使われた数値のうちで有効数字の桁数が最小のものに一致する。

(c) 対数は2つの部分，すなわち，指標とよばれる整数と仮数とよばれる小数から成り立っている。指標は真数における小数点の位置の関数であり有効数字ではない。仮数は，すべてが有効数字とみなされる。したがって対数の計算では，対数の小数部分の有効数字の桁数は，真数の有効数字の桁数と一致する。

加減と乗除では計算ルールが違うことに注意。

> **例題0・3** 有効数字の桁数に注意して，次の計算結果を求めよ。ただし，数値はすべて測定値であり，同じ単位をもつものとする。
> (a) $1.32 + 3.5 + 7.896$
> (b) $16.235 - 4.8 + 3.89$
> (c) $4.6 \times 6.32 \times 1.234$
> (d) $7.69 + 5.23 - (2.2 \times 2.68)$
> (e) $(9.896 \div 3.2) + 6.69 - 2.56$

(a) $1.32 + 3.5 + 7.896 = 12.7_1 = 12.7$

(b) $16.235 - 4.8 + 3.89 = 15.3_2 = 15.3$

(c) $4.6 \times 6.32 \times 1.234 = 35._8 = 36$

(d) $7.69 + 5.23 - (2.2 \times 2.68) = 12.92 - 5.8_9 = 7.0_3 = 7.0$

(e) $(9.896 \div 3.2) + 6.69 - 2.56 = 3.0_9 + 4.13 = 7.2_2 = 7.2$

対数の取扱いでは，仮数のすべてが有効数字であり，その桁数が真数の有効な桁数となる。

例題0・4 有効数字の桁数に注意して，次の対数の計算結果を求めよ。

(a) $\log 3288$

(b) $\log (123.5 + 45.33)$

(c) $\log x = 3.26$

(a) $\log 3288 = 3.5169_3 = 3.5169$

(b) $\log (123.5 + 45.33) = \log 168.8_3 = 2.2274_4 = 2.2274$

(c) $x = 10^{3.26} = 1819.7 = 1.8 \times 10^3$

対数の取扱い

化学ではしばしば対数計算を用いるが，ここでその取扱いについてまとめる。化学においては，自然対数 ($\log_e$) は ln，常用対数 ($\log_{10}$) は log の記号を用いる。

$\ln N = a$ のとき $N = e^a$

であり，また対数の四則計算の法則は次の通り。

$\ln (MN) = \ln M + \ln N$

$\ln \dfrac{M}{N} = \ln M - \ln N$

$\ln M^n = n \times \ln M$

$\ln 1 = 0$

$\ln e = 1$

ここで示す例題は化学ではよく出会う計算法であり，慣れておこう。

例題 0・5 次の対数計算での x の値を求めよ。有効数字の桁数は 2 桁とする。

(a) $\ln \dfrac{760}{x} = 830 \times \left(\dfrac{1}{300} - \dfrac{1}{400}\right)$

(b) $\ln \dfrac{760}{380} = -830 \times \left(\dfrac{1}{300} - \dfrac{1}{x}\right)$

(a) $830 \times \left(\dfrac{1}{300} - \dfrac{1}{400}\right) = 830 \times \left(\dfrac{400-300}{300 \times 400}\right) = 0.69_1$ より

$\dfrac{760}{x} = e^{0.691}$

$x = \dfrac{760}{e^{0.691}} = 3.8 \times 10^2$

(b) $\dfrac{\ln \dfrac{760}{380}}{830} = 0.00083_5$

$\dfrac{1}{x} - \dfrac{1}{300} = 0.00083_5$

$\dfrac{1}{x} = 0.00083_5 + \dfrac{1}{300} = 0.0041_6$

$x = 2.4 \times 10^2$

0-2 単位の換算

測定値は，数値に単位を付けた物理量となる。すなわち

　　物理量＝数値×単位

の構造をもっている。したがって単位は代数の量のように扱うことができ，掛算，割算，消去もできる。そうすると，(物理量)／単位　という式は

$$\dfrac{\text{数値} \times \text{単位}}{\text{単位}} = \text{数値}$$

となり，その指定した単位での測定値で，無次元の量である。たとえば，セルシウス温度 θ（単位は℃）を絶対温度 T（単位は K，ケルビン温度や熱力学温度ともいう）に換算する式

$$T\,/\,\mathrm{K} = \theta\,/\,\mathrm{℃} + 273.15$$

の両辺はともに無次元となり，次元として等しいことを表している。

単位としては次に分類される SI 単位系が主に用いられる。

SI 基本単位	m（長さ，メートル），kg（質量，キログラム），s（時間，秒），A（電流，アンペア），K（絶対温度，ケルビン），mol（物質量，モル），cd（光度，カンデラ）の 7 種
固有の名称と記号を持つ SI 組立単位の例	N（力，ニュートン），Pa（圧力，パスカル），J（エネルギー，ジュール），C（電荷，電気量，クーロン）など。組立単位は基本単位の組合せで表すことができる。
SI 接頭語	10 の整数乗，または整数乗分の 1 を表す。da (10^1, デカ), h (10^2, ヘクト), k (10^3, キロ), M (10^6, メガ), G (10^9, ギガ), d (10^{-1}, デシ), c (10^{-2}, センチ), m (10^{-3}, ミリ), μ (10^{-6}, マイクロ), n (10^{-9}, ナノ) など。

組立単位は基本単位の組合せだけではなく組立単位の組合せでも表すことができる。しばしば学ぶエネルギーの単位であるジュール（J）の組合せは次の通り。

$$1\,\mathrm{J} = 1\,\mathrm{Pa\,m^3} = 1\,\mathrm{W\,s} = 1\,\mathrm{A\,s\,V} = 1\,\mathrm{C\,V} = 1\,\mathrm{kg\,m^2\,s^{-2}}$$

最後に記した単位の商 $\mathrm{kg\,m^2\,s^{-2}}$ は $\mathrm{kg\,m^2/s^2}$ と同じ意味である。また，接頭語を用いる際には，接頭語と単位記号を組み合わせたものは単一の記号とみなし，その累乗はカッコを使わずに表すことに注意。たとえば，リットル（L）と同じになる $\mathrm{dm^3}$ は $(\mathrm{dm})^3$ の意味であり，$\mathrm{d(m)^3}$ ではない。このことは $\mathrm{cm^3}$ が $(\mathrm{cm})^3$ の意味であり，$\mathrm{c(m)^3}$ ではないことと同じである。

化学計算の中では複雑な単位の換算も必要になることが多い。このようなときには換算係数表示法が大変有用であり，またこれを理解していれば間違えることも少ない。たとえば

$$1\,\mathrm{dm^3} = 1\,(\mathrm{dm})^3 = 1\,(10^{-1}\,\mathrm{m})^3 \quad より \quad 1\,\mathrm{dm^3} = 10^{-3}\,\mathrm{m^3}$$

$$1\,\mathrm{cm^3} = 1\,(\mathrm{cm})^3 = 1\,(10^{-2}\,\mathrm{m})^3 \quad より \quad 1\,\mathrm{cm^3} = 10^{-6}\,\mathrm{m^3}$$

したがって，それぞれ

$$\frac{10^{-3}\,\mathrm{m}^3}{1\,\mathrm{dm}^3} = \frac{1\,\mathrm{dm}^3}{10^{-3}\,\mathrm{m}^3} = 1$$

$$\frac{10^{-6}\,\mathrm{m}^3}{1\,\mathrm{cm}^3} = \frac{1\,\mathrm{cm}^3}{10^{-6}\,\mathrm{m}^3} = 1$$

の換算係数が得られる。必要な方を掛ければよい。たとえば，0.234 dm^3 を cm^3 単位で表すときには

$$0.234\,\mathrm{dm}^3 \times \frac{10^{-3}\,\mathrm{m}^3}{1\,\mathrm{dm}^3} \times \frac{1\,\mathrm{cm}^3}{10^{-6}\,\mathrm{m}^3} = 234\,\mathrm{cm}^3$$

となる。

> 単位の換算に迷ったら，ぜひ換算係数表示法に戻ってみよう。

例題0・6 次のエネルギーをJの単位に換算せよ。
(a) 質量が50.0 g で秒速2.6 cm で運動する物質の運動エネルギー
(b) 32.0 W の蛍光灯が 8.00 時間で消費するエネルギー
(c) 20.0 A の電流を 100 V で 10.0 時間流したときの電気エネルギー

(a) 物質の質量を m，速度を v と表すとき，その運動エネルギーは $1/2 \times m \times v^2$ となる。また，$1\,\mathrm{J} = 1\,\mathrm{kg}\,\mathrm{m}^2\,\mathrm{s}^{-2}$ であることから

$$\frac{1}{2} \times m \times v^2 = \frac{1}{2} \times (50.0\,\mathrm{g})\frac{10^{-3}\,\mathrm{kg}}{1\,\mathrm{g}} \left\{(2.6\,\mathrm{cm}\,\mathrm{s}^{-1})\frac{1\,\mathrm{m}}{10^2\,\mathrm{cm}}\right\}^2$$
$$= 1.6_9 \times 10^{-5}\,\mathrm{kg}\,\mathrm{m}^2\,\mathrm{s}^{-2} = 1.7 \times 10^{-5}\,\mathrm{J}$$

(b) $1\,\mathrm{J} = 1\,\mathrm{W}\,\mathrm{s}$ であることから

$$(32.0\,\mathrm{W})(8.00\,\mathrm{h})\frac{3600\,\mathrm{s}}{1\,\mathrm{h}} = 9.216 \times 10^5\,\mathrm{W}\,\mathrm{s} = 9.22 \times 10^5\,\mathrm{J}$$

(c) $1\,\mathrm{J} = 1\,\mathrm{A}\,\mathrm{s}\,\mathrm{V}$ であることから

$$(20.0\,\mathrm{A})(10.0\,\mathrm{h})\frac{3600\,\mathrm{s}}{1\,\mathrm{h}}(100\,\mathrm{V}) = 7.20 \times 10^7\,\mathrm{A}\,\mathrm{s}\,\mathrm{V}$$
$$= 7.20 \times 10^7\,\mathrm{J}$$

密度

ここで化学の計算の中で頻出する密度についてまとめておきたい。学生が混乱することが多いものである。密度 ρ とは，気体，液体，固体にかかわらず物質の単位体積当りの質量のことをいう。すなわち，密度 = 質量/体積 となる。単位体積として $1\,\mathrm{cm}^3$ や $1\,\mathrm{dm}^3$ あるいは $1\,\mathrm{m}^3$，質量として g や kg 単位が使われるが，対象とする物質の性質によることが多い。SI 単位系では $\mathrm{kg\,m^{-3}}$ となる。

密度は気体，液体，固体にかかわらず存在する物質の性質である。

例題0・7 密度 ρ に関する次の問いに答えよ。
(a) 21.3 g のアルミニウム棒の体積が $7.89\,\mathrm{cm}^3$ であった。このアルミニウムの密度 ρ を求めよ。
(b) 0.50 g のエタノールの体積が $0.63\,\mathrm{cm}^3$ であった。このエタノールの密度 ρ を求めよ。
(c) 質量が 1.28 g で，密度 ρ が $1.80\,\mathrm{g\,dm^{-3}}$ の窒素ガスの体積を求めよ。

(a) $\rho = \dfrac{質量}{体積} = \dfrac{21.3\,\mathrm{g}}{7.89\,\mathrm{cm}^3} = 2.69_9\,\mathrm{g\,cm^{-3}} = 2.70\,\mathrm{g\,cm^{-3}}$ （$2.70\,\mathrm{g/cm^3}$ と同じ）

(b) $\rho = \dfrac{質量}{体積} = \dfrac{0.50\,\mathrm{g}}{0.63\,\mathrm{cm}^3} = 0.79_3\,\mathrm{g\,cm^{-3}} = 0.79\,\mathrm{g\,cm^{-3}}$ （$0.79\,\mathrm{g/cm^3}$ と同じ）

体積が $1\,\mathrm{cm}^3$ よりも小さい $0.63\,\mathrm{cm}^3$ で割る場合でも単位体積当り，つまり $1\,\mathrm{cm}^3$ 当りの質量が求まる。この考え方に慣れておくと煩雑な比例関係式を考慮しなくてもよい。

(c) 体積 $= \dfrac{質量}{密度} = \dfrac{1.28\,\mathrm{g}}{1.80\,\mathrm{g\,dm^{-3}}} = 0.711_1\,\mathrm{dm}^3 = 0.711\,\mathrm{dm}^3$

物質は温度により体積が変化する場合が多い。このときに密度を表すには，温度の条件を付ける必要がある。また，混合液に関しても，成分の割合により体積が変化する場合がある。このようなときには，成分の割合を記して密度を表す。

条件により密度は変化することに注意。

例題0・8 密度に関する次の問いに答えよ。
(a) 乾燥空気の0℃での密度は 0.00129 g cm^{-3} である。30℃では，その体積は 1.11 倍となる。このときの乾燥空気の密度を求めよ。
(b) 水とメタノール，およびこれらの物質の等量混合液（50質量パーセント濃度）の20℃における密度は，それぞれ 0.9982 g cm^{-3}, 0.7928 g cm^{-3}, 0.9156 g cm^{-3} である。水とメタノールの等量を加え混合液を調製したとき，混合前後で体積が変化する割合はいくらか。

(a) 1 g の乾燥空気の 0℃ での体積を V cm^3 とすれば，密度 ρ は

$$\rho = \frac{1\,\text{g}}{V\,\text{cm}^3} = 0.00129\,\text{g cm}^{-3}$$

したがって

$$V = \frac{1\,\text{g}}{0.00129\,\text{g cm}^{-3}} = 7.75_1 \times 10^2\,\text{cm}^3$$

30℃では，同じ質量 1 g の乾燥空気の体積は 1.11 倍となるので，この温度での密度は

$$\rho = \frac{1\,\text{g}}{1.11 \times V} = \frac{1\,\text{g}}{1.11 \times 7.75_1 \times 10^2\,\text{cm}^3} = 0.00116_2\,\text{g cm}^{-3}$$
$$= 0.00116\,\text{g cm}^{-3}$$

となる。

乾燥空気の質量の 1 g は「誤差を含まない数値」として扱っていることに注意。

(b) 50 g の水とメタノールを混合すると仮定する。

$$50\,\text{g の水の体積：} \frac{50\,\text{g}}{0.9982\,\text{g cm}^{-3}} = 50.09_0\,\text{cm}^3$$

$$50\,\text{g のメタノールの体積：} \frac{50\,\text{g}}{0.7928\,\text{g cm}^{-3}} = 63.06_7\,\text{cm}^3$$

したがって，混合前の体積の和は

$$50.09_0 + 63.06_7 = 113.15_7 \text{ cm}^3$$

一方，50 g の水と 50 g のメタノールの混合液の体積は

$$\frac{50 \text{ g} + 50 \text{ g}}{0.9156 \text{ g cm}^{-3}} = 109.2_1 \text{ cm}^3$$

混合前後で体積が変化する割合は

$$\frac{113.15_7 - 109.2_1}{113.15_7} \times 100 = \frac{3.9_3}{113.15_7} \times 100 = 3.4_8\% \fallingdotseq 3.5\%$$

であり，混合により減少する。

この問題 (b) のように，混合により体積が変化することはよく起る現象である。一方，混合物質が反応しない場合には混合液の質量は，単純に，両物質の質量を加えたものである。また，50 g は仮定の値であり，ここでも「誤差を含まない数値」として扱っている。

0−3　原子量と分子量

　原子は，図 0・1 に示すように，中心に正の電荷をもつ原子核があり，そのまわりを負電荷をもつ電子がとり巻いている。原子核は陽子と中性子からなり，その陽子と中性子は総称して核子という。陽子と電子の電荷は符号が反対で，絶対値は等しい。この値は電荷の最小単位で，電気素量 (記号は e で $e = 1.6022 \times 10^{-19}$ C) とよばれる。一方，中性子は電荷をもたない。陽子と中性子の質量はほぼ等しく，電子の約 1840 倍である。陽子と中性子の数の和を質量数 (A) という。原子核の陽子の数は，その元素の原子番号 (Z) に等しい。電気的に中性な原子では，電子の数は陽子数，つまり原子番号 Z に等しい。原子番号 Z に対応して，1 つあるいは 2 つのアルファベットをあて，それを元素記号あるいは原子記号とよぶ。たとえば，$Z = 6$ を C として炭素，あるいは $Z = 1$ を H として水素とする。

　原子番号と質量数により規定される 1 個の原子種を核種という。核種を表すには，元素記号の左下に原子番号，左肩に質量数を付記する。たとえば，天然の炭素には質量数 12 と 13 の 2 種類の核種が存在し，$^{12}_{6}\text{C}$, $^{13}_{6}\text{C}$ と記される。なお，原子番号 6 を略し，^{12}C, ^{13}C とすることも多い。このように原子番号は同じで

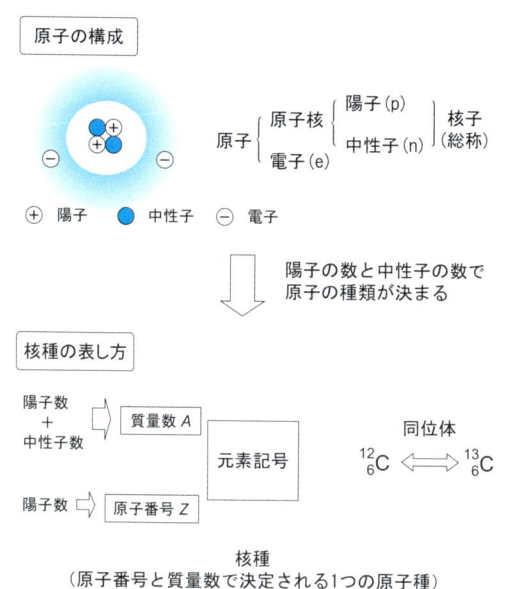

図 0・1　原子の構成と核種の表し方

あるが質量数が異なる核種を互いに同位体といい，その存在量の割合を存在比という。

原子1個の質量は，^{12}C 核種の質量の値を厳密に12と定めて，その相対質量の値として表す。たとえば，^{12}C 1個の質量は，1.9926×10^{-26} kg であり，フッ素原子1個の質量は 3.1547×10^{-26} kg であることから，フッ素原子の相対質量は

$$\frac{12 \times 3.1547 \times 10^{-26}\,\text{kg}}{1.9926 \times 10^{-26}\,\text{kg}} = 18.998$$

と求められる。フッ素原子のように同位体が1種類のときには，この相対質量が原子量（記号は A_r）となる。

2種類以上の同位体からなる元素の場合には，それぞれの同位体の相対質量と存在比から，その元素を構成する原子の相対質量の平均値が計算される。この値がその元素の原子量となる。炭素を例にしてその原子量を求めてみる。炭素は2種類の核種 ^{12}C，^{13}C からなり，^{13}C の相対質量は 13.0034 で，存在比は 98.93%（^{12}C）と 1.07%（^{13}C）である。したがって

$$A_r(C) = 12 \times 0.9893 + 13.0034 \times 0.0107 = 12.01$$

となる。

　原子量は単位をもたない無次元量であるが，原子のようにミクロな物質の質量を表すために統一原子質量単位（u）がある。これは ^{12}C 核種の質量の $1/12$ を単位としたもので，1 u は 1.66054×10^{-27} kg に相当する。定義からもわかるように，それぞれの核種の質量を統一原子質量単位で表わすにはそれぞれの相対質量に u をつければよい。たとえば ^{12}C，^{13}C の核種の質量は 12 u と 13.0034 u となる。また，陽子，中性子，電子の質量を統一原子質量単位で表すと，次のようになる。

　　　　陽子：1.007276 u　　　中性子：1.008665 u　　　電子：0.000549 u

このように，陽子と中性子の質量はほぼ 1 u に等しく，同位体が 1 つしかない元素の原子量は陽子と中性子の数の和に近い数となることも理解できる。

同位体の相対質量と存在比から原子量が求められる。

> **例題0・9**　天然の銅 Cu は 2 つの同位体 ^{63}Cu と ^{65}Cu とからなり，^{63}Cu の相対質量は 62.9298，存在比は 69.09% である。^{65}Cu の相対質量が 64.9278 であるとき，Cu の原子量はいくらか。
>
> $62.9298 \times 0.6909 + 64.9278 \times (1 - 0.6909) = 43.47_8 + 20.06_9 = 63.54_7 ≒ 63.55$

　原子が結合して物質に固有な単位粒子をつくっている場合がある。この粒子を分子という。たとえば，メタンでは CH_4 という化学式で表す分子が単位粒子となっている。原子量と同じ基準で表した，分子の相対質量を分子量（記号は M_r）という。分子量は分子を構成する原子の原子量の和に等しい。厳密な意味での分子をつくらない物質，たとえば，組成式が NaCl で示される塩化ナトリウムの結晶では，ナトリウムイオン Na^+ と塩化物イオン Cl^- が規則正しく並んでいて，NaCl という単位粒子をつくっているわけではない。このような場合には，分子量のかわりに式量を用いる場合が多い。式量は組成式を構成する原子の原子量の総和として求められる。

分子量は分子を構成する原子の原子量の和となる。

> **例題0・10** $C_6H_{12}O_6$ で表されるグルコースの分子量を計算せよ。
>
> $M_r = A_r(C) \times 6 + A_r(H) \times 12 + A_r(O) \times 6 = 12.01 \times 6 + 1.008 \times 12 + 16.00 \times 6 = 180.15_6 = 180.16$

0-4 モルとアボガドロ定数

　原子や分子1個の質量を考えるよりも，原子や分子をある塊でとらえ，しかもその質量が人間の実感に添うような単位が考案された。この塊の単位をモルといい，記号 mol で表す。1 mol は 6.022×10^{23} 個の塊をいい，これだけの数があれば，1 mol の物質量があるという。12個のゴルフボールの塊を1ダースということと同じである。原子や分子が大変小さいので大きな数字 6.022×10^{23} になったにすぎない。この数字はモルの定義に由来しており，その定義は次の通りである。12 g の ^{12}C に含まれる炭素原子と同数の単位粒子を含む系の物質量を 1 mol とする。つまり，12 g の ^{12}C に含まれる炭素原子が 6.022×10^{23} 個なのであり，これをアボガドロ定数（記号は L）という。したがって

$$L = 6.022 \times 10^{23} \text{ mol}^{-1}$$

であり，単位 mol^{-1} をもつことに注意。なお，単位を持たない数字そのものをアボガドロ数という（図0・2）。

　1 mol の物質の質量をモル質量といい，g mol^{-1} の単位で表す。たとえば，酸素原子の原子量は16.00 であるが，この数値に g mol^{-1} をつければ，酸素原子 1 mol の質量となる。これは，原子量の定義が，^{12}C を12 とし，これの相対質

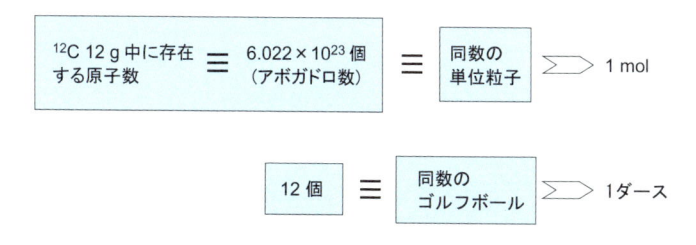

図0・2　1 mol の物質量

量が原子量であり,しかも,同じ ^{12}C の 12 g を 1 mol としていることによる。分子量の基準も原子量と同じであるから,やはり,分子量に g mol^{-1} をつければ分子 1 mol の質量,つまりモル質量となる。

分子量の値に g mol^{-1} をつけた量がその分子の 1 mol 当りの質量になることを理解する。

> **例題0・11** 25.0 g のメタノール CH$_3$OH の物質量と分子数を求めよ。
>
> メタノールの分子量は
> $$Mr = Ar(C) + Ar(H) \times 4 + Ar(O) = 12.01 + 1.008 \times 4 + 16.00$$
> $$= 32.04_2 = 32.04$$
> であるから,そのモル質量は 32.04 g mol^{-1} となる。
> したがって,その物質量 n は
> $$n = 25.0 \text{ g} \div 32.04 \text{ g mol}^{-1} = 0.780_2 \text{ mol} = 0.780 \text{ mol}$$
> また,分子数は
> $$6.022 \times 10^{23} \text{ mol}^{-1} \times 0.780_2 \text{ mol} = 4.70 \times 10^{23}$$

0-5 化学量論

与えられた化学反応に関わる反応物と生成物の数量的関係を扱うのが化学量論である。ある量の反応物からはどれくらいの量の生成物が得られるのか,逆に,ある量の生成物を得るのに必要な反応物の量はどれくらいか,適正な量はいくらかなどの情報を化学量論から容易に知ることができる。

0-5-1 化学式

化学式は,元素記号を用いて物質を表す式の総称であり,いろいろな種類があるので,はじめに化学式の種類についてまとめる。

分子式:1個の分子の中にある各種の原子の実際の数を示す式。
  例としては,水やアンモニアの分子式は H$_2$O や NH$_3$ であり,グルコースの分子式は C$_6$H$_{12}$O$_6$ である。

組成式:元素組成をもっとも簡単に示す式。有機化合物の場合,実験的に求

めた組成式を実験式ということがある。

たとえば，塩化ナトリウムの組成式は NaCl であるし，グルコースの組成式あるいは実験式は CH_2O である。

示性式：官能基（有機化合物に特定の性質を与える原子団，例：-OH, -COOH, $-NH_2$ など）の存在を明示した式。

たとえば，エタノールは C_2H_5OH であり，酢酸は CH_3COOH となる。

構造式：分子内での原子の結合の仕方を示す式。

たとえば，水やアンモニアの構造式は

$$H-O-H \qquad H-\underset{\underset{H}{|}}{N}-H$$

と表し，元素記号間の線が原子間の化学結合を示している。

イオン式：イオンを表すもので，元素記号の右上に電荷の符号と価数をつけた式。

たとえば，ナトリウムイオン Na^+ やカルシウムイオン Ca^{2+}，あるいは塩化物イオン Cl^- のように表す。なお，イオンには，アンモニウムイオン NH_4^+ や硝酸イオン NO_3^- のように 2 個以上の原子からなる原子団が電荷をもつ多原子イオンもある。

化学式から多くの情報，たとえば化合物の組成百分率の情報などが得られる。組成百分率とは，全体の質量に対するそれぞれの元素の質量百分率であり，これを基にして化合物中のある元素の質量も計算することができる。

分子式から組成百分率を求める。

例題O・12 酢酸 CH_3COOH の組成百分率を求めよ。

酢酸の分子量：$M_r = A_r(C) \times 2 + A_r(H) \times 4 + A_r(O) \times 2 = 12.01 \times 2 + 1.008 \times 4 + 16.00 \times 2 = 60.05_2$

であるから，1 mol の質量は 60.05_2 g となる。

$$\% \text{ C} = \frac{\text{炭素の質量}}{\text{酢酸の質量}} = \frac{24.02 \text{ g C}}{60.052 \text{ g}} \times 100 = 40.00 \% \text{ C}$$

同様に

$$\% \text{ H} = \frac{4.032 \text{ g H}}{60.05_2 \text{ g}} \times 100 = 6.71\% \text{ H}$$

$$\% \text{ O} = \frac{32.00 \text{ g O}}{60.05_2 \text{ g}} \times 100 = 53.29\% \text{ O}$$

全体で100%となる。

分子式から構成成分の質量を求める。

例題0・13 肥料となる硫酸アンモニウム $(NH_4)_2SO_4$ 10 g 中の硫黄 (S) の質量はいくらか。

硫酸アンモニウムの式量：$A_r(\text{N}) \times 2 + A_r(\text{H}) \times 8 + A_r(\text{S}) + A_r(\text{O}) \times 4$
$= 14.01 \times 2 + 1.008 \times 8 + 32.07 + 16.00 \times 4 = 132.15_4$

であるから，1 mol の質量は 132.15_4 g となる。したがって

$$\% \text{ S} = \frac{32.07 \text{ g S}}{132.15_4 \text{ g}} \times 100 = 24.26_7 \% \text{ S}$$

よって 10 g 中の硫黄 (S) の質量は

$10 \text{ g} \times 0.2426_7 = 2.427 \text{ g}$

構成成分の質量から組成式を求める。

例題0・14 銅 (Cu) と酸素 (O) がともに 4.0 g，および硫黄 (S) が 2.0 g からなる化合物の組成式を求めよ。

銅 (Cu) の原子量は 63.55 より，その 1 mol の質量すなわちモル質量は 63.55 g mol^{-1}。

銅 (Cu) の物質量：$\dfrac{4.0 \text{ g}}{63.55 \text{ g mol}^{-1}} = 0.062_9 \text{ mol}$

同様に

酸素 (O) の物質量：$\dfrac{4.0\text{ g}}{16.00\text{ g mol}^{-1}} = 0.25_0\text{ mol}$

硫黄 (S) の物質量：$\dfrac{2.0\text{ g}}{32.07\text{ g mol}^{-1}} = 0.062_3\text{ mol}$

したがって，この化合物に含まれる，銅，酸素，および硫黄の物質量の比は

$0.062_9\text{ mol} : 0.25_0\text{ mol} : 0.062_3\text{ mol} = 1 : 3.97 : 0.990 = 1 : 4 : 1$

よって組成式は $CuSO_4$（硫酸銅）。

構成成分の質量百分率から組成式を求める。

例題0・15 カルシウム (Ca) が 54.1%，酸素 (O) が 43.2%，および水素 (H) が 2.7%からなる化合物の組成式を求めよ。

この化合物の全量を 100 g と考えれば，カルシウム (Ca) は 54.1 g となるから，上の場合に準じて考える。

カルシウム (Ca) の物質量：$\dfrac{54.1\text{ g}}{40.08\text{ g mol}^{-1}} = 1.34_9\text{ mol}$

酸素 (O) の物質量：$\dfrac{43.2\text{ g}}{16.00\text{ g mol}^{-1}} = 2.70_0\text{ mol}$

水素 (H) の物質量：$\dfrac{2.7\text{ g}}{1.008\text{ g mol}^{-1}} = 2.6_7\text{ mol}$

したがって，この化合物に含まれる，カルシウム，酸素，および水素の物質量の比は

$1.34_9\text{ mol} : 2.70_0\text{ mol} : 2.6_7\text{ mol} = 1 : 2.00 : 1.98 = 1 : 2 : 2$

よって組成式は CaO_2H_2（水酸化カルシウム（消石灰）$Ca(OH)_2$ と推定される。）

有機化合物の構造を決定する手段として元素分析という方法がある。この方法では，ある化合物を完全に燃焼させたときに生じる CO_2 と H_2O の質量から化合物中の C と H の含有量を求める。N は，窒素ガス (N_2) にして，その体積を求めることから定量する。O の含有量を直接求めるのは困難であるので，もとの化合物の量から C, H および N の量を引くことにより計算することが多い。

元素分析の結果から実験式を求める。

例題O・16 炭素,水素および酸素からなる化合物がある。この化合物の 3.00 mg を秤量して,元素分析したところ,CO_2 が 4.40 mg および H_2O が 1.80 mg 生成した。この化合物の実験式を求めよ。

CO_2 の分子量は 44.0,炭素の原子量は 12.0 より,4.40 mg の CO_2 に含まれる炭素の質量は

$$4.40 \text{ mg} \times \frac{12.0}{44.0} = 1.20 \text{ mg}$$

同様に,1.80 mg の H_2O に含まれる水素の質量は

$$1.80 \text{ mg} \times \frac{2.0}{18.0} = 0.20 \text{ mg}$$

酸素の質量は

$$3.00 \text{ mg} - (1.20 \text{ mg} + 0.20 \text{ mg}) = 1.60 \text{ mg}$$

したがって,この化合物に含まれる,炭素,水素,および酸素の物質量の比は

$$\frac{1.20 \text{ mg}}{12.0 \text{ g mol}^{-1}} : \frac{0.20 \text{ mg}}{1.0 \text{ g mol}^{-1}} : \frac{1.60 \text{ mg}}{16.0 \text{ g mol}^{-1}}$$

$$= 0.10 : 0.20 : 0.10 = 1 : 2 : 1$$

よって,実験式は CH_2O となる。

元素分析の結果から分子式を求める。

例題O・17 炭素,水素,酸素および窒素からなり,分子量が 362 の化合物がある。この化合物の 3.30 mg を秤量して,元素分析したところ,CO_2 が 7.19 mg,H_2O が 1.80 mg および N_2 が 0.25 mg 生成した。この化合物の分子式を求めよ。

前問と同様に

C の質量:$7.19 \text{ mg} \times \dfrac{12.0}{44.0} = 1.96_0 \text{ mg}$

Hの質量：$1.80 \text{ mg} \times \dfrac{2.0}{18.0} = 0.20_0 \text{ mg}$

Nの質量：$0.25 \text{ mg} \times \dfrac{28.0}{28.0} = 0.25 \text{ mg}$

Oの質量：$3.30 \text{ mg} - 1.96_0 \text{ mg} - 0.20_0 \text{ mg} - 0.25 \text{ mg} = 0.89_0 \text{ mg}$

したがって，この化合物に含まれる，炭素，水素，窒素および酸素の物質量の比は

$\dfrac{1.96_0 \text{ mg}}{12.0 \text{ g mol}^{-1}} : \dfrac{0.20 \text{ mg}}{1.0 \text{ g mol}^{-1}} : \dfrac{0.25 \text{ mg}}{14.0 \text{ g mol}^{-1}} : \dfrac{0.89_0 \text{ mg}}{16.0 \text{ g mol}^{-1}} = 0.16_3 : 0.20_0 :$

$0.017_8 : 0.055_6 = 9.2 : 11 : 1 : 3.1 = 9 : 11 : 1 : 3$

よって，実験式は $C_9H_{11}NO_3$ となる。分子量が362であることから分子式は $(C_9H_{11}NO_3)_2$ すなわち $C_{18}H_{22}N_2O_6$ となる。

0-5-2 化学反応式

化学反応式とは化学反応において起こる変化を表したもので，反応物の分子式を左に，生成物の分子式を右におき，→で結んだものである。両辺の分子式に含まれる原子数は互いに等しくおくことから，反応物と生成物の量的関係を正確に表している。たとえば，水の生成反応を表す次の化学反応式からは，2個の水素分子は酸素分子1個と反応し，2個の水分子を生成することがわかる。また，この式は，2 molあるいは4.0 gの水素分子が，1 molあるいは32.0 gの酸素分子と反応し，2 molあるいは36.0 gの水分子が生成することも表している。

$2H_2$	+	O_2	⟶	$2H_2O$
水素分子		酸素分子		水分子
2個		1個		2個
2 mol		1 mol		2 mol
4.0 g		32.0 g		36.0 g

正確な化学反応式を書くためには，次の2つのステップを考える。
(a) 初めにすべての反応物と生成物の正しい化学式を書く。

(b) 化学式の前の係数（化学量論係数という）を調整することにより化学反応式をつりあわせる。

たとえば，ブタン C_4H_{10} が燃焼するとき，ブタンの4個のCはすべて CO_2 になり，10個のHはすべて H_2O になるから，C_4H_{10} 分子1個から4個の CO_2 分子が，また，5個の H_2O 分子ができる。したがって，O_2 の係数をaとして次の化学反応式が書ける。

$$C_4H_{10} + aO_2 \longrightarrow 4CO_2 + 5H_2O$$

式の両辺で，O原子数が等しくなるので，a＝13／2となり，上式は次のようになる。

$$C_4H_{10} + \frac{13}{2}O_2 \longrightarrow 4CO_2 + 5H_2O$$

両辺を2倍して，すべての係数を整数で表すこともできる。

$$2C_4H_{10} + 13O_2 \longrightarrow 8CO_2 + 10H_2O$$

化学反応式の中には，反応に関与するイオンをイオン式で示した反応式がある。これをイオン反応式という。イオン反応式も，通常の化学反応式と同様につくることができる。注意すべき点は，左辺の電荷の総和と右辺の電荷の総和が等しくなることである。

反応式の前後で，それぞれの原子の数の総和は等しくなる。

例題O・18 銅と濃硝酸および希硝酸との化学反応式の化学量論係数a～dを求めよ。

濃硝酸との反応

$$Cu + aHNO_3 \longrightarrow Cu(NO_3)_2 + 2H_2O + bNO_2$$

希硝酸との反応

$$cCu + 8HNO_3 \longrightarrow dCu(NO_3)_2 + 4H_2O + 2NO$$

a＝4 b＝2 c＝3 d＝3

正確な化学反応式から量的関係がわかることを理解する。

例題O・19 フッ化水素（HF）はホタル石（CaF_2）に濃硫酸を反応させてつくる。化学反応式は次の通りである。反応が完全に進むと仮定した場合，20.0 g のホタル石から何 g のフッ化水素が生成するか。

$$CaF_2 + H_2SO_4 \longrightarrow 2HF + CaSO_4$$

用いたホタル石の 2 倍モルのフッ化水素が生成することが化学反応式からわかる。

CaF_2 の式量は $40.08 + 19.00 \times 2 = 78.08$ より，そのモル質量は 78.08 g mol^{-1}。

CaF_2 の物質量：$\dfrac{20.0 \text{ g}}{78.08 \text{ g mol}^{-1}} = 0.256_1 \text{ mol}$

HF の分子量：$1.00 + 19.00 = 20.00$

したがって HF の生成量は

$$20.00 \text{ g mol}^{-1} \times 0.256_1 \text{ mol} \times 2 = 10.2_4 \text{ g} = 10.2 \text{ g}$$

正確な化学反応式を求め，それに基づき量的関係を明らかにしよう。

例題O・20 過酸化水素 H_2O_2 に触媒として酸化マンガン（IV）MnO_2 を加えると，酸素 O_2 と水 H_2O が生成する。反応が完全に進むと仮定した場合，32.0 g の酸素を得るには何 g の過酸化水素が必要か。

はじめに化学反応式を次のようにおいて化学量論係数（a, b）を決定する。

$$H_2O_2 \longrightarrow aO_2 + bH_2O$$

両辺がつりあうには，$a = 1/2$，$b = 1$ となる。2 倍して係数を整数にすれば

$$2H_2O_2 \longrightarrow O_2 + 2H_2O$$

32.0 g の酸素は，$32.0 \text{ g} / 32.0 \text{ g mol}^{-1} = 1.00 \text{ mol}$ に相当する。必要な過酸化水素は 2 倍の 2.00 mol となる。過酸化水素の分子量は 34.0 であるので，その質量は

$$34.0 \text{ g mol}^{-1} \times 2.00 \text{ mol} = 68.0 \text{ g}$$

正確な化学反応式に基づき，反応の収率を求める。

例題O・21 鎮痛消炎剤として用いられているサリチル酸メチルはサリチル酸とメタノールとのエステル化反応で合成される。いま，10.0 g のサリチル酸と 25.0 g のメタノールを濃硫酸触媒のもとで加熱し，7.7 g のサリチル酸メチルを得た。収率を求めよ。

収率とは，反応が完全に進行した場合に得られるはずの生成物の量（理論量）に対する，実際に生成した物質の量の比である。反応物が 2 種類以上ある場合には，生成物の理論量は，化学反応式からみてより少ない反応物の方を基準に考える。

化学反応式は

$$C_6H_4(OH)COOH + CH_3OH \longrightarrow C_6H_4(OH)COOCH_3 + H_2O$$

サリチル酸，メタノール，サリチル酸メチルの分子量はそれぞれ 138.0, 32.0, 152.0 である。よって 10.0 g のサリチル酸は $10.0 \text{ g} / 138.0 \text{ g mol}^{-1} = 0.0724_6$ mol, 25.0 g のメタノールは $25.0 \text{ g} / 32.0 \text{ g mol}^{-1} = 0.781_2$ mol に相当する。この場合の理論量はより少ないサリチル酸を基にする。したがって，サリチル酸メチルの理論量は

$$152.0 \text{ g mol}^{-1} \times 0.0724_6 \text{ mol} = 11.0_1 \text{ g}$$

よって収率は

$$\frac{7.7 \text{ g}}{11.0_1 \text{ g}} \times 100 = 69._9\% = 70\%$$

章 末 問 題

O・1 有効数字の桁数に注意して，次の計算結果を求めよ。ただし，数値はすべて測定値であり，同じ単位をもつものとする。

(a) $5.68 + 9.363 - 2.5$

(b) $4.3 \times 7.58 \div 2.556$

(c) $10.256 + 0.58 - (0.69 \times 5.55)$

(d) $(2.896 \div 0.98) + 2.69 - 2.33$

0・2 有効数字の桁数に注意して，次の対数の計算結果を求めよ．

(a) $\log(0.226 + 3.85)$

(b) $\log x = 0.26$

(c) $\log \dfrac{x}{760} = -8.30 \times 10^2 \times \left(\dfrac{1}{300} - \dfrac{1}{400}\right)$

0・3 有効数字の桁数に注意して，次の測定値の計算結果を求めよ．

(a) $1.2\,\text{m} + 12\,\text{cm} + 12\,\text{mm}$

(b) $1.2\,\text{m} \times 128\,\text{cm} \times 12\,\text{cm}$

0・4 次のエネルギーを J の単位で求めよ．

(a) 質量が 50.0 kg で時速 2.6 km で運動する物体の運動エネルギー

(b) $(2.00\,\text{atm}) \times (3.00\,\text{dm}^3)$

(c) 60.0 W のヒーターが 30 分間に発生する熱エネルギー

0・5 次の物質の密度 ρ を g cm^{-3} の単位で求めよ．

(a) 一辺が 5.0 cm の立方体で質量が 2.4 kg の金属

(b) 一辺が 5.0 mm の立方体で質量が 0.24 g の物質

(c) 質量が 5.9×10^{21} t で直径が 1.32×10^4 km である地球

0・6 青色発光ダイオードの材料として用いられる窒化ガリウム GaN をつくるガリウム Ga の原子量は 69.72 である．ガリウムには 2 つの安定な同位体があり，1 つは ^{69}Ga で相対質量は 68.92，もう 1 つは ^{71}Ga で相対質量は 70.92 である．^{69}Ga の存在比を求めよ．

0・7 銀原子 Ag の同位体は 2 種類存在し，原子量は 107.86 である．1 つの同位体の相対質量は 106.9 であり，存在比は 51.84％ である．もう 1 つの同位体の相対質量を求めよ．

0・8 半導体に利用される高純度ケイ素中に，質量百分率で0.000000000121%の酸素原子が含まれているとする。1.00 gのケイ素中には何個の酸素原子が含まれているか。

0・9 10.0 gの酸化ナトリウム Na_2O，水酸化ナトリウム $NaOH$，炭酸 H_2CO_3，炭酸ナトリウム Na_2CO_3，および炭酸水素ナトリウム $NaHCO_3$ の中で，酸素の質量がもっとも大きいものはどれか。

0・10 10.0 gの過塩素酸ナトリウム $NaClO_4$，塩素酸ナトリウム $NaClO_3$，亜塩素酸ナトリウム $NaClO_2$，および次亜塩素酸ナトリウム $NaClO$ の中で，ナトリウムの質量が 2.16 g であるものはどれか。

0・11 炭素，水素，酸素および窒素からなり，分子量が 89 の化合物がある。この化合物の 3.00 mg を秤量して，元素分析したところ，CO_2 が 4.45 mg，H_2O が 2.12 mg および N_2 が 0.47 mg 生成した。この化合物の分子式を求めよ。

0・12 次の化学反応式の係数を求めよ。
 (a) $2KMnO_4 + aH_2SO_4 + bH_2O_2 \longrightarrow cK_2SO_4 + 2MnSO_4 + 5O_2 + dH_2O$
 (b) $MnO_2 + eHCl \longrightarrow MnCl_2 + fH_2O + Cl_2$
 (c) $CaCl(ClO)\cdot H_2O + gHCl \longrightarrow CaCl_2 + hH_2O + Cl_2$

0・13 1.0 t の二酸化炭素が発生するのに要する石炭（すべて C とする），メタン，ブタンおよびグルコースの質量を求めよ。

0・14 硝酸 HNO_3 を製造するのにアンモニア NH_3 を原料としたオストワルド法が知られている。これは次の 3 段階からなるものである。反応が完全に進行するとして，アンモニア 2.0 kg から得られる硝酸の質量を求めよ。
 ① $4NH_3 + 5O_2 \longrightarrow 4NO + 6H_2O$
 ② $2NO + O_2 \longrightarrow 2NO_2$
 ③ $3NO_2 + H_2O \longrightarrow 2HNO_3 + NO$

1章　原子の内部

　原子は中心に正に荷電した原子核があり，そのまわりには負に荷電した電子が取りまいている。物質の化学的性質や物理的性質さらには原子間の結合についての理解はこの電子の性質を知ることから始まるといってもよい。電子の運動のようなミクロな世界での動きは量子力学に基づいて説明される。

1−1　原子スペクトル

　原子核のまわりを取りまく電子に関する現象の1つに原子スペクトルがある。原子スペクトルは発光スペクトルともよばれるが，原子がエネルギーを吸収したときに起こる。原子がエネルギーを吸収すると，低いエネルギー準位から高いエネルギー準位へと遷移する。これは励起とよばれる。励起状態にある原子は，より低い安定なエネルギー準位に向かって遷移する。このとき，特定の振動数をもつ電磁波を放射する（図1・1）。

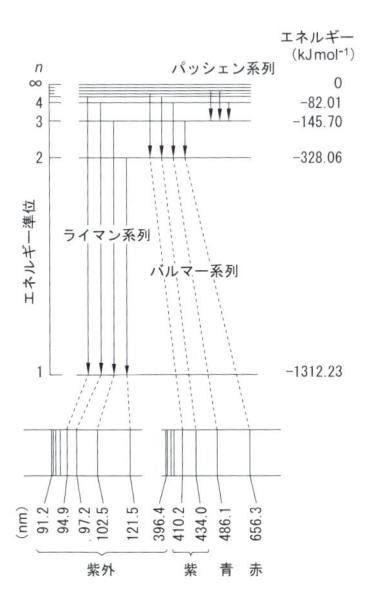

図1・1　水素原子のスペクトル系列とエネルギー準位

図 1・1 で示されるような短波長側で間隔がつまってくる一連の線列をスペクトル系列という。これらの系列はリドベリ-リッツの式

$$\frac{1}{\lambda} = R_\infty \left(\frac{1}{n_1^2} - \frac{1}{n_2^2} \right) \quad n_1 = 1, \ 2, \ 3, \ 4, \ \cdots \tag{1.1}$$

で表される。R_∞ は水素に対するリドベリ定数（$R_\infty = 1.097 \times 10^7 \, \text{m}^{-1}$）である（$n_1$ と n_2 はそれぞれ整数で $n_1 < n_2$）。n_1 はそれぞれ異なるスペクトル系列に対応しており、たとえば、ライマン系列は $n_1 = 1$ で $n_2 = 2, \ 3, \ 4, \ \cdots$ となり、波長は紫外領域にある。バルマー系列は $n_1 = 2$ に対応しており、波長は可視部にある。一方、パッシェン系列は $n_1 = 3$ に対応し、波長は赤外領域にある。各系列でもっとも波長の短いものを系列極限という。この系列極限よりも短波長の光のエネルギーが吸収されたときには、原子はイオン化される。

ここで電磁波（光は電磁波の一種）の波長と振動数（周波数ともいう）およびエネルギーの関係をまとめる。波長 λ と振動数 ν とは次の関係にある。

$$\nu = \frac{c}{\lambda} \tag{1.2}$$

ここで c は光の速度で $c = 2.9979 \times 10^8 \, \text{m s}^{-1}$ である。したがって ν の単位は SI 単位では s^{-1}、ヘルツともよばれ Hz で表現される（$1 \, \text{Hz} = 1 \, \text{s}^{-1}$）。また電磁波のエネルギー ε は振動数 ν と、プランクの式

$$\varepsilon = h\nu \tag{1.3}$$

で関係付けられる。h はプランク定数で $h = 6.626 \times 10^{-34} \, \text{J s}$ である。したがって (1.3) 式は

$$\varepsilon = h\nu = \frac{hc}{\lambda} \tag{1.4}$$

と表すことができる。

光の波長と振動数の関係を理解する。

例題 1・1 振動数 $8.00 \times 10^{15} \, \text{Hz}$ の光の波長を求めよ。

(1.2) 式から $\lambda = \dfrac{c}{\nu}$ であり、$1 \, \text{Hz} = 1 \, \text{s}^{-1}$ であるから

$$\lambda = \frac{c}{\nu} = \frac{2.9979 \times 10^8 \text{ m s}^{-1}}{8.00 \times 10^{15} \text{ s}^{-1}} = 0.374_7 \times 10^{-7} \text{ m} = 37.4_7 \times 10^{-9} \text{ m} = 37.5 \text{ nm}$$

光のエネルギーと波長および振動数の関係を理解する。

例題1・2 波長 300.0 nm の光の振動数とエネルギーを求めよ。

(1.2) 式から

$$\nu = \frac{c}{\lambda} = \frac{2.9979 \times 10^8 \text{ m s}^{-1}}{300.0 \times 10^{-9} \text{ m}} = 0.009993_0 \times 10^{17} \text{ s}^{-1}$$
$$= 9.993 \times 10^{14} \text{ s}^{-1} = 9.993 \times 10^{14} \text{ Hz}$$

またエネルギーは (1.4) 式から

$$\varepsilon = h\nu = (6.626 \times 10^{-34} \text{ J s})(9.993 \times 10^{14} \text{ s}^{-1}) = 66.21_3 \times 10^{-20} \text{ J}$$
$$= 6.621 \times 10^{-19} \text{ J}$$

物質が光を吸収することは，その波長に対応するエネルギーを吸収することと同じ。

例題1・3 水分子は波長 2.94 μm の赤外線を吸収する。これに対応するエネルギーを求めよ。

エネルギーは (1.4) 式から

$$\varepsilon = \frac{hc}{\lambda} = \frac{(6.626 \times 10^{-34} \text{ J s})(2.9979 \times 10^8 \text{ m s}^{-1})}{2.94 \times 10^{-6} \text{ m}}$$
$$= 6.75_6 \times 10^{-20} \text{ J} = 6.76 \times 10^{-20} \text{ J}$$

1－2 ボーアの水素原子モデル

　Bohr は，1913 年に水素原子モデルに基づいて，はじめて原子スペクトルの現象を説明した。ボーアの理論はのちに原子構造に関する現代的理論（量子力学）に取って代わられたが，現代的理論は多くの基本的な概念をボーアの理論から引き継いでいるので，これを知ることは有益である。ボーアの水素原子モデルでは，水素原子は電荷 $+e$ をもつ重い原子核のまわりを 1 個の電子（電荷

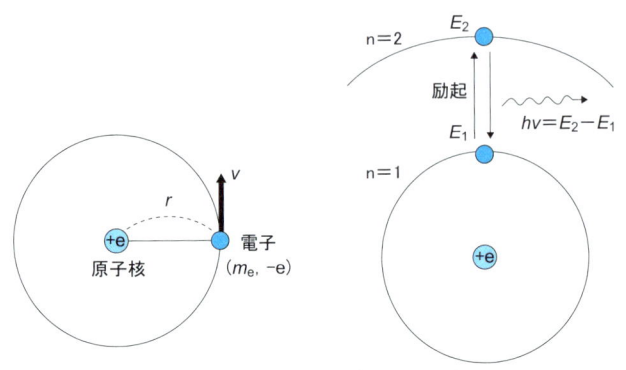

図 1・2　ボーアの水素原子モデル

$-e$，質量 m_e）が環状の軌道内を動いていると仮定した（図 1・2）。そしてこの円運動する電子のエネルギーに次のような仮定をした。
(1) 電子がある決まった軌道上を運動している限り，外に対してエネルギーを放出することはなく，一定のエネルギー状態（定常状態）を持続する。
(2) 軌道を回る電子の角運動量（$m_e vr$，v は電子の速度，r は軌道の半径）は不連続な一群の値のみを取ることが許されている。その値は，$h/2\pi$ の整数倍である（量子条件）。

$$m_e vr = n\frac{h}{2\pi} \tag{1.5}$$

ここで n は整数で量子数という。
(3) 電子が 1 つの定常状態から他の定常状態に移るとき，すなわち，ある軌道から別の軌道に遷移するとき，それらのエネルギー差に相当する光が放出されたり，吸収されたりする。たとえば，$n=2$ から $n=1$ への遷移で放出される光の振動数 ν は次式で与えられる（ボーアの振動数条件）。

$$h\nu = E_2 - E_1 \tag{1.6}$$

ただし，E_1 と E_2 はそれぞれ n が 1 および 2 のときの電子のエネルギーを表わしており，E_1 のときがもっとも低い（安定な）状態，すなわち基底状態となる。
　これらの仮定から導き出された結果は見事に原子スペクトルを説明し，リドベリ-リッツの式 (1.1) と同形となる。この式で用いられている n_1 と n_2 が量子数 n に対応している。

水素原子を構成する電子が量子化された2つのエネルギー状態の間を遷移するときには，そのエネルギー差に相当する光を放出（あるいは吸収）する。

> **例題1・4** 水素原子で $n=4$ から $n=3$ への遷移の際に放出される光の振動数および波長を計算せよ。また，このスペクトル線はどの系列に属するか。
>
> 水素原子の電子の遷移については (1.1) 式を使うことができる。放出される光の波長と量子数との関係は，$n_1 < n_2$ より
>
> $$\frac{1}{\lambda} = R_\infty \left(\frac{1}{n_1{}^2} - \frac{1}{n_2{}^2} \right)$$
>
> $$= 1.097 \times 10^7 \, \text{m}^{-1} \left(\frac{1}{3^2} - \frac{1}{4^2} \right) = 0.05332_6 \times 10^7 \, \text{m}^{-1}$$
>
> したがって
>
> $\lambda = 18.75_2 \times 10^{-7} \, \text{m} = 1.875 \times 10^{-6} \, \text{m}$
>
> また振動数 ν は
>
> $$\nu = \frac{c}{\lambda} = \frac{2.9979 \times 10^8 \, \text{m s}^{-1}}{1.875_2 \times 10^{-6} \, \text{m}} = 1.598_7 \times 10^{14} \, \text{s}^{-1}$$
>
> $= 1.599 \times 10^{14} \, \text{s}^{-1}$
>
> となる。また，励起状態から量子数 $n=3$ への遷移は，パッシェン系列となる。

1−3　電子の二重性：波動力学

　ボーアの原子モデルで原子スペクトルは見事に説明された。しかしながら，このモデルでは，電子のエネルギー準位はとびとびの状態しか許されないという量子条件，つまりエネルギーの量子化の概念が導入されており，これは線スペクトルを説明するため以外に十分な根拠がなく，任意的である。原子中の電子の挙動について，現在認められている理論は，波動力学または量子力学とよばれている。この考え方は，de Broglie によって1924年に提案された仮説によって開かれた。これは，質量をもち動いている物体はすべて波の性質をもっているというものである。すなわち，すべての物体は，粒子であると同時に波としても振舞うと考え，質量 m，速さ v で運動する粒子に対して次の式を提案し

た。

$$mv = \frac{h}{\lambda}$$

運動量 $p = mv$ から，この式は

$$p = \frac{h}{\lambda}$$

とも表される。したがって，この粒子には波長

$$\lambda = \frac{h}{mv} = \frac{h}{p} \tag{1.7}$$

の波がともなっているとした。(1.7 式) で与えられる波長 λ をもつ波をド・ブロイ波（あるいは物質波）という。

すべての物質は粒子性と波動性をもつことを理解する。

> **例題 1・5** 質量が 1.5 mg の砂が 15 m s^{-1} の速さで飛んでいるとき，そのド・ブロイ波長はいくらか。

(1.7) 式を用いて

$$\lambda = \frac{h}{mv} = \frac{6.626 \times 10^{-34}\,\mathrm{J\,s}}{(1.5 \times 10^{-3}\,\mathrm{g})(15\,\mathrm{m\,s^{-1}})}$$

1 J = 1 kg m^2 s^{-2} を含む単位の換算より

$$\lambda = \{\frac{6.626 \times 10^{-34}\,\mathrm{kg\,m^2\,s^{-2}\,s}}{(1.5 \times 10^{-6}\,\mathrm{kg})(15\,\mathrm{m\,s^{-1}})} = 0.29_4 \times 10^{-28}\,\mathrm{m}$$

$$= 2.9 \times 10^{-29}\,\mathrm{m}$$

このように目に見える物質を波動力学で扱い計算することはできるが，この例のようにその波長は極めて小さく，その結果が古典力学のモデルに重要な影響を及ぼすことはない。

物質の波動性は電子のような微視的なもので顕著になる。

> **例題1・6** 12 MeV の粒子加速器の中にある電子のド・ブロイ波長はいくらか。ただし，$1\,\mathrm{eV} = 1.602 \times 10^{-19}\,\mathrm{J}$，電子の質量を $m_e = 9.11 \times 10^{-31}\,\mathrm{kg}$ とする。
>
> 12 MeV の電子の運動エネルギーが $1/2\, m_e v^2$ に等しいとおけば
>
> $$1.602 \times 10^{-19} \times 12 \times 10^6\,\mathrm{J} = \frac{1}{2} m_e v^2 = \frac{\frac{1}{2} m_e^2 v^2}{m_e} = \frac{\frac{1}{2} m_e^2 v^2}{9.11 \times 10^{-31}\,\mathrm{kg}}$$
>
> $1\,\mathrm{J} = 1\,\mathrm{kg\,m^2\,s^{-2}}$ であるから
>
> $$m_e^2 v^2 = 2 \times (1.602 \times 10^{-19} \times 12 \times 10^6\,\mathrm{kg\,m^2\,s^{-2}})(9.11 \times 10^{-31}\,\mathrm{kg})$$
> $$= 350.26 \times 10^{-44}\,\mathrm{kg^2\,m^2\,s^{-2}} = 3.50_2 \times 10^{-42}\,\mathrm{kg^2\,m^2\,s^{-2}}$$
>
> したがって
>
> $$m_e v = 1.87_1 \times 10^{-21}\,\mathrm{kg\,m\,s^{-1}}$$
>
> (1.7) 式を用いて
>
> $$\lambda = \frac{h}{m_e v} = \frac{6.626 \times 10^{-34}\,\mathrm{J\,s}}{1.87_1 \times 10^{-21}\,\mathrm{kg\,m\,s^{-1}}}$$
> $$= \frac{6.626 \times 10^{-34}\,\mathrm{kg\,m^2\,s^{-2}\,s}}{1.87_1 \times 10^{-21}\,\mathrm{kg\,m\,s^{-1}}} = 3.54 \times 10^{-13}\,\mathrm{m}$$

上の2つの例題で明らかなように，電子のような微視的な物質の場合には波長は十分に大きく，波としての性質が顕著になることが予想される。この波としての性質は，1927年に Davisson と Germer により確証されることになった。

1-4 水素原子の構造

Schrödinger は1926年に電子の波動性に基づいて新しい力学を展開した。これを波動力学あるいは量子力学という。この考え方によれば，水素原子中の電子の状態はそれぞれ対応する波動関数で表すことができる。この波動関数のことを軌道という語で表すことが多い。軌道は整数である3種類の量子数 n, l, m で規定される。量子数 n は主量子数とよばれ，軌道のエネルギーは主量子

数 n だけによって決まっている。ボーア理論における量子数 n に対応している。量子数 l は方位量子数とよばれ，主として軌道の形を決める。磁気量子数とよばれる量子数 m は，軌道の空間での配向を表している。許される量子数 n, l, m の値には，数学的な条件から一定の制限がある。その値をまとめると次のようになる。

　　　主量子数　　　$n = 1, 2, 3, 4, \cdots$
　　　方位量子数　　$l = 0, 1, 2, 3, \cdots, n-1$
　　　磁気量子数　　$m = -l, -l+1, \cdots, 0, \cdots, l-1, l$

n は1から始まる正の整数，l は与えられた n に対して 0, 1, 2, 3, $\cdots$, $n-1$ の n 個の値をとる。主量子数が同じ軌道はすべて，その原子の同じ殻に属するという。なお，主量子数が1の軌道を K 殻，2の軌道を L 殻，3の軌道を M 殻，4の軌道を N 殻とよぶ。それぞれの殻は，方位量子数によって特定される副殻によって構成される。主量子数はそのまま数字で表されるが，方位量子数は，各数値に対して次の記号が用いられる。

l	0	1	2	3	4	5	6	$\cdots$
表示文字	s	p	d	f	g	h	i	$\cdots$

主量子数と方位量子数は数字と記号を組み合わせて表され，同じ n, l の値をとる軌道は，同じ副殻にあるといわれる。それぞれの副殻は，1つかそれより多くの軌道で構成されている。副殻内の軌道は m の値によって規定される。m は，l の値に関係し，$-l$, $-l+1$, $\cdots$, 0, $\cdots$, $l-1$, l の $(2l+1)$ 個の値をとる。

　上に示した軌道は，空間のある点に電子を見いだす確率を与えるもので，図に描くときには濃淡表示でその確率を表す。この方法によれば，たとえば 1s, 2s 軌道は，図 1・3(a) に示される。しかし，もっと簡単な方法は，図 1・3(b) で描いたような境界面だけを示すものである。この境界面の内側には電子の約 90% が存在していることを表している。これによれば s 軌道は球形となり，1s, 2s, 3s 軌道の順で大きな形となっていく。また，図 1・3(a) で示すように，2s 軌道には間にまったく電子が存在しない領域（これを節とよぶ）が1つあることがわかる。3s 軌道は 2 個の節をもつ。一方，2p 軌道には，軌道の空間

(a) 電子密度を濃淡表示で表す

1s　　　2s

(b) 境界面を使って表す（境界面の中に電子を見出す確率は９０％）

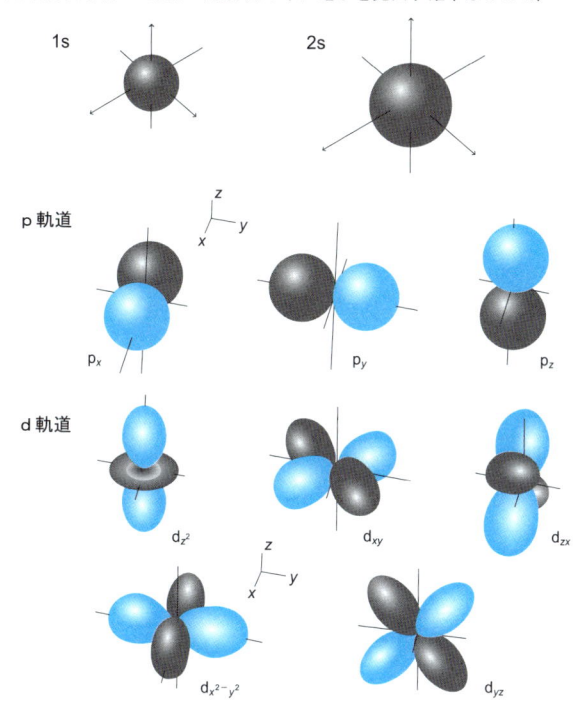

1s　　　2s

p 軌道　　p_x　　p_y　　p_z

d 軌道　　d_{z^2}　　d_{xy}　　d_{zx}

　　　　　$d_{x^2-y^2}$　　d_{yz}

図 1・3　水素原子の軌道の表示

での配向を表す磁気量子数が 3 個あることから，それぞれを境界面で表示すれば，x，y，z 軸方向に向いた 2 個のローブの形になる．それぞれを p_x, p_y, p_z とよぶ．そこでは節の面は原子核をよぎり，2 個のローブを分断している．3p 軌道も同様の 2 個のローブの形になるが，s 軌道と同じように 2 個のローブの内側にもう 1 個の節をもっている．図 1・3(b) には d 軌道も境界面の表示法で示してある．

　水素原子の電子が 1s 軌道を占めるときにもっとも低いエネルギーをもち，

基底状態にあるという。その状態は，図1・3で示すように1s電子（1s軌道を占める電子）が原子核のまわりに球対称に広がっており，境界面のまわりを回っていると考えるべきではない。水素原子の各軌道のエネルギー準位を図1・4に示した。

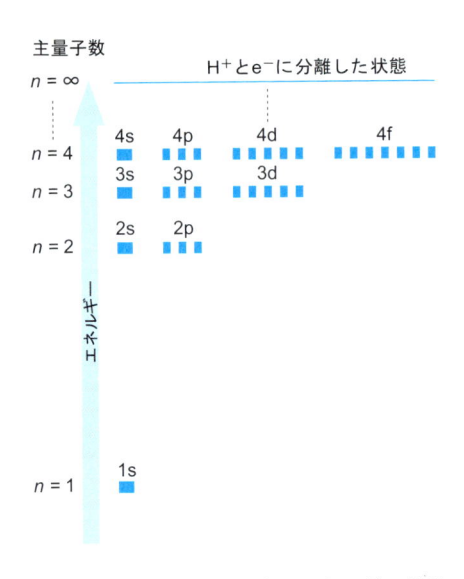

図1・4　水素原子の軌道のエネルギー準位

3種類の量子数 n，l，m は，波動関数を求めるときに数学的条件として出てくるものであるが，これらに加えて，4番目の量子数がある。これは電子の自転の方向を表すもので，空間で2つの方向に限られる。この方向を反対向きの矢印（↑と↓）で表し，スピン量子数 m_s が $+1/2$ および $-1/2$ をもつとする。

以上のように，原子内の電子の状態は4種類の量子数（n, l, m, m_s）で規定されることになる。これは，次に述べる多電子原子の中の電子にもあてはまる。

原子内の電子の状態は決まっており，その状態を量子数で規定する。

例題1・7 ①から⑤のうち許される軌道はどれか。

	①	②	③	④	⑤
主量子数 (n)	1	2	3	4	5
方位量子数 (l)	1	1	2	4	4
磁気量子数 (m)	0	-2	-3	-2	-2

主量子数 n に対して方位量子数 l は 0 から $n-1$ までの整数を，また，磁気量子数 m は l の値に関係し，$-l$ から l の整数となる。したがって，次の理由より①から④は許容されないため，答は⑤となる。

① $n=1$ のとき l は 0 だけが許容される。

② $n=2$ のとき l は 0 か 1。$l=1$ のとき m は -1, 0, 1 だけが許容される。

③ $n=3$ のとき l は 0 か 1 か 2。$l=2$ のとき m は -2, -1, 0, 1, 2 だけが許容される。

④ $n=4$ のとき l は 0, 1, 2, 3 だけが許容される。

副殻は方位量子数で規定され，方位量子数は主量子数で規定されることを理解する。

例題1・8 $n=4$ の殻には副殻はいくつあるか。

主量子数で規定される殻は，方位量子数によって特定される副殻によって構成される。したがって，$n=4$ のときの方位量子数 l は 0, 1, 2, 3 となり，それぞれに対して s, p, d, f の表示文字が使われるので，結局副殻は 4s, 4p, 4d, 4f の 4 つ。

原子内の電子の状態は 4 つの量子数で規定され，4 つの量子数がすべて同じ状態は存在しないことを理解する。

例題1・9 $n=3$ の M 殻に入る電子のそれぞれについて 4 種類の量子数をすべて記せ。また，すべての軌道について副殻を記せ。

副殻	n	l	m	m_s	副殻	n	l	m	m_s
3s	3	0	0	$\pm\frac{1}{2}$	3d	3	2	-1	$\pm\frac{1}{2}$
3p	3	1	-1	$\pm\frac{1}{2}$	3d	3	2	0	$\pm\frac{1}{2}$
3p	3	1	0	$\pm\frac{1}{2}$	3d	3	2	1	$\pm\frac{1}{2}$
3p	3	1	1	$\pm\frac{1}{2}$	3d	3	2	2	$\pm\frac{1}{2}$
3d	3	2	-2	$\pm\frac{1}{2}$					

1-5 多電子原子の構造

　水素原子での 1s, 2s, 3s, … 軌道は，もっと複雑な，水素以外の多電子原子の構造を記述するのにも使われる。水素のものと異なる点は，原子核の電荷が大きいので，内部の電子は核の近くまで引きつけられ，軌道の広がりも小さくなる。その結果，同じ 1s 軌道でも，この軌道を占有する電子のエネルギーは，水素原子での 1s 電子のもつエネルギーより低い準位にある。また，主量子数が同じで副殻に属する軌道，たとえば 2s と 2p 軌道は異なるエネルギー準位をもつ。これは，多電子原子の場合には，たとえば，2s や 2p 軌道が電子に占有されるときは，必ずそれらよりも低いエネルギー準位で内殻の 1s 軌道に電子が 2 個存在していることから起こる現象である。核の正電荷は内殻にある電子により部分的に遮蔽されているので，外殻にある電子に影響を及ぼす電荷は核の電荷全体よりは小さくなる。2s 電子の方が，2p 電子と比較し，1s 電子による核電荷の遮蔽効果を受ける割合が小さい。その結果，2s 電子の方が 2p 電子より核電荷による電気的な引力を強く受け，エネルギーが低くなる。多電子原子の各軌道のエネルギー準位を図 1・5 に示した。

　電子が原子核のまわりの軌道に分配される様子を電子配置あるいは電子構造という。この電子配置に関係した重要な規則に，パウリの禁制原理とフントの規則がある。パウリの禁制原理とは，1 つの原子の中の電子で，4 種類の量子数がすべて同じ電子は存在できないことをいう。つまり，量子数 n, l, m が同じ場合には，スピン量子数の異なる 2 個の電子しかもち得ないことを意味する。このことから，1 つの軌道に入る電子の数は 2 個までであり，2 個の電子

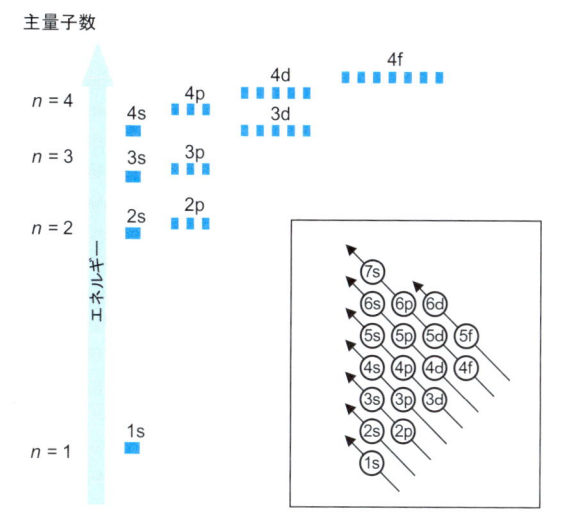

図 1・5　多電子原子の軌道のエネルギー準位

のスピンは逆向きとなる。一方，フントの規則とは，電子が縮退した（エネルギー準位が同じ）いくつかの軌道に入るときには，電子はそれぞれの軌道にそのスピンが同じ方向に向くように入り，縮退した軌道がすべて1個ずつの電子で占められるまで続くというものである。これは，電子が同じ軌道を占めるよりは，異なる軌道にある方が，平均して互いに離れることができ，反発が小さくなるからである。

以上のことをまとめると，次の規則によって基底状態にある中性原子の電子配置は決まっていく。

1. 原子の原子番号が Z であれば，Z 個の電子を収容する。正負のイオンの場合にも Z から電子を引いたり足したりすることによりこの規則が適用できる。

2. 低いエネルギーの軌道に電子を1個ずつつけ加えていく。
軌道のエネルギーの順序は，1s，2s，2p，3s，3p，4s，3d，4p，5s，4d，5p，6s の順である。

3. どの軌道にも2個より多くの電子をいれてはいけない。

このルールに従うと，リチウム Li（$Z = 3$）は次のように記される。

Li　　↑↓　　　↑　　　　　　　$1s^2 2s^1 \equiv [He]2s^1$
　　　1s　　　2s

　すでに1s副殻は完全に占められており，このとき2個の電子は閉殻配置を形成しているという．したがって，3番目の電子は1s軌道には入れず，次にエネルギーが低い2s軌道に入る．また，これらはLi [He]$2s^1$とも表現できる．これは，最外殻電子（もっともnの大きい殻にある電子）の配置に注目したもので，それより中にある殻の電子，つまり芯電子を[ ]で略記する．この例では，満たされた1s軌道（1s副殻）はヘリウム殻とよばれ，[He]と書く．これはまた希ガスの電子配置に対応している．この表記法によれば，通常，化学結合に直接関与する最外殻電子すなわち価電子の配置がすぐにわかる．

　原子番号が$Z = 6$の炭素Cは

C　　↑↓　　　↑↓　　　↑　↑　＿＿＿　　$1s^2 2s^2 2p^2 \equiv [He]2s^2 2p^2$
　　　1s　　　2s　　　　　2p

と記される．2p副殻には3個の2p軌道（$2p_x$, $2p_y$, $2p_z$）が縮退しているが，6番目の電子は，フントの規則から，5番目の電子が入っている2p軌道とは別の2p軌道にスピンが同じ方向に向くように入る．そして$Z = 10$のネオンNeで2p副殻がすべて占有される．2p副殻が完成するときも閉殻配置になる．

Ne　　↑↓　　　↑↓　　　↑↓　↑↓　↑↓　　$1s^2 2s^2 2p^6 \equiv [Ne]$
　　　1s　　　2s　　　　　2p

　ナトリウムNa（$Z = 11$）にはもう1個電子があり，それは次の3s軌道に入り，その配置は$1s^2 2s^2 2p^6 3s^1 \equiv [Ne]3s^1$となる．周期表で第3周期のNa（$Z = 11$）からAr（$Z = 18$）は，3s副殻と3p副殻が電子で占められていくところである．

　図1・5からもわかるように，次のエネルギー準位は，3dではなく4s軌道である．したがって，第4周期のK（$Z = 19$）とCa（$Z = 20$）の電子配置は，それぞれ$1s^2 2s^2 2p^6 3s^2 3p^6 4s^1 \equiv [Ar]4s^1$と$1s^2 2s^2 2p^6 3s^2 3p^6 4s^2 \equiv [Ar]4s^2$となる．さて，次のエネルギー準位が3d副殻となるが，この殻には5種類の縮退した軌道があり，結果として10個の電子を収めることができる．したがって，$Z = 21$のスカンジウムScから亜鉛Zn（$Z = 30$）までは3d副殻が完成していくところといってよい．3d副殻を満たしていくスカンジウムScから銅Cuまで

が第一遷移元素と分類される。

3d 副殻が満たされたあと，ガリウム Ga（Z = 31）からクリプトン Kr（Z = 36）では，4p 副殻が完成していく。このあと Z = 37 のルビジウム Rb と Z = 38 のストロンチウム Sr が続き，5s 軌道が完全に満たされる。さらに続いて，4d 副殻がイットリウム Y（Z = 39）からカドミウム Cd（Z = 48）の間で，また，5p 副殻がインジウム In（Z = 49）からキセノン Xe（Z = 54）まで，そして 6s 軌道がセシウム Cs（Z = 55）とバリウム Ba（Z = 56）で満たされる。4d 副殻が満たされていくイットリウム Y から銀 Ag までが第二遷移元素とよばれる。

エネルギー準位から予想されるのは，6s 軌道の上には 4f 副殻があり，そこには 7 種類の縮退した軌道があることから，次の 14 個の元素が 4f 副殻を満たしていくことである。実際は，ランタン La（Z = 57）の最後の電子が 5d 副殻にはいったあとに，4f 副殻が満たされていき，Z = 58 から 71 までの元素の電子配置が完成する。ランタンから Z = 71 のルテチウム Lu までの 15 元素をランタノイド元素という。同様に，5f 副殻を満たしていくことによって，アクチニウム Ac（Z = 89）からローレンシウム Lr（Z = 103）までの 15 元素をアクチノイド元素と説明することができる。

1 つの軌道にはスピン量子数が異なる 2 つの電子があることに注意。

例題1・10 多電子原子の主量子数が 4 の軌道に入り得る電子の最大数はいくつか。

例題 1・8 から主量子数が 4 の副殻は，方位量子数 l = 0，1，2，3 に対応して 4s，4p，4d，4f の 4 つ。また，副殻内の軌道の数は $(2l + 1)$ 個となる。したがって，4s には 1 個，4p には 3 個，4d には 5 個，4f には 7 個の軌道があり合計 16 個となる。電子はそれぞれの軌道に 2 個入り得るので最大数は 32 個となる。

電子配置を決めるには，原子番号と同数の電子を安定な軌道から 2 つずつ入れていく。

> **例題1・11** インジウム In の電子配置を記せ。

インジウムの原子番号は49。したがって49個の電子を 1s, 2s, 2p, 3s, 3p, 4s, 3d, 4p, 5s, 4d, 5p の順番でいれていけばよい。s 軌道には2個, p 軌道には6個, d 軌道には10個まで入るのでインジウムの電子配置は
$$1s^2 2s^2 2p^6 3s^2 3p^6 4s^2 3d^{10} 4p^6 5s^2 4d^{10} 5p^1$$
となる。殻ごとにすべての副殻を集めると
$$1s^2 2s^2 2p^6 3s^2 3p^6 3d^{10} 4s^2 4p^6 4d^{10} 5s^2 5p^1$$
と記述できる。

最外殻電子の軌道が周期表での族を決める。

> **例題1・12** 電子配置 ($1s^2 2s^2 2p^6 3s^2 3p^6 3d^{10} 4s^2 4p^6 4d^{10} 5s^2 5p^6 6s^2$) をもつ中性の原子は,周期表のどの族に属するか。

最外殻電子が $6s^2$ であることから2族であることがわかる。また,電子の総数は56個であり,中性の原子ならば原子番号が56のバリウム Ba となる。

1-6 イオン化エネルギーと電子親和力

　基底状態にある気体の中性原子から電子を1個取り除くのに最小限必要なエネルギーを第一イオン化エネルギー I_1 という。つまり,ある元素の原子 E について

$$E(g) \longrightarrow E^+(g) + e^-(g)$$

の過程で必要なエネルギーである。2番目の電子を取り除くのに必要なエネルギーが第二イオン化エネルギー I_2 であり,第一イオン化エネルギーよりも大きな値になる。これは,正に帯電したイオンから電子を取り除く方が,中性原子から取り除くよりも多くのエネルギーが必要だからである。希ガス型の電子配置をもつ電子の殻は非常に安定であり,イオン化するには大きなエネルギーが必要となる。したがって希ガスそのものの第一イオン化エネルギーの値は大きくなる。また,1族の元素では,第一イオン化エネルギーは比較的小さいが,第二イオン化エネルギーはそれよりずっと大きく,しかも同じ周期の元素の中

でも1番大きい。1族の元素は，最外殻のs軌道に1個の電子をもつものであり，そこから電子1個が除かれたあとの電子配置は希ガス型となるためである（表1・1）。

表1・1　第一イオン化エネルギー I_1，第二イオン化エネルギー I_2，電子親和力 E_A および原子半径

	I_1 / kJ mol^{-1}	I_2 / kJ mol^{-1}	E_A / kJ mol^{-1}	原子半径 / nm
H	1312.0	—	72.8	0.037 a)
He	2372.3	5250.4	−21	0.140 b)
Li	513.3	7298.0	59.8	0.152 c)
Be	899.4	1757.1	<0	0.111 c)
B	800.6	2427	23	0.086 c)
C	1086.2	2352	122.5	0.077 a)
N	1402.3	2856.1	−7	0.074 a)
O	1313.9	3388.2	141	0.074 a)
F	1681	3374	322	0.072 a)
Ne	2080.6	3952.2	−29	0.154 b)
Na	495.8	4562.4	52.9	0.186 c)
Mg	737.7	1450.7	<0	0.160 c)
Al	577.4	1816.6	44	0.143 c)
Si	786.5	1577.1	133.6	0.118 c)
P	1011.7	1903.2	71.7	0.108 c)
S	999.6	2251	200.4	0.106 c)
Cl	1251.1	2297	348.7	0.099 a)
Ar	1520.4	2665.2	−35	0.188 a)
K	418.8	3051.4	48.3	0.232 c)
Ca	589.7	1145	2.4	0.197 c)

a) 共有結合半径　b) 固体中の原子間距離から求めたファンデルワールス半径
c) 単体の結晶における原子半径

図1・6は，はじめの数種の元素について第一イオン化エネルギーがどのように変化していくのか，また，その原子半径との関わりを描いたものであるが，原子半径の傾向と逆の形で一致していることがわかる。原子半径は，第2周期の中では，LiからNeまで次第に小さくなっていくが，これは，原子核の電荷が増加すると電子を引き寄せるからである。その結果，だんだんと電子を取り除きにくくなり，第一イオン化エネルギーが大きくなっていく。NeからNaにいくと，希ガス配置の外側にある3s軌道に入るので，核電荷の影響が内部の電子によって遮蔽されるためイオン化エネルギーが大きく減少してくる。

電子親和力 E_A は，電子が基底状態にある中性の気体原子に付加されたとき

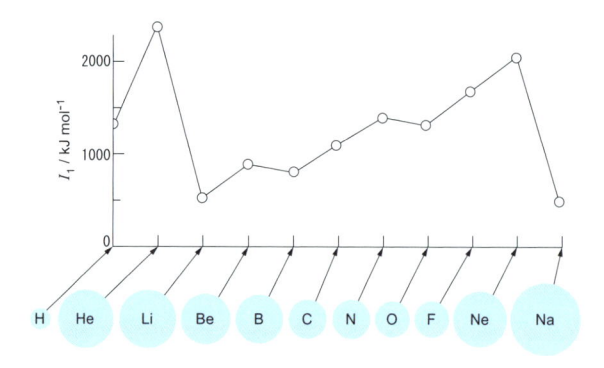

図1・6　第一イオン化エネルギー I_1 と原子の大きさ

放出されるエネルギーである。つまり，元素 E の原子について

$$E(g) + e^-(g) \longrightarrow E^-(g)$$

の過程に関与するエネルギーである。この過程が発熱過程のときに正の値になるように決められている。したがって，電子親和力が大きいときには，放出されるエネルギーが大きく，原子が電子を強く引きつけることを示している。ハロゲン原子では，付加される電子が p 副殻のすき間に入り核と強い相互作用をもつので，電子親和力が大きい。一方，希ガスでは，付加する電子は核から離れたところに，遮蔽作用のある内殻電子より外側の新しい副殻に入ることになるために，電子親和力は小さくなる。

原子内の電子は，正電荷をもつ原子核により安定化されるために原子核を取り巻いている。その状態にある電子をはじき出すのに必要なエネルギーがイオン化エネルギーである。

例題1・13　基底状態のナトリウム原子 Na をイオン化できるレーザー光の中で，もっとも長い波長のものはいくらか。ただし，Na の第一イオン化エネルギーは 495.8 kJ mol^{-1} とする。

Na 原子1個をイオン化するのに必要なエネルギーは

$$\varepsilon = \frac{495.8 \times 10^3 \text{ J mol}^{-1}}{6.022 \times 10^{23} \text{ mol}^{-1}} = 82.33_1 \times 10^{-20} \text{ J} = 8.233_1 \times 10^{-19} \text{ J}$$

したがって (1.4) 式から，レーザー光の波長は

$$\lambda = \frac{hc}{\varepsilon} = \frac{(6.626 \times 10^{-34}\,\text{J s})(2.9979 \times 10^{8}\,\text{m s}^{-1})}{8.233_1 \times 10^{-19}\,\text{J}}$$

$$= 2.412_7 \times 10^{-7}\,\text{m} = 241.3 \times 10^{-9}\,\text{m} = 241.3\,\text{nm}$$

イオン化エネルギーと電子親和力の符号の意味が逆であることに注意。

例題1・14 次の反応のエネルギー変化を求めよ。ただし，Li の第一イオン化エネルギーは 513 kJ mol^{-1} で F の電子親和力は 322 kJ mol^{-1} であるとする。また，この気相反応ではイオンは完全にばらばらとなりイオン間の相互作用はないものとする。

$$\text{Li(g)} + \text{F(g)} \longrightarrow \text{Li}^{+}(\text{g}) + \text{F}^{-}(\text{g})$$

第一イオン化エネルギーと電子親和力の符号に注意。第一イオン化エネルギーでは正値は吸熱過程であるのに対し，電子親和力の正値は発熱過程を表す。

$$\text{Li(g)} \longrightarrow \text{Li}^{+}(\text{g}) + \text{e}^{-}(\text{g}) \qquad 513\,\text{kJ mol}^{-1} \quad (\text{吸熱})$$

$$\text{F(g)} + \text{e}^{-}(\text{g}) \longrightarrow \text{F}^{-}(\text{g}) \qquad 322\,\text{kJ mol}^{-1} \quad (\text{発熱})$$

したがって，この 2 つの過程が同時に起こることで反応が進行すると考えれば，全体では 191 kJ mol^{-1} の吸熱となる。

章末問題

1・1 水素原子スペクトルのバルマー系列において，長波長側から 4 番目の波長を計算せよ。ただし，リドベリ–リッツの式に基づいて求めよ。

1・2 波長が (a) 6.5 pm，(b) 1.23 cm の電磁波のエネルギーと振動数を求めよ。

1・3 ある有機化合物のカルボニル基が波数 1710 cm^{-1} の赤外線を吸収した。この赤外線に対応するエネルギーを求めよ。

1・4 水素原子の電子を基底状態から $n = 3$ へ励起するのに必要なエネルギーを

計算せよ。

1・5 411 m s^{-1} で運動している二酸化炭素分子のド・ブロイ波長を求めよ。

1・6 5f 軌道にあるすべての電子の状態を4つの量子数で記せ。

1・7 次の量子数で表される軌道は許されるか。
(a) $n = 3$, $l = 3$, $m = 1$
(b) $n = 4$, $l = 2$, $m = 3$
(c) $n = 5$, $l = 4$, m $= -3$

1・8 塩素 Cl と塩化物イオン Cl$^-$ の電子配置を記せ。

1・9 Rb$^+$, Sr^{2+}, Br$^-$, Se, Kr の中で $1s^2 2s^2 2p^6 3s^2 3p^6 3d^{10} 4s^2 4p^6$ の電子配置をもたないものはどれか。

1・10 55 の原子番号をもつ元素は, 周期表でどの族に属しているか。

1・11 周期表の第2周期の中で, Li から Ne まで原子番号が大きくなるにつれて次第に第一イオン化エネルギーも大きくなる傾向がある。しかしながら Be と B の間および N と O の間では逆に第一イオン化エネルギーが小さくなっている。この違いについて説明せよ。

1・12 254 nm の波長の光をカリウム原子に照射したとき, カリウムから飛び出す1個の電子の最大運動エネルギーが 8.66×10^{-20} J であった。カリウム原子の第一イオン化エネルギーを求めよ。

2章　化学結合と分子の形

　ヘリウムやネオンなどの希ガス元素を除くと，原子は単独では存在しない。塩化ナトリウムや炭酸カルシウムのような塩，水やメタンのような分子，あるいは金や銅のような金属の固体では，原子がどのように結びついているのだろうか。原子同士を結びつける化学結合には，イオン結合・共有結合・金属結合などがある。この章では，イオン結合や共有結合を中心に学ぶ。まず，オクテット則とルイス構造を理解しよう。ルイス構造を描けるようになると，分子の立体構造を予測することができる。さらに，軌道の重なりから共有結合をみることによって，分子中で電子がどのように分布しているかを理解しよう。また，化学結合における電子のかたよりが，分子の物理的・化学的性質に影響を与えることについても理解を深めよう。

2-1　金属結合

　金属元素の原子はイオン化エネルギーが小さいので，価電子を放出し陽イオンになりやすい。このような金属原子が多数集まると，隣り合う原子の最外殻が重なり合う。そこで原子から離れた価電子が，重なり合った電子殻を伝わって原子の間を自由に動き回ることができるようになる（図2・1）。そして，この自由電子が，正電荷をもつ金属イオンを互いに規則正しく結びつけている。いわば，自由に動き回る電子の海の中に，金属カチオンが配列している状態である。このような自由電子による金属原子間の化学結合を金属結合という。
　金，銀，銅などの金属の電気伝導性や熱伝導性は，自由電子が自由に動けるため生じる。また，自由電子に光が当たって反射されるため，金属は金属光沢を示す。さらに，金属イオンの位置がずれても，自由電子がこれを結びつけるので，金属をたたいて金箔のようなシートにしたり（展性），引っぱると針金のように線状に延ばすこともできる（延性）。

自由電子　　　陽イオン

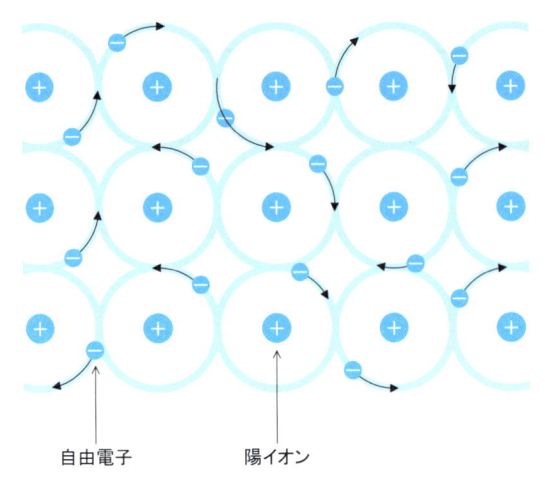

図 2・1　金属結合

2−2　オクテット則

　ネオンやアルゴンのような 18 族元素は，化学的に安定で他の元素と化合しにくい。これらの電子配置をみると，ネオンでは $1s^22s^22p^6$，アルゴンでは $1s^22s^22p^63s^23p^6$ のように，それぞれ最外殻の L 殻（2s および 2p 軌道），M 殻（3s および 3p 軌道）に 8 個の電子が収容され閉殻構造となっている（ただし，ヘリウム（$1s^2$）は K 殻の 2 個で閉殻）。このように，最外殻が 8 個の電子で満たされた，安定な状態をオクテットという。原子が他の原子と結合するときも，各原子がその最外殻電子数を希ガスと同じように 8 個にしようとする傾向がある。これをオクテット則という。

<u>原子の最外殻電子数からオクテットを理解する。</u>

例題2・1　次の原子の最外殻電子を元素記号のまわりに点（・）で示した電子式で表し，どの原子がオクテットであるか示せ。
(a) 炭素　　(b) アルミニウム　　(c) アルゴン　　(d) カリウム

電子式は　(a) ・C・　(b) ・Al・　(c) :Ar:　(d) K・
したがって，8 個の最外殻電子をもつ原子は (c) アルゴン

2-3 イオン結合

2-3-1 イオンとイオン結合

食塩の成分である塩化ナトリウム (NaCl) の結合について考えよう。ナトリウム原子 ($1s^2 2s^2 2p^6 3s^1$) のイオン化エネルギーは小さい。したがって, 価電子1個を放出して最外殻がオクテットであるネオンと同じ電子配置 ($1s^2 2s^2 2p^6$) になりやすい。すなわち, 陽子11個と電子10個より構成されることになる。このように電子を失い, 正電荷をもった原子や原子団を陽イオンあるいはカチオンという。この陽イオンを元素記号の右上にイオンの価数 (原子がイオンになるとき, 失ったり受け取ったりした電子の数) と電荷を書いたイオン式で表す。ナトリウムイオンは Na^+ と表せる。一方, 塩素原子 ($1s^2 2s^2 2p^6 3s^2 3p^5$) の電子親和力は大きく, 電子を1個受け入れてアルゴンと同じ電子配置 ($1s^2 2s^2 2p^6 3s^2 3p^6$) になりやすい。すなわち, 陽子17個と電子18個より構成され, 塩化物イオンは Cl^- と表せる。負電荷をもつイオンは, 陰イオンあるいはアニオンともよばれる。

単原子の陽イオンの名称は, リチウムイオン (Li^+), カルシウムイオン (Ca^{2+}) のように元素名にイオンをつけて命名する。一方, 単原子の陰イオンでは, 臭化物イオン (Br^-), 酸化物イオン (O^{2-}) のように, 元素名の語尾を・・化物イオンとする。複数の原子からなる多原子イオンの名称を表2・1に示した。

表2・1 多原子イオンのイオン式と名称

価数	陽イオン		陰イオン	
1	NH_4^+	アンモニウムイオン	OH^-	水酸化物イオン
	H_3O^+	オキソニウムイオン	NO_3^-	硝酸イオン
			HCO_3^-	炭酸水素イオン
			HSO_4^-	硫酸水素イオン
2	$Cr_2O_7^{2-}$	重クロム酸イオン	SO_4^{2-}	硫酸イオン
			CO_3^{2-}	炭酸イオン
			HPO_4^{2-}	リン酸水素イオン
3			PO_4^{3-}	リン酸イオン

イオンの電子配置とオクテットの関係を理解する。

例題2・2 次の原子がオクテットとなるためには，何個の電子を放出あるいは受け取ればよいか。また，生成したイオンのイオン式と名称を書け。
(a) カリウム (b) マグネシウム (c) フッ素 (d) 硫黄

(a) 電子配置は $1s^2 2s^2 2p^6 3s^2 3p^6 4s^1$ であるので，4s軌道の電子を1個放出し，アルゴンと同じ電子配置となる。したがって，生成したイオンは，カリウムイオン K^+。

(b) 電子配置は $1s^2 2s^2 2p^6 3s^2$ であるので，3s軌道の電子を2個放出し，ネオンと同じ電子配置となる。したがって，生成したイオンはマグネシウムイオン Mg^{2+}。

(c) 電子配置は $1s^2 2s^2 2p^5$ であるので，2p軌道に電子を1個受け入れ，ネオンと同じ電子配置となる。したがって，生成したイオンはフッ化物イオン F^-。

(d) 電子配置は $1s^2 2s^2 2p^6 3s^2 3p^4$ であるので，3p軌道に電子を2個受け入れ，アルゴンと同じ電子配置となる。したがって，生成したイオンは硫化物イオン S^{2-}。

こうして生じた陽イオンと陰イオンは，正と負のイオン間に働く静電気力（クーロン力ともいう）により引き合い結合をつくる。このような電気的引力によるイオン間の結合をイオン結合，イオン結合によって形成されている化合物をイオン化合物という。

一般に，水素以外の1族元素（アルカリ金属）や2～3族元素のように価電子が1～3の原子は，価電子を失って陽イオンになりやすい（イオン化エネルギーが小さい），すなわち陽性が強い。一方，17族元素（ハロゲン元素）や16族元素は，それぞれ電子を1個あるいは2個受け入れて陰イオンになりやすい（電子親和力が大きい）陰性の強い元素である。したがって，これらの元素からなる化合物，たとえば臭化ナトリウム NaBr などの塩，水酸化ナトリウム NaOH などの金属水酸化物，さらに酸化マグネシウム MgO のような金属酸化物はイオン結合で結びついている。

イオン結晶は，一般に結合力が大きいので，硬く，比較的融点が高い。また，固体状態では電気を通さないが，融解したり水に溶かしたりすると，陽イオンや陰イオンに分かれ自由に移動できるようになるので電気伝導性を示す。

オクテットとイオン結合の関係を理解する。

例題2・3 次の元素の組合せのうちイオン結合を形成するのはどれか。
(a) Li と Br　(b) Na と Al　(c) Ne と O

(a) Li の電子配置は $1s^2 2s^1$ であり，電子を1つ放出するとヘリウムと同じ電子配置 $1s^2$ である Li^+ となる。一方，Br の電子配置は $1s^2 2s^2 2p^6 3s^2 3p^6 4s^2 4p^5$ であり，電子を1つ受け入れると希ガス Kr と同じ電子配置 $1s^2 2s^2 2p^6 3s^2 3p^6 4s^2 4p^6$ である Br^- となる。Li^+ と Br^- は，イオン結合を形成し LiBr となる。

(b) Na（$1s^2 2s^2 2p^6 3s^1$）から電子を1つ失うとネオンと同じ電子配置の $1s^2 2s^2 2p^6$ である Na^+ となる。一方，Al（$1s^2 2s^2 2p^6 3s^2 3p^1$）は電子を3つ失いネオンと同じ電子配置の Al^{3+} になりやすい。いずれも陽イオンであるので，イオン結合を形成しない。

(c) Ne はオクテットを満足した希ガスであり，イオンになりにくいので，酸素とイオン結合を形成しない。

元素の陽性・陰性とイオン化合物形成との関係を理解する。

例題2・4 次の物質のうちイオン結合からなる化合物はどれか
　　　CsF，H_2O，KOH，BaO，CO，NH_3，$MgCl_2$

一般に，陽性の強い元素と陰性の強い元素からできた化合物は，イオン結合を形成し，イオン化合物となる。CsF はアルカリ金属元素の Cs と，ハロゲン元素 F からできたイオン化合物である。同様に KOH，BaO，$MgCl_2$ もイオン結合からなるイオン化合物である。一方，H_2O，CO，NH_3 は，いずれも希ガス以外の非金属元素の原子同士が共有結合で結びついた化合物である。

2−3−2 イオン化合物とその命名

陽イオンと陰イオンがイオン結合で結ばれているイオン化合物では，正負の電荷の総和が0である。すなわち，次のような関係が成り立つ。

（陽イオンの価数）×（陽イオンの数）＝（陰イオンの価数）×（陰イオンの数）

そこで，陽イオンと陰イオンの価数がわかれば，構成イオンの種類と数の比を示す組成式を表すことができる。組成式では，NaClやCaCl$_2$のように陽イオン，陰イオンの順に元素記号を並べ，イオンの電荷は示さずに元素記号の右下にイオンの数の比を添える。

イオン化合物の命名では，陰イオン名を先に陽イオン名をうしろに書く。たとえば，NaClは塩化ナトリウム，Ba(OH)$_2$は水酸化バリウムである。

イオン化合物を組成式で表し，命名できる。

例題2・5 次の各組の陽イオンと陰イオンがイオン結合してできる物質の組成式と名称を示せ。
(a) K$^+$, I$^-$　(b) Na$^+$, SO$_4^{2-}$　(c) Mg^{2+}, Cl$^-$

(a) K$^+$（1価の陽イオン）とI$^-$（1価の陰イオン）との結合であるので，組成式はKI。名称はヨウ化カリウム

(b) Na$^+$（1価の陽イオン）とSO$_4^{2-}$（2価の陰イオン）との結合であるので，組成式はNa$_2$SO$_4$，名称は硫酸ナトリウム

(c) CaCl$_2$　塩化カルシウム

2−4　共有結合とルイス構造

2−4−1　分子と共有結合

2つの原子がそれぞれの電子を共有してつくる結合を共有結合という。水素分子（H$_2$）では，それぞれの水素原子（1s^1）が1個の電子を出し合い，2個の電子を2つの水素原子が共有する。こうして，いずれの水素原子も希ガスである安定なヘリウムの電子配置（1s^2）をとることができる。

$$\text{H}\cdot + \cdot\text{H} \longrightarrow \text{H}:\text{H} \quad \text{共有電子対}$$

このとき，結合に使われている電子対を共有電子対あるいは結合電子対という。また，共有電子対を線（価標ともいう）で示すと，水素分子の構造式をH–Hと表せる。

フッ素分子（F_2）では，2つのフッ素原子（$1s^2 2s^2 2p^5$で最外殻に7個の電子をもつ）がそれぞれ1個の電子を出し合って電子対をつくり，これを共有する。それぞれのフッ素原子のまわりには8個の電子が存在し，希ガス（ネオン）の電子配置（$1s^2 2s^2 2p^6$）をとって安定化している（オクテット則）。ここで，結合に関与していない電子対を非共有電子対（あるいは孤立電子対）という。

$$:\!\ddot{F}\!\cdot\ +\ \cdot\!\ddot{F}\!: \longrightarrow\ :\!\ddot{F}\!:\!\ddot{F}\!:$$

共有電子対　　非共有電子対

オクテット則と共有結合の関係を理解する。

例題2・6 オクテット則から，メタンCH_4における4つのC–H結合が共有結合で形成されることを説明せよ。

炭素の電子配置（$1s^2 2s^2 2p^2$）から，炭素の価電子は4であることがわかる。そこで，炭素と水素はそれぞれ1つずつ電子を出し合い，2つの電子を互いに共有して結合をつくる。こうして，メタンの炭素は，まわりに8個の電子を集め，安定な希ガスの電子配置となっている。また，4個の水素もそれぞれヘリウムの電子配置をとっている。

$$\cdot\overset{\cdot}{\underset{\cdot}{C}}\cdot\ +\ 4\,H\cdot\ \longrightarrow\ H\!:\!\overset{H}{\underset{H}{C}}\!:\!H$$

非共有電子対について理解する。

例題2・7 HBrを構成する原子には，何組の非共有電子対があるか。

水素原子と臭素原子がそれぞれ1個の電子を出し合って電子対をつくり，これを共有して共有結合ができる。臭素上には，結合に関与していない非共有電子対が3組ある。

$$H\cdot + \cdot \ddot{\underset{..}{Br}}: \longrightarrow H:\ddot{\underset{..}{Br}}: \leftarrow 非共有電子対$$

共有結合では，結合をつくる2つの原子がそれぞれ1つずつ電子を出し合って共有電子対が形成された．一方，結合に必要な電子対が一方の原子だけから提供される結合を配位結合という．たとえば，アンモニア（NH_3）と水素イオンH^+が反応するとアンモニウムイオン（NH_4^+）が生成する．アンモニアには共有結合による3個のN–H結合の他に，窒素原子上には非共有電子対が存在する．この非共有電子対を水素イオンに与え，新たなN–H結合ができるためである．このように，結合に用いられる電子対が一方の原子からのみ提供される結合を配位結合とよぶ．しかし，アンモニウムイオンは正四面体構造をしており4個のN–H結合の長さは同じである．したがって，いったん結合が形成されてしまうと，配位結合と共有結合を区別することはできない．

$$H:\underset{H}{\overset{..}{N}}:H + H^+ \longrightarrow H:\underset{H}{\overset{H\;+}{N}}:H$$

アンモニア　　　　　アンモニウムイオン　　　正四面体構造

配位結合について理解する．

例題2・8 オキソニウムイオンH_3O^+における配位結合を説明せよ．

水分子の酸素原子上に存在する非共有電子対を水素イオンに与えて共有することでO–H配位結合ができる．

$$H:\overset{..}{\underset{..}{O}}:H + H^+ \longrightarrow H:\underset{H}{\overset{..\;+}{O}}:H$$

オキソニウムイオン

2–4–2　ルイス構造

　水素分子，フッ素分子，メタン（例題2・6）などで示したような，元素記号のまわりに価電子の数に相当する点をつけて結合を表した分子式をルイス構

造という．分子をルイス構造で表すと，分子の立体構造を予測でき，さらに化学反応を考えるときに重要な，非共有電子対が分子のどの原子上にあるかがわかる．したがって，ルイス構造の書き方を十分身につけることが大切である．

次の手順でルイス構造を書くことができる．

（ⅰ）原子の価電子の合計を計算する

たとえば，水 H_2O の場合，水素，酸素の価電子数はそれぞれ 1, 6 であるので，合計 8（$1 \times 2 + 6 = 8$）である．

イオンの場合，価電子の合計は次のように計算する．

　　　＋1 イオン：（構成原子の価電子の合計）− 1
　　　−1 イオン：（構成原子の価電子の合計）＋ 1

したがって，H_3O^+ では，$1 \times 3 + 6 - 1 = 8$
　　　　　　　NO_3^- では，$5 + 6 \times 3 + 1 = 24$

（ⅱ）原子を配置する（一般には，水素原子を周辺に配置するとよい）

　　　H　O　H

（ⅲ）隣り合う原子間に共有電子対を配置する

　　　H：O：H

（ⅳ）残りの電子をすべての原子上に配置して，それぞれの原子がオクテット（水素では 2 個）をとるようにする．こうして表したルイス構造の共有電子対を 1 本の線（価標という）で表した式を構造式という．そして，2 つの原子が 1 つの共有結合で結ばれている化学結合を単結合という．

　　　H：Ö：H

　　　H−Ö−H　←単結合
　　　　構造式

（ⅴ）中心原子がオクテットにならない場合は，周辺原子から中心原子に電子対を移動し，多重結合とする．たとえば，二酸化炭素（CO_2）の場合，価電子の合計は $4 + (6 \times 2) = 16$ である．一般には，化学式の最初に置かれている原子を中心に配置するので，O C O と並べる（ただし，水素原子が最初に置かれている場合は，水素原子を除いて配置する）．隣り合う原子間に共有電子対を配置すると，12 個の価電子が残る (a)．12 個の価電子を両端の酸素上に

6個ずつ配置すると，2つの酸素はオクテットとなるが，中心の炭素はオクテットを満足しない（b）。そこで，両端の酸素からそれぞれ1組の電子対をO-C間に移動すると，すべての原子がオクテットを満足する。酸素-炭素結合のように2つの共有結合で結ばれている化学結合を二重結合という（c）。両端の酸素上に，それぞれ2組の非共有電子対が配置される。価標を用いると（d）のように表わせる。

$$O:C:O \implies :\ddot{O}:C:\ddot{O}: \implies \ddot{O}::C::\ddot{O} \quad \ddot{O}=C=\ddot{O} \quad \text{二重結合}$$
(a)　　　　　(b)　　　　　(c)　　　　(d)

（vi）オクテット則を満足しない化合物もある。中心原子が第3周期以降の元素の場合，d軌道も関与するため，オクテットを拡張する必要もある。たとえば，五塩化リン PCl_5 はPのまわりに10電子，六フッ化硫黄 SF_6 はSのまわりに12電子が配置される起原子価化合物である。一方，三フッ化ホウ素 BF_3 は，ホウ素Bのまわりに6電子が配置される電子欠損型化合物である。

ルイス構造を書くことができる。

> **例題2・9** 次の分子のルイス構造を書け。
> (a) Cl_2　　(b) H_2O_2　　(c) N_2

（a）価電子の合計は $7 \times 2 = 14$ である。Cl間に共有電子対配置し，残り12個の価電子をそれぞれの塩素原子がオクテットになるように配置する。　　$:\ddot{Cl}:\ddot{Cl}:$

（b）価電子の合計は，$(1 \times 2) + (6 \times 2) = 14$ である。水素のまわりには，1組の共有電子対しか配置できないので，HOOHのように水素原子を周辺に置く。隣り合う原子間に共有電子対を配置すると，8個の価電子が残る。Hのまわりにはすでに2個の電子があるので，酸素をオクテットにすればよい。したがって，酸素上にそ　　$H:\ddot{O}:\ddot{O}:H$

れぞれ 2 組の非共有電子対が配置される。

(c) 価電子の合計は $5 \times 2 = 10$ である。窒素原子間に共有電子対を配置すると，8 個の価電子が残る。これらをそれぞれの窒素に 4 個ずつ配置しても，2 つの窒素はオクテットを満足しない。そこで，それぞれの窒素から 1 組の非共有電子対を窒素原子間に移動する。こうすることによって，2 つの窒素原子はオクテットを満足する。N≡N 結合のように 3 つの共有結合で結ばれている化合結合を三重結合という。

$$N:N \Longrightarrow N:N \Longrightarrow N::N \quad N≡N$$

ルイス構造を書くことで，非共有電子対を指摘できる。

例題2・10 次の化合物を構成する原子には，何組の非共有電子対があるか。
(a) H_2S (b) HCHO

(a) 価電子の合計は，$(1 \times 2) + 6 = 8$ である。隣り合う原子間に共有電子対を配置すると，4 個の価電子が残る。H のまわりには 2 個の電子があるので，イオウをオクテットとすればよい。したがって，S 上に 2 組の非共有電子対が配置される。

$$H:S:H$$

(b) 価電子の合計は，$(1 \times 2) + 4 + 6 = 12$ である。隣り合う原子間に共有電子対を配置すると，6 個の価電子が残る。O 上に 6 個の価電子を配置すると，酸素はオクテットとなるが，中心の炭素はオクテットを満足しない。そこで，酸素から 1 組の電子対を C–O 間に移動すると，酸素も炭素もオクテットを満足する。炭素-酸素結合は二重結合となる。O 上に 2 組の非共有電子対が存在する。

$$H:C:H \atop O \Longrightarrow H:C:H \atop :O: \Longrightarrow H:C:H \atop :O:$$

2-4-3 形式電荷

イオンあるいは分子の構成原子がもつ電荷を形式電荷とよぶ。形式電荷は以下の式で求めることができる。

$$\text{形式電荷} = (\text{中性原子の価電子の数}) - \left(\text{非共有電子の数} + \frac{\text{共有電子の数}}{2}\right)$$

水分子の酸素の形式電荷は，$6-(4+4/2)=0$ である。一方，オキソニウムイオンでは，酸素の形式電荷は，$6-(2+6/2)=+1$ と求まるので，この形式電荷を原子の隣に＋をつけて示す。

$$\text{H:}\overset{..}{\underset{..}{\text{O}}}\text{:H} \qquad \text{H:}\overset{..}{\text{O}}\text{:H}^+$$
$$\qquad\qquad\qquad\qquad\text{H}$$
水　　　　　　　オキソニウムイオン

ルイス構造を書き，形式電荷を理解する。

例題2・11 次のイオンあるいは分子のルイス構造を書き，どの原子が形式電荷をもつか示せ。(a) NH_4^+ (b) HNO_3 (c) NO_3^-

(a) +1 イオンであるので価電子の総数は $5+1\times 4-1=8$ である。N と H 間に電子対を配置すると，N はオクテットになる。窒素の形式電荷は，$5-(0+8/2)=+1$ である。

$$\text{H:}\overset{\text{H}}{\underset{\text{H}}{\overset{..}{\text{N}}}}\text{:H}^+$$

(b) 価電子の総数は $1+5+6\times 3=24$ である。隣り合う原子間に共有電子対を配置すると（ア）となり，$24-8=16$ 個残る。これをすべての酸素原子に配置すれば（イ）となる。しかし，N はオクテットを満足していない。そこで，右の O から N と O の間に 1 組の電子対を移動すると（ウ）となり，H 以外のすべての原子がオクテットを満足する。窒素の形式電荷は，$5-(0+8/2)=+1$ である。酸素1と2の形式電荷は，いずれも $6-(4+4/2)=0$ である。酸素3の形式電荷は，$6-(6+2/2)=-1$ である。硝酸のルイス構造を形式電荷とともに表すと（エ）のようになる。形式電荷の和は 0 であるので，分子全体では中性である。

```
      O              ::O::           ::O::          3 ::O:: ⁻
H:O:N:O  ⇌  H:O:N:O:  ⇌  H:O:N::O:  ⇌  H:O:N::O:
                                              1 + 2
  (ア)            (イ)           (ウ)           (エ)
```

(c) −1 イオンであるので価電子の総数は 5 + 6 × 3 + 1 = 24 である。隣り合う原子間に共有電子対を配置すると（ア）となり，24 − 6 = 18 個残る。これを 3 つの酸素原子に配置すれば（イ）となる。しかし，N はオクテットを満足していない。そこで，右の酸素から N と O の間に 1 組の電子対を移動すると（ウ）となり，すべての原子がオクテットを満足する。窒素の形式電荷は，5 − (0 + 8 / 2) = +1 である。酸素 1 と 3 の形式電荷は，いずれも 6 − (6 + 2 / 2) = −1 である。酸素 2 の形式電荷は，6 − (4 + 4 / 2) = 0 である。したがって，硝酸イオン全体の電荷は −1 である。

```
      O              ::O::           ::O::          3 ::O:: ⁻
O:N:O    ⇌  :O:N:O:   ⇌  :O:N::O:  ⇌  ⁻:O:N::O:
                                              1 + 2
  (ア)            (イ)           (ウ)           (エ)
```

2-4-4 共鳴構造

化合物の構造を適切に表すためには，2 つ以上のルイス構造を用いなければならない場合もある。たとえば，炭酸イオン CO_3^{2-} のルイス構造を形式電荷とともに表すと，図のように 3 つの構造（A，B，C）を書くことができる。これらの構造では，C と O との結合に単結合と二重結合があり，それぞれの結合の長さが異なることを示している。しかし，炭酸イオンの C–O 結合距離の実測値は，すべて等しく 0.131 nm で，単結合と二重結合の中間の長さであることが明らかにされている。このような構造を適切に表すには，単一のルイス構造式では不十分である。そこで，真の炭酸イオンは，これら A，B，C を平均化した混成構造であると考え，3 つのルイス構造（A，B，C）を双頭の矢印（↔）で結んで記述する（2 本の矢印⇌ではない）。

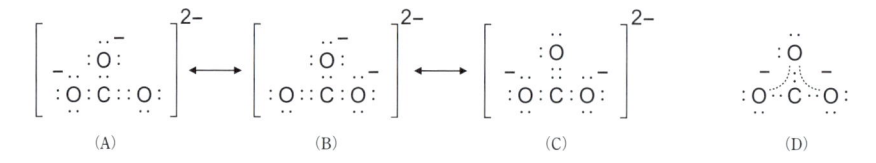

$$\left[\begin{array}{c}\ddot{\ddot{O}}\vphantom{.}^{-}\\ {}^{-}\!:\!\ddot{O}\!:\!C\!:\!\ddot{\ddot{O}}\!:\end{array}\right]^{2-} \longleftrightarrow \left[\begin{array}{c}\ddot{O}\vphantom{.}^{-}\\ {}:\!\ddot{O}\!:\!:\!C\!:\!\ddot{O}\!:\!{}^{-}\end{array}\right]^{2-} \longleftrightarrow \left[\begin{array}{c}\ddot{\ddot{O}}\\ {}:\!\ddot{O}\!:\!C\!:\!:\!\ddot{O}\!:\!{}^{-}\end{array}\right]^{2-} \qquad \begin{array}{c}:\ddot{O}:\\ {}^{-}\!:\!\ddot{O}\!\cdots\!C\!\cdots\!\ddot{O}\!:\!{}^{-}\end{array}$$

　　　　(A)　　　　　　　　　　(B)　　　　　　　　　　(C)　　　　　　　(D)

構造 (A, B, C) を共鳴構造（あるいは極限構造）という。共鳴構造では，原子の位置は変化せず電子の位置だけが変化していることに注意しよう。しかし，これら3種類の共鳴構造が存在し，それらの間を行ったり来たりしているのではなく，真の構造は，3つの共鳴構造を重ね合わせた共鳴混成体である。したがって，真の構造を (D) と表すこともできる。すなわち，二重結合の共有電子対と酸素上の非共有電子対は，その場所だけに局在化しているのではなく，3つのC–O部分に非局在化した構造になっている。このような電子の非局在化は，分子やイオンを安定化する要因となる。

共鳴構造を理解する。

例題2・12 次の分子あるいはイオンのルイス構造を描き，共鳴構造を示せ。
(a) O_3　　(b) HNO_3　　(c) CH_3COO^-　　(d) NO_2^-

　(a) オゾンのルイス構造を形式電荷とともに示すと，(ア)，(イ) の2つで表せる。オゾンのO–O結合の実測値は0.128 nmであり，2つの結合の長さは等しい。そこでルイス構造を使って真の構造を記述するため，共鳴構造 (ア)，(イ) を双頭の矢印で結んで共鳴混成体として表す。

$$\underset{(ア)}{\ddot{O}=\overset{+}{O}-\overset{-}{\ddot{O}}\!:} \longleftrightarrow \underset{(イ)}{{}^{-}\!\ddot{O}-\overset{+}{O}=\ddot{O}}$$

　(b) HNO_3のルイス構造を形式電荷とともに示すと，(ア) あるいは (イ) の2つのルイス構造で表せる（例題2・11(b)を参照）。真のHNO_3は，2つの共鳴構造 (ア，イ) の共鳴混成体として表せる。

$$\underset{(ア)}{H\!:\!\ddot{O}\!:\!\overset{+}{N}\!:\!:\!\ddot{O}\!:\atop\underset{-}{:\ddot{O}:}} \longleftrightarrow \underset{(イ)}{H\!:\!\ddot{O}\!:\!\overset{+}{N}\!:\!\ddot{O}\!:\!{}^{-}\atop :\ddot{O}:} \qquad \underset{(ウ)}{H\!:\!\overset{+}{\ddot{O}}\!:\!:\!\overset{+}{N}\!:\!\ddot{O}\!:\!{}^{-}\atop :\ddot{O}\!:\!{}^{-}}$$

硝酸のルイス構造は（ウ）のようにも表せる。しかし，電荷を正負に分離するためにはエネルギーが必要であるため，形式電荷ができるだけ少なくなるように，また形式電荷の絶対値が最小になるようなルイス構造にするとよい。したがって，2つの共鳴構造（ア），（イ）の共鳴混成体として表す。

（c）酢酸イオンは（ア）と（イ）の2つのルイス構造で表せる。それぞれのルイス構造では，炭素と酸素の結合に単結合と二重結合があり，結合の長さが異なることを示唆している。しかし，酢酸イオンの2つのC-O結合の長さを測定すると，それらは等しくC-O単結合とC=O二重結合の中間の長さである。そこで，酢酸イオンを2つの共鳴構造（ア）と（イ）の共鳴混成体として表す。

（d）NO_2^-のルイス構造を形式電荷とともに示すと，（ア）あるいは（イ）の2つで表せる。2つのN-O結合の長さは等しい。そこで2つの共鳴構造（ア）と（イ）の共鳴混成体として表す。

2-5　VSEPR理論と分子の形

分子やイオンの物理的性質や化学的性質を理解するためには，それらの形を知ることが重要である。しかし，ルイス構造からは，分子やイオンの形を予測することはできない。原子価殻電子対反発理論（VSEPR理論：valence shell electron-pair repulsion theory）は，特に典型元素からなる化合物の形を予想する簡便な方法である。VSEPR理論では，中心原子の原子価殻（最外殻）にある電子対に注目し，これらの反発がもっとも小さくなるように電子対が空間に配置されると考える。

VSEPR法を用いて分子の形を求めるには，次のような手順で行う。
（ⅰ）分子のルイス構造を描く。
（ⅱ）中心原子のまわりの電子対（結合電子対および非共有電子対）の反発

がもっとも少なくなるように，電子対を空間に配置する。また多重結合も1つのまとまった電子対として扱う。電子対は表2・2に示したように，特定の多面体の頂点に置かれることになる。

表2・2 電子対の配置

電子対の数	配　置
2	直線
3	平面三角形
4	正四面体
5	三方両錐体
6	正八面体

(iii) 電子対の反発の大きさは，非共有電子対−非共有電子対＞非共有電子対−結合電子対＞結合電子対−結合電子対の順である。したがって，非共有電子対をできるだけ他の電子対から離して空間に配置する。

次にいくつかの化合物の構造を見ていこう。

塩化ベリリウム $BeCl_2$：ベリリウムの価電子は2，塩素の価電子は7であるので，ルイス構造は右図のようになる。中心原子Beのまわりの2組の結合電子対が反発を避けるよう180°に配置されるため，塩化ベリリウムは直線構造となる。

三フッ化ホウ素 BF_3：ホウ素とフッ素の価電子はそれぞれ3，7であるので，ルイス構造は右図のようになる。中心原子Bのまわりには3組の結合電子対があるので，三フッ化ホウ素のかたちは平面三角形である。

メタン CH_4：中心原子Cのまわりにある4個の結合電子対がその反発をもっとも避けるよう，四面体形に配置されるため，メタンは正四面体と予測される。実際，メタンは正四面体であり，H−C−Hでつくる角度はすべて等しく109.5°である。

アンモニア NH_3：N原子は3組の結合電子対と，1組の非共有電子対をもつので四面体配置をとる。したがって，N原子と3つのH原子は三角錐の頂点に位置する。しかし，電子対の反発は非共有電子対−結合電子対の方

が，結合電子対間の反発より大きいため，H–N–H の結合角は四面体角 109.5°よりも小さくなると予想される．実測値は 106.7°であり，この予測が正しいことを示している．

水 H$_2$O：中心原子の酸素のまわりには 4 組の電子対がある．4 組の電子対の反発がもっとも小さくなるには，正四面体の頂点に電子対が配置されればよい．したがって，水分子の原子のみの構造は折れ曲がり構造である．ただし，4 組の電子対のうち，2 組は結合電子対で，2 組は非共有電子対である．結合電子対同士よりも非共有電子対同士の反発の方が大きいので，非共有電子対どうしが離れる結果，H–O–H の結合角を圧迫する．実際，H–O–H の角度は正四面体角 109.5°より小さい 104.5°である．

> **ルイス構造を書き，VSEPR 理論より立体構造を推定できる．**

例題2・13 次の化合物の立体構造（非共有電子対も含め）を VSEPR 理論により図示せよ．
(a) NO$_2^-$ (b) PCl$_3$ (c) PO$_4^{3-}$ (d) SF$_6$

（a）VSEPR 理論では，多重結合も 1 つのまとまった電子対として扱う．中心原子 N のまわりに結合電子対 2 組，非共有電子対 1 組があるので，非共有電子対も考慮した構造は平面三角形である．また，原子のみの構造は，折れ曲がり構造をしている．

（b）中心原子 P のまわりには，結合電子対 3 組，非共有電子対 1 組があるので，正四面体構造である．また，原子のみの構造は，三角錐型である．

（c）中心原子 P のまわりに 4 組の電子対があるので，正四面体構造となる．

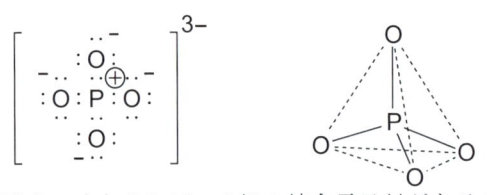

(d) 中心原子Sのまわりには，6組の結合電子対があるので，正八面体構造である。また，原子のみの構造は，折れ曲がり構造をしている。

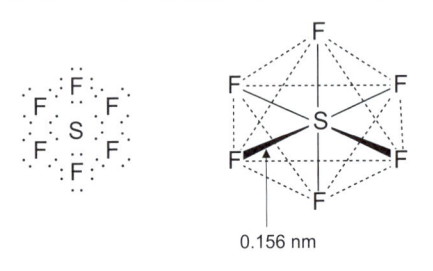

0.156 nm

2－6　混成軌道と分子の形

　これまで，2つの原子がそれぞれ1個ずつ電子を出し合い，2個の電子を互いに共有して共有結合が形成されると考えた。結合の形成を軌道の観点からみるとともに，分子の形を考えることにしよう。

2－6－1　共有結合と軌道の重なり

　1個の電子が収容された最外殻軌道（原子価軌道）が互いに重なり合うことによって，共有結合が形成される。水素分子の形式をみてみよう。1s軌道に1個の電子をもつ水素原子どうしが重なり合い，共有された2個の電子が2つの原子核に引きつけられ水素原子間に結合ができる（図2・2）。

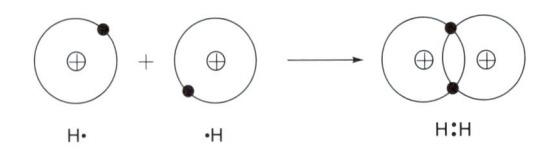

図2・2　水素の原子価軌道の重なりによる水素分子の形成

　また，フッ素分子（F_2）は，価電子のある2p軌道どうしの重なりで形成される。水素分子やフッ素分子のように，2つの原子核を結ぶ結合軸上で軌道が重

なり形成される共有結合をσ結合とよぶ。

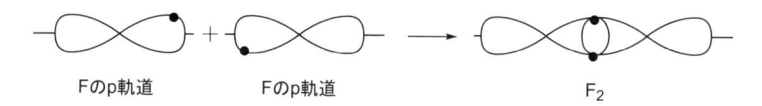

図2・3 フッ素の原子価軌道の重なりによるフッ素分子の形成

次に，多原子分子の形と結合を考えてみよう。メタン CH_4 は，VSEPR 理論から予想されるように，正四面体の中心に炭素，4 個の頂点に水素原子を配置した構造をしている（p.60 参照）。したがって，C-H 間の距離はいずれも等しく，また，H-C-H でつくる角度もすべて等しい。しかし，炭素原子の電子配置は $1s^2 2s^2 2p^2$ であるので，対をなしていない 2p 軌道の 2 個の電子がそれぞれ水素の 1s 軌道と重なって結合をつくるとすると，CH_2 という化合物が生成すると考えられる。では炭素原子と水素原子から，どのようにメタンの正四面体構造が生まれるのだろうか。これを説明するため，次に混成軌道の概念を導入しよう。

2−6−2 sp^3 混成軌道とメタンの構造

炭素の 2s 軌道にある 2 個の電子のうち 1 個を空の $2p_z$ 軌道に移す（昇位）。こうすると $1s^2 2s^1 2p^3$ の電子配置となり，電子が 1 個だけ入った，結合に利用できる軌道が 4 個できる（図 2・4）。これらの軌道がそれぞれ水素の 1s 軌道と重なった場合，2s 軌道を利用した結合は 2p 軌道を使う 3 つの結合と性質が異なり，メタンの等価な 4 本の結合は生まれない。そこで，2s 軌道 1 つと 2p 軌道 3 つを混ぜ合わせ，あらたにエネルギーの等しい 4 つの sp^3 混成軌道をつくる（図 2・5）。

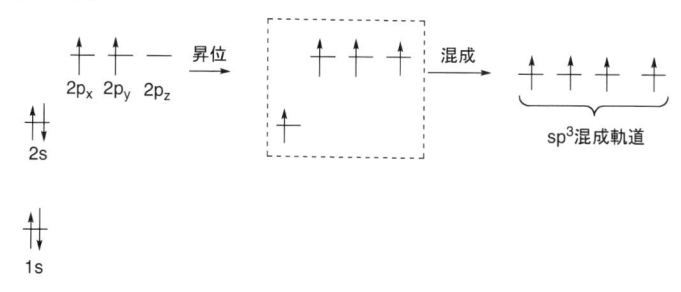

図2・4 炭素原子の sp^3 混成

この4個のsp³混成軌道をもっとも反発が少なくなるように三次元空間に配置するためには，炭素原子を中心とする正四面体の頂点方向に軌道が存在するようにすればよい。そして4個のsp³混成軌道がそれぞれ水素の1s軌道と重なり合うと，4本の等価なC-H結合をもち，H-C-Hの結合角が109.5°であるメタンの正四面体構造となる（図2・6）。4つのC-H結合はいずれもσ結合である。

図2・5 sp3混成軌道

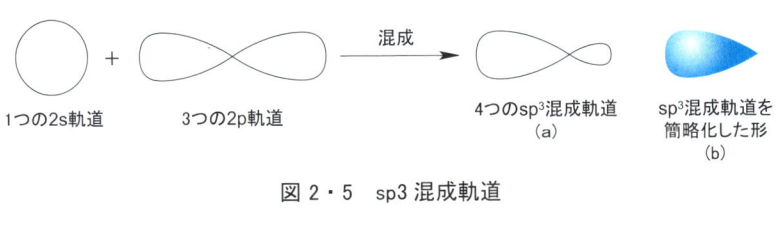

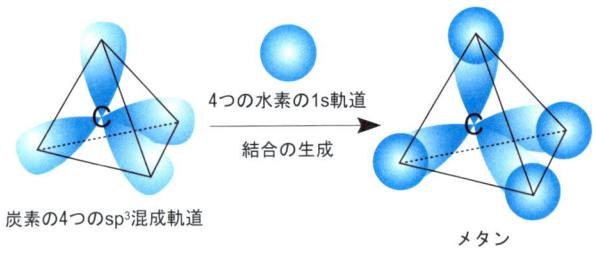

図2・6 メタンの構造

sp³混成軌道を理解する。

例題2・14 次の分子の形を混成軌道から説明せよ。
(a) アンモニア　　(b) エタン（CH_3CH_3）

(a) 窒素原子の2s, 2p軌道が混成し，エネルギーの等しい4つのsp³混成軌道が生成する。すなわち，4つのsp³混成軌道は正四面体に配置される。電子が1つ配置された3つのsp³混成軌道がそれぞれ水素の1s軌道と重なり，3つのN-H σ結合が形成される。2個の電子で占有されたsp³混成軌道が，窒素上の非共有電子対である。

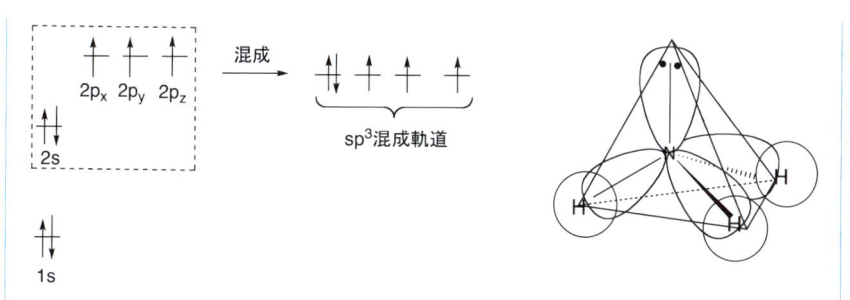

(b) ルイス構造より，それぞれの炭素のまわりに4組の共有電子対があることから，炭素は正四面体構造をしている．したがって，2つの炭素は，それぞれsp^3混成軌道して正四面体に配置される．sp^3混成軌道同士が重なり，C–C σ結合を形成し，残りの6つのsp^3混成軌道はそれぞれ水素の1s軌道と重なり，6つのC–H σ結合が形成される．

2–6–3 sp^2混成とエチレンの構造

エチレンは平面構造をしており，H–C–HとH–C–Cの結合角は約120°である（図2・8）．この構造を混成軌道の考えで説明しよう．sp^3混成軌道の場合と同様に，まず2s軌道の電子1個を空の$2p_z$軌道に昇位する．次に，1つの2s軌道と2つの2p軌道から，等価な3個のsp^2混成軌道をつくる（図2・7）．3つのsp^2混成軌道は互いにできるだけ遠ざかるため，正三角形の頂点方向に広がっている．また，混成に使われなかった$2p_z$軌道はsp^2混成軌道でつくる平面に対して垂直に配置されている．3つのsp^2混成軌道のうち1つが，もう一方の炭素のsp^2混成軌道と結合軸方向で重なりC–C σ結合を形成し，残りのsp^2混成軌道がそれぞれ水素の1s軌道と重なって4つのC–H σ結合をつくっている．さらに混成に加わらなかった$2p_z$軌道どうしは，軌道の側面で重なり合い，結合をつくる．この結合をπ（パイ）結合という．エチレンのC=C二重結合はσ結合とπ結合からできている（図2・8）．

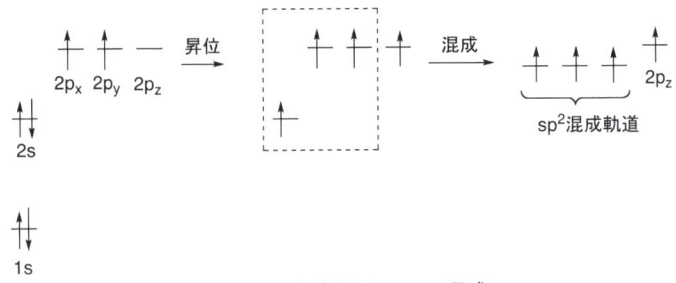

図 2・7 炭素原子の sp2 混成

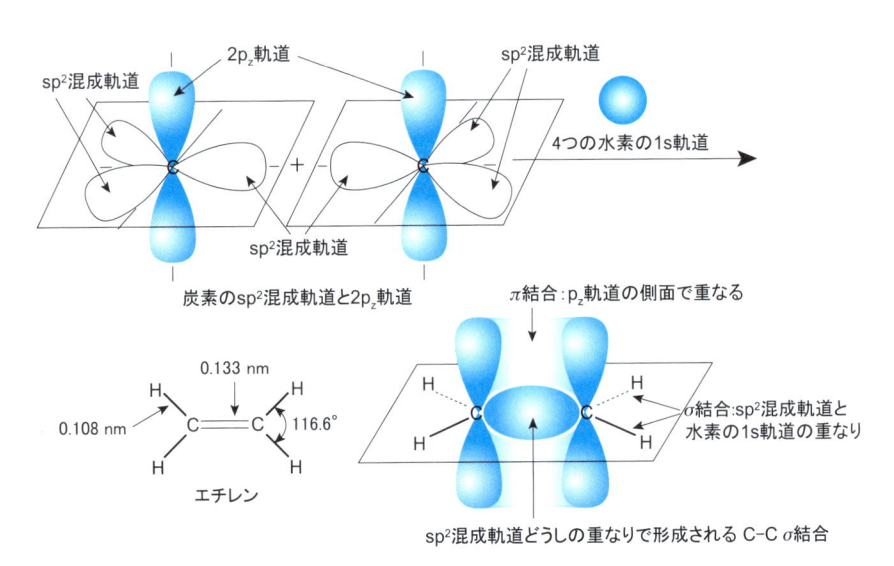

図 2・8 エチレンの構造

sp² 混成軌道を理解する。

例題2・15 次の分子の形を混成軌道から説明せよ。
(a) プロペン ($CH_3CH = CH_2$)　(b) ホルムアルデヒド ($HCH = O$)

(a) ルイス構造より，CH_3 の炭素のまわりに 4 組の共有電子対があることから，VSEPR 理論よりこの炭素は正四面体構造をしていると予想される。したがって，炭素は sp^3 混成軌道である。また，$-CH=CH_2$ の炭素には，それぞれ 3 組の電子対があるので，平面三角形の配置をとり，炭素は sp^2

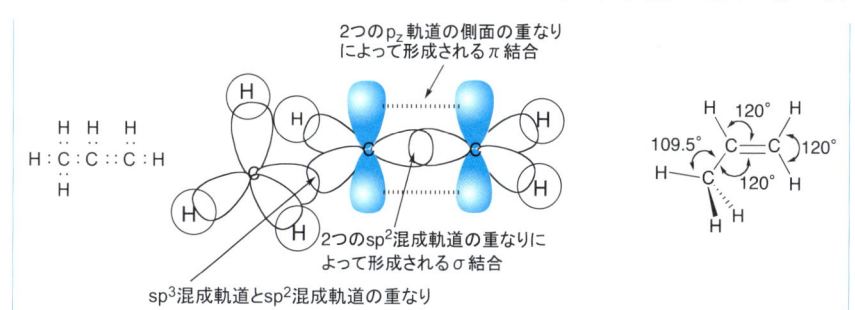

混成軌道である。sp³混成軌道とsp²混成軌道が重なり，H₃C-C σ結合を形成する。CH=CH₂二重結合では，エチレンと同じように，sp²混成軌道どうしが重なりσ結合が形成され，炭素上のp_z軌道は側面で重なりπ結合が形成される。CH₃のC-H結合は，sp³混成軌道と水素の1s軌道との重なり，-CH=CH₂の3個のC-Hはsp²混成軌道と水素の1s軌道が重なって形成されるσ結合である。

(b) ルイス構造より，炭素，酸素のまわりには，それぞれ3組の電子対が配置されているので，いずれも平面三角形の配置をとり，炭素，酸素はsp²混成軌道である。酸素の非共有電子対はsp²混成軌道に存在する。

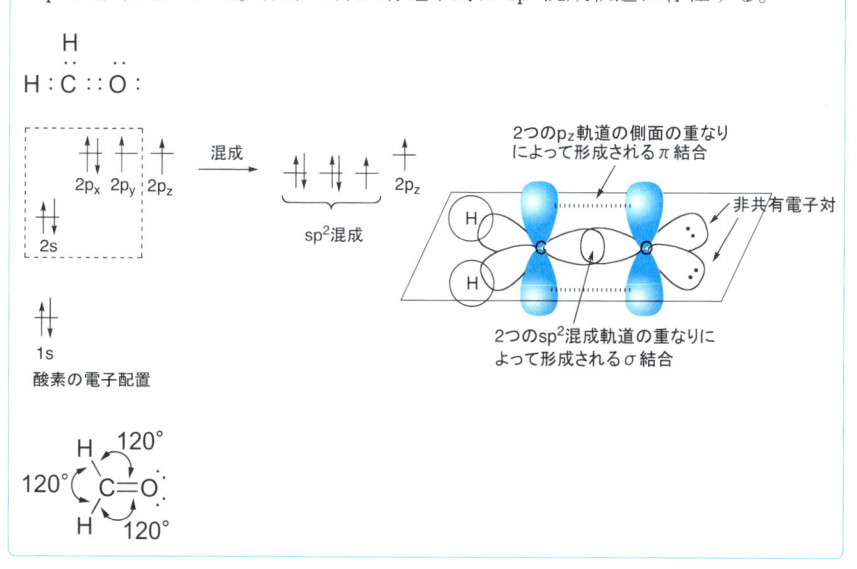

2-6-4 sp混成とアセチレンの構造

アセチレンが直線状構造をしていることも混成軌道で説明できる(図2・10)。メタン,エチレンの場合と同様,炭素原子の2s軌道の電子1個が空の2p軌道に昇位して$1s^2 2s^1 2p^3$の電子配置をとる。さらに,1つの2s軌道と1つの2p軌道が混成し,2つのsp混成軌道ができる(図2・9)。2つの混成軌道に入る電子間の反発がもっとも少なくなるように,sp混成軌道は180°の角度に配置される。それぞれの炭素原子のsp混成軌道どうしが重なりC–C σ結合が,またsp混成軌道と水素の1s軌道が重なりC–H σ結合が形成される。混成軌道に加わらなかった$2p_y$,$2p_z$軌道は互いに直交している。隣り合う炭素の$2p_y$軌道どうし,$2p_z$軌道どうしが重なると直交した2つのπ結合ができる(図

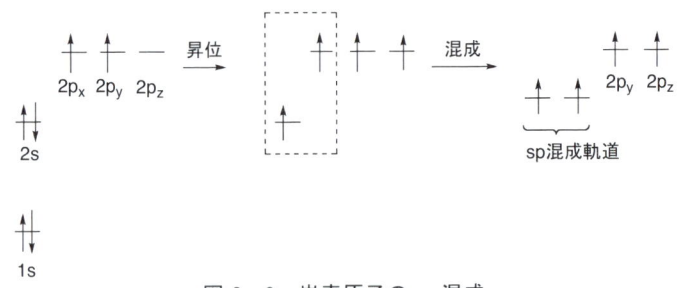

図2・9 炭素原子のsp混成

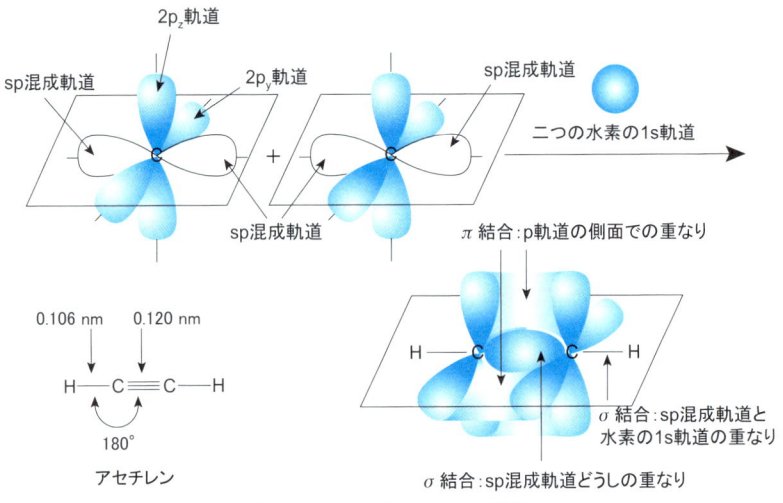

図2・10 アセチレンの構造

2・10)．したがって，アセチレンの4個の原子はすべて直線上にあり，C≡C三重結合は1つのσ結合と2つのπ結合からなる．

sp 混成軌道を理解する．

例題2・16 次の分子の形を混成軌道から説明せよ．
(a) プロピン (CH₃C≡CH) (b) アセトニトリル (CH₃CN)

(a) ルイス構造より，CH₃ の炭素のまわりに4組の共有電子対があることから，炭素は sp³ 混成している．また，VSEPR 理論では多重結合を1つのまとまった電子対として扱う．したがって −C≡CH の炭素には，それぞれ2組の電子対があるので，直線形であり，sp 混成軌道を形成する．sp³ 混成軌道と sp 混成軌道が重なり，H₃C-C σ 結合を形成する．C≡CHでは，sp 混成軌道どうしが重なり σ 結合が形成され，炭素上の p 軌道の側面で重なり，2つの π 結合が形成される．CH₃ の C-H 結合は，sp³ 混成軌道と水素の 1s 軌道との重なり，−C≡CH の C-H は sp 混成軌道と水素の 1s 軌道が重なって σ 結合が形成される．

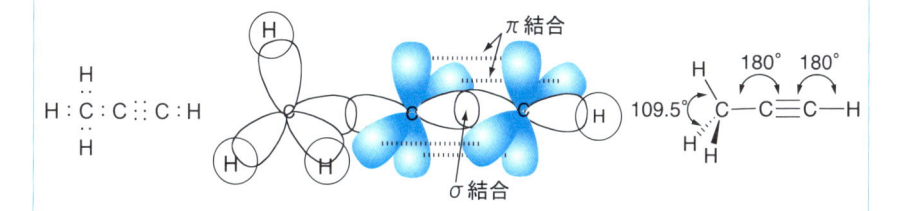

(b) ルイス構造より，CH₃ の炭素のまわりに4組の共有電子対があることから，炭素は sp³ 混成している．また，−CN の炭素，窒素には，それぞれ2組の電子対があるので，直線形であり，sp 混成軌道を形成する．CH₃ 炭素の sp³ 混成軌道と CN の炭素の sp 混成軌道が重なり，H₃C-C σ 結合が形成される．−CN の炭素と窒素の結合では，sp 混成軌道どうしが重なり σ 結合が形成され，p 軌道の側面で重なり，2つの π 結合が形成される．また，窒素の非共有電子対は sp 混成軌道に存在する．

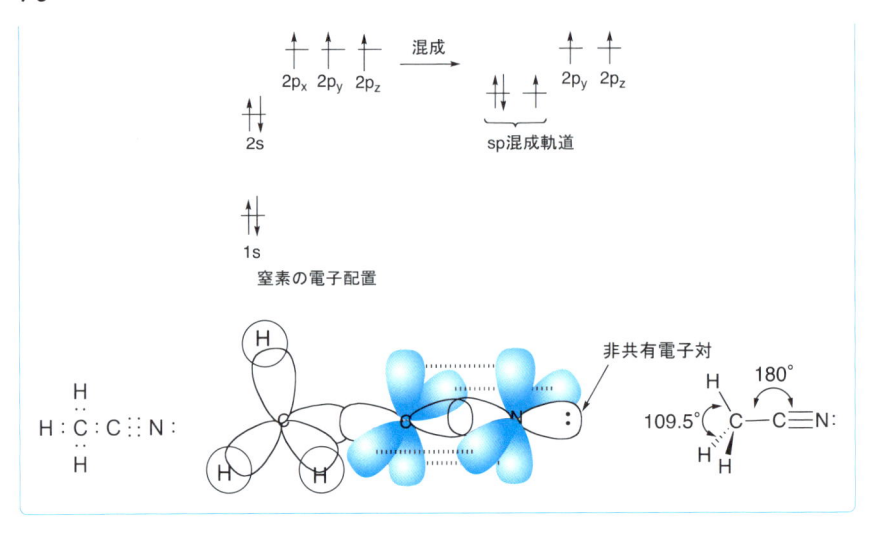

2−7 電気陰性度と極性分子

2−7−1 電気陰性度

　塩化ナトリウムの結合は，NaからClに電子が移動してできた陽イオンNa$^+$と陰イオンCl$^-$が静電的な引力で引き合っているイオン結合である。一方，水素分子H–Hやフッ素分子F–Fのように，同じ原子どうしが互いに1つずつ電子を出し合って形成される共有結合の電子は，2つの原子間に均等に分布している。しかし，フッ化水素H–Fのように異なる原子間の共有結合では，共有している電子の分布にかたよりが生じる。このかたより（分極）は，原子によって電子を引きつける力が異なるために生まれる。化学結合している原子が結合電子を自分の方に引きつける能力を電気陰性度という。Paulingによって提案された電気陰性度の値を図2・11に示した。電気陰性度の大きな原子ほど，電子を引きつける力が強い。

　一般に，電気陰性度の差が2.0以上である原子間の結合はイオン結合であり，0.5以下の結合であれば共有結合，0.5～2.0の値であれば極性共有結合と考えてよい。極性共有結合では，電気陰性度の大きな原子のまわりの電子密度（電子の存在する確率）が高まり，逆に電気陰性度の小さな原子の電子密度は低くなる。これを表すために，電気陰性度の大きな原子に部分的な（δ：デルタ）負電荷δ−をつけ，電気陰性度の小さな原子に部分的な正電荷δ＋をつける。

1																	18
H 2.1	2											13	14	15	16	17	He
Li 1.0	Be 1.5											B 2.0	C 2.5	N 3.0	O 3.5	F 4.0	Ne
Na 0.9	Mg 1.2	3	4	5	6	7	8	9	10	11	12	Al 1.5	Si 1.8	P 2.1	S 2.5	Cl 3.0	Ar
K 0.8	Ca 1.0	Sc 1.3	Ti 1.5	V 1.6	Cr 1.6	Mn 1.5	Fe 1.8	Co 1.9	Ni 1.9	Cu 1.9	Zn 1.6	Ga 1.6	Ge 1.8	As 2.0	Se 2.4	Br 2.8	Kr 3.0
Rb 0.8	Sr 1.0	Y 1.2	Zr 1.4	Nb 1.6	Mo 1.8	Tc 1.9	Ru 2.2	Rh 2.2	Pd 2.2	Ag 1.9	Cd 1.7	In 1.7	Sn 1.8	SB 1.9	Te 2.1	I 2.5	Xe 2.6
Cs 0.7	Ba 0.9	La-Lu 1.0-1.2	Hf 1.3	Ta 1.5	W 1.7	Re 1.9	Os 2.2	Ir 2.2	Pt 2.2	Au 2.4	Hg 1.9	Tl 1.8	Pb 1.9	Bi 1.9	Po 2.0	At 2.2	
Fr 0.7	Ra 0.9	Ac 1.1	Th 1.3	Pa 1.4	U 1.4	Np-No 1.4-1.3											

図2・11 ポーリングの電気陰性度

たとえば,H–F 結合は H(電気陰性度 2.1)が $\delta+$,F(電気陰性度 4.0)が $\delta-$ に分極している.

$$\overset{\delta^+}{H}-\overset{\delta^-}{F}$$

電気陰性度と結合の分極の関係を理解する.

> **例題2・17** 次の結合を,共有結合,極性共有結合,あるいはイオン結合に分類せよ.
> (a) HCl (b) NaF (c) CH_3CH_3 の C–C 結合 (d) H_2O
>
> (a) H の電気陰性度 2.1,Cl の電気陰性度 3.0 であり,差が 0.9 であるので,極性共有結合である.$H^{\delta+}-Cl^{\delta-}$ のように分極している.
> (b) Na の電気陰性度 0.9,F の電気陰性度 4.0 であり,差が 3.1 であるので,イオン結合である.
> (c) 炭素どうしの結合であるので,分極していない.共有結合である.
> (d) H の電気陰性度 2.1,O の電気陰性度 3.5 であり,差が 1.4 であるので,極性共有結合である.$O^{\delta-}-H^{\delta+}$ のように分極している.

2-7-2 極性分子

結合の分極の大きさは双極子モーメント μ で表わされる。原子間距離 r をへだてて一方の原子が $+Q$，他方が $-Q$ の電荷をもつ結合の双極子モーメント μ ｛単位は D（デバイ），$1D = 3.336 \times 10^{-30}$ C m｝は，負電荷から正電荷に向かう→で示し，その大きさは，電荷 Q と電荷間の距離 r の積で表される。主な結合の双極子モーメントを表 2・3 に示した。

$$\mu = Q \times r \tag{2.1}$$

表 2・3 双極子モーメント μ (D)

C−H	0.54	C−C	0	C=C	0	C≡C	0
N−H	1.31	C−N	0.22	C=N	0.9	C≡N	3.5
O−H	1.51	C−O	0.74	C=O	2.3		
H−F	1.94	C−F	1.41				
H−Cl	1.08	C−Cl	1.46				
H−Br	0.78	C−Br	1.38				
H−I	0.34	C−I	1.19				

3原子以上の分子では，各結合に特有な双極子モーメントのベクトル和で分子全体の双極子モーメントを表す。四塩化炭素（CCl_4）の C−Cl 結合は大きな双極子モーメントをもっている。しかし，VSEPR 理論から予測できるように，四塩化炭素は正四面体構造をしており，正電荷と負電荷の重心が一致するので分子双極子モーメントはゼロとなる。このように，双極子モーメントがゼロである分子を無極性分子という。一方，分子双極子モーメントをもつクロロメタンや水のような分子は極性分子とよばれる。分子の極性は，沸点や溶解度などに関係する。

分子の形および双極子モーメントと分子の極性との関係を理解する。

例題2・18 次の分子のうち極性分子はどれか。まず，ルイス構造を書き，次いでVSEPR理論より分子の形を予想して判断せよ。
(a) H_2S　　(b) CO_2　　(c) CH_2Cl_2

(a) 水と同様，非共有電子対を考慮した構造は正四面体であるが，原子のみの構造は折れ曲がり形である。HよりSの電気陰性度が大きいので，S-H結合は $^{\delta-}S-H^{\delta+}$ のように分極している。分子双極子モーメントは図のような方向を向いているので，H_2S は極性分子である。

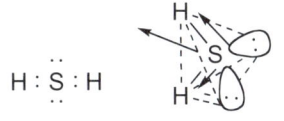

(b) CO_2 では，酸素の方が炭素より電気陰性度は大きいので，C-O結合は $^{\delta+}C-O^{\delta-}$ のように分極している。一方，VSEPR理論より分子の形は直線である。結合双極子モーメントは反対方向に向いているので打ち消し合い，分子双極子モーメントは0である。したがって，二酸化炭素は無極性分子である。

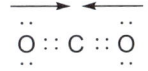

(c) 分子は正四面体構造をしている。4つの結合は $^{\delta+}H-C^{\delta-}$，$^{\delta+}C-Cl^{\delta-}$ のように分極している。CH_2 部分と CCl_2 部分の双極子モーメントは同じ方向を向いており，打ち消しあうことはない。したがって，分子双極子モーメントをもつ極性分子である。

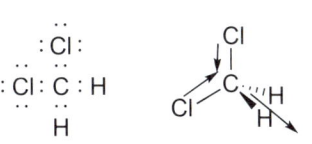

2-8　水 素 結 合

水素原子と電気陰性度の大きな窒素・酸素・フッ素などとの間の共有結合では，結合電子対が電気陰性度の大きな原子の方に引き寄せられるため，水素原

子は部分的な正電荷を帯びる。そこで，電気陰性な原子 X に結合した水素原子は，もう 1 つの電気陰性な原子 X の非共有電子対に引きつけられ，2 つの分子が弱く結びつく。この X−H……:X のような結合を水素結合という。水素結合はこれら 3 個の原子が一直線に並んだとき最も強い。

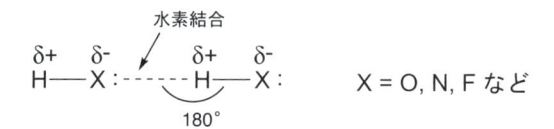

$$\underset{H}{\delta+}-\underset{X}{\delta-}:\text{------}\underset{H}{\delta+}-\underset{X}{\delta-}:\qquad X = O, N, F\ \text{など}$$

水分子の場合，水素結合 H⋯O 間の結合距離は約 0.177 nm であり，H−O 共有結合の結合距離 0.0965 nm より長い。また，H⋯O 間の水素結合の結合エネルギーは 20 kJ mol^{-1} 程度で H−O 間の共有結合エネルギー約 460 kJ mol^{-1} にくらべかなり小さい。しかし，水素結合は水の沸点や溶質分子の水への溶解性などの性質に大きな影響を与えている。また，タンパク質の立体構造や生命の遺伝情報をつかさどる DNA の二重らせん構造にも水素結合が重要な役割を果たしている。

水素結合を理解する。

例題 2・19 同じ化合物どうしで水素結合を形成するのは，次のうちどれか。また，水素結合の様子を構造式で示せ。
(a) C_2H_5OH (b) C_2H_5F (c) $C_2H_5OC_2H_5$ (d) $C_2H_5NH_2$ (e) $(C_2H_5)_3N$

電気陰性度の大きな原子に結合している H が，もう一方の分子の電気陰性度の大きな原子の非共有電子対と相互作用して水素結合を形成する。したがって，O, N, F に結合している H をもつ化合物である (a), (d) が水素結合を形成できる。

(a) C_2H_5−Ö(H):------H−Ö:−C_2H_5 （水素結合）

(d) C_2H_5−N(H)(H):------H−N(H)−C_2H_5 （水素結合）

水素結合を理解する。

例題2・20 エタノール C_2H_5OH と水素結合を形成するのは，次の化合物のうちどれか。また，水素結合の様子を構造式で示せ。
(a) $CH_3CH_2CH_2CH_3$ (b) $CH_3CH_2CH_2CH_2F$ (c) $CH_3CH_2CH_2CH_2OC_2H_5$
(d) $C_2H_5NH_2$ (e) $(C_2H_5)_3N$

エタノールは電気陰性度の大きなOに結合しているHをもつ。したがって，別の分子の電気陰性度の大きな原子の非共有電子対と相互作用して水素結合を形成する。また，非共有電子対をもつOは，別の分子の電気陰性度の大きな原子に結合しているHと水素結合を形成できる。したがって，エタノールは（a）以外の分子と水素結合を形成する。(a) は，電気陰性度の大きな原子をもたないので，エタノールの水素原子と水素結合することも，エタノールの酸素原子と水素結合することもできない。

(b) $CH_3CH_2CH_2CH_2F$ ：-----H—O：C_2H_5 水素結合

(c) $CH_3CH_2CH_2$—O：-----H—O：C_2H_5 水素結合
         C_2H_5

(d) H—N：-----H—O：C_2H_5 水素結合
    C_2H_5 H

あるいは

H—O：-----H—N—C_2H_5 水素結合
C_2H_5 H

(e) C_2H_5—N：-----H—O：C_2H_5 水素結合
       C_2H_5
       C_2H_5

章 末 問 題

2・1 次のイオン化合物における各元素の電子配置を書け。
(a) LiF (b) $CaCl_2$ (c) $MgBr_2$ (d) Na_2O

2・2 次の化合物をイオン化合物か共有結合化合物に分類せよ。
(a) K_2O (b) HCl (c) PCl_3 (d) CaO

2・3 次の分子あるいはイオンのルイス構造を描き，形式電荷も示せ．また，共鳴構造があるものについてはそのルイス構造も描くこと．

(a) HCN (b) BF_4^- (c) SO_2 (d) NO_2^+

2・4 次の分子あるいはイオンの立体構造（非共有電子対も含め）をVSEPR理論により図示せよ．

(a) SO_3 (b) CS_2 (c) SO_4^{2-} (d) SF_4 (e) I_3^-

2・5 次の化合物のルイス構造を描き，各炭素原子の混成軌道の種類を示し，各結合角の値を予想せよ．

(a) $CH_3CH_2CH_3$ (b) CH_3CHO (c) CH_3COOH (d) $CH_3C≡CCH_3$ (e) ベンゼン

2・6 次の分子のルイス構造を描き，各炭素，酸素，窒素，硫黄原子の混成軌道の種類を示せ．また，原子間の結合が σ 結合か π 結合かを示せ．

(a) CH_3SH (b) CO_2 (c) CH_3NH_2 (d) CH_3OH (e) CO

2・7 次の化合物のルイス構造を描き，炭素，酸素原子の混成軌道の種類を示せ．また，分子の立体構造を予想せよ．

(a) アレン $H_2C=C=CH_2$ (b) ケテン $H_2C=C=O$

2・8 次の化合物の結合の分極を δ +，δ − で示せ．

(a) $CH_3–NH_2$ (b) $CH_3–Li$ (c) $CH_3–MgBr$ (d) $CH_3–Br$

2・9 価標で表した結合のうち，極性が大きいのはどちらか．

(a) $Cl-CH_3$ と $HO-CH_3$ (b) $H–Cl$ と $H–F$ (c) $HO–CH_3$ と $H_2N–CH_3$

2・10 次の化合物のうち，極性分子はどれか．

(a)
$$\begin{array}{c}Cl\\ \diagdown\\ C=C\\ H\diagup\diagdown\\ Cl\end{array} \begin{array}{c}H\\ \diagup\\ \\ \\ \end{array}$$
 (b) CH_3OCH_3 (c) CS_2

2・11 次の組合せで水素結合を形成するのはどれか．

(a) CH_3NH_2 と CH_3OH (b) $CH_3CH_2OCH_2CH_3$ と $(CH_3)_3N$
(c) $CH_3CH_2OCH_3$ と CH_3NH_2 (d) $CH_3CH_2OCH_3$ と CH_3CH_2F

3章　気体の性質 —自由な粒子—

われわれの身のまわりにある物質は，原子や分子のような微細な粒子が単独で存在しているわけではなく，それらが集合して気体，液体，固体として存在している。本章では，分子間引力（分子同士の引き合う力）が弱い気体の性質について述べる。

3-1　理想気体の状態式

気体の体積 V，圧力 p，温度 T（絶対温度，単位は K）および物質量 n との関係は次の理想気体の状態式で表すことができる。

$$pV = nRT \tag{3.1}$$

どのような条件のもとでも (3.1) 式が厳密に成り立つような気体を理想気体という。また，実際の気体についていえば，無限に希薄な状態という極限の場合を仮定したときに成り立つ式である。しかしながら気体を扱う上では初めに考慮すべき大事な式となる。ここで，定数 R はどんな気体でも同じ値で，気体定数とよばれる。気体はその種類にかかわらず，1 mol の体積は 0℃，1 atm のもとで 22.414 dm^3 であるから，(3.1) 式で気体定数 R を求めることができる。

$$R = \frac{pV}{nT} = \frac{(1\ \text{atm})(22.414\ \text{dm}^3)}{(1\ \text{mol})(273.15\ \text{K})} = 0.082057\ \text{atm dm}^3\ \text{K}^{-1}\ \text{mol}^{-1}$$

気体定数 R は他に換算して次のように表すこともできる。

$R = 8.3144\ \text{J K}^{-1}\ \text{mol}^{-1}$
$ = 8.3144\ \text{Pa m}^3\ \text{K}^{-1}\ \text{mol}^{-1}$
$ = 8.3144 \times 10^3\ \text{Pa dm}^3\ \text{K}^{-1}\ \text{mol}^{-1}$

理想気体の状態式 (3.1) から，この式を導くに至った 3 つの法則も理解できる。

ボイルの法則　　　$pV = $ 一定　（T および $n = $ 一定）

シャルルの法則　　$\dfrac{V}{T} = $ 一定　（p および $n = $ 一定）

アボガドロの法則　　$V = nV_m$　　　（T および $p = $ 一定）

V_m は 1 mol 当りの体積でモル体積という。アボガドロの法則は「同じ温度と圧力のもとで，気体の体積は，物質量に比例する。」ということができる。

気体の質量をグラム単位で表したものを w，気体分子のモル質量を M_m とおけば，$n = w/M_m$ となるから，(3.1) 式は

$$pV = nRT = \frac{w}{M_m}RT \tag{3.2}$$

とおける。したがって，質量がわかっている気体の体積を，特定の圧力，温度で測定すればモル質量，すなわち分子量を求めることができる。

また，気体の密度 ρ との関係は，(3.2) 式を書き直して

$$pM_m = \frac{w}{V}RT = \rho RT \tag{3.3}$$

となる。

圧力の単位は種々のものが使われる。1 気圧 (1 atm) は SI 単位 Pa で表せば 101325 Pa となるが他にも次のように換算する場合がある。

　　　1 atm = 101325 Pa = 760 mmHg = 760 Torr

用いる気体定数は，主に条件を表す圧力の単位によって決まる。

例題3・1　155 hPa で 80℃ の酸素ガス 1.00 mol の体積を求めよ。

(3.1) 式から

$$V = \frac{nRT}{p} = \frac{(1.00 \text{ mol})(8.3144 \text{ Pa m}^3 \text{ K}^{-1} \text{ mol}^{-1})(353.15 \text{ K})}{155 \times 10^2 \text{ Pa}}$$

$$= 18.9_4 \times 10^{-2} \text{ m}^3 = 0.189 \text{ m}^3$$

温度として絶対温度（単位は K）を使うことに注意。また，この問題では圧力を Pa 単位で表しているので気体定数 R として 8.3144 Pa m^3 K^{-1} mol^{-1} を使う。

気体の物質量にアボガドロ定数をかければ，気体分子の数になることに注意。

例題3・2 20℃で体積 500 cm³ のフラスコを真空ポンプで排気して，圧力を 4.0×10^{-4} atm にした。このフラスコ中に残る分子の数を計算せよ。

(3.1) 式からこの気体の物質量は

$$n = \frac{pV}{RT} = \frac{(4.0 \times 10^{-4} \text{ atm})(0.500 \text{ dm}^3)}{(0.082057 \text{ atm dm}^3 \text{ K}^{-1} \text{ mol}^{-1})(293.15 \text{ K})} = 0.083_1 \times 10^{-4} \text{ mol}$$

この物質量にアボガドロ定数を掛けて

$$(0.083_1 \times 10^{-4} \text{ mol}) \times (6.022 \times 10^{23} \text{ mol}^{-1}) = 0.50_0 \times 10^{19} = 5.0 \times 10^{18} \text{ 個}$$

この問題では圧力の単位として atm を用いていることから，気体定数 R として 0.082057 atm dm³ K⁻¹ mol⁻¹ を使う。

物質量に変化がないときの理想気体の状態式の応用例。

例題3・3 ある日の日本海の海面の温度と圧力は 12℃ と 1.0 atm であったが，その海面下 100 m ではそれぞれ 3℃ と 11 atm であった。海面下 100 m で発生した 1.0 cm³ の気泡は海面まで上昇してくると，その体積はいくらになるか。ただし，気泡は海水とは反応せず，吸収もされないとする。

気体の物質量に変化はないので $pV/T = nR = $ 一定となる。したがって，添え字の1を海面下 100 m での気体の状態，添え字の2を海面での状態とすれば，

$$\frac{P_1 V_1}{T_1} = \frac{P_2 V_2}{T_2}$$

が成り立つ。それぞれの値を代入すれば，

$$V_2 = \frac{P_1 V_1 T_2}{P_2 T_1} = \frac{(11 \text{ atm})(1.0 \text{ cm}^3)(285.15 \text{ K})}{(1.0 \text{ atm})(276.15 \text{ K})} = 11._3 \text{ cm}^3 = 11 \text{ cm}^3$$

理想気体の状態式は，気体分子の分子量に関係付けられることに注意．

例題3・4 2.00 g の気体の体積を 25℃，1.00 atm で測定したところ 1.75 dm³ であった．この気体の分子量を求めよ．

(3.2) 式から

$$M_\mathrm{m} = \frac{wRT}{pV} = \frac{(2.00 \text{ g})(0.082057 \text{ atm dm}^3 \text{ K}^{-1} \text{ mol}^{-1})(298.15 \text{ K})}{(1.00 \text{ atm})(1.75 \text{ dm}^3)}$$

$$= 27.9_6 \text{ g mol}^{-1} = 28.0 \text{ g mol}^{-1}$$

分子量に g mol^{-1} をつけたものがモル質量 M_m となるので，分子量は 28.0 となる．

理想気体の状態式は，気体の密度とも関係付けられることに注意．

例題3・5 ある気体の化合物の密度が 57℃，200 hPa で 1.23 g dm^{-3} であることがわかった．この化合物の分子量を求めよ．

(3.3) 式から

$$M_\mathrm{m} = \frac{\rho RT}{p} = \frac{(1.23 \text{ g dm}^{-3})(8.3144 \times 10^3 \text{ Pa dm}^3 \text{ K}^{-1} \text{ mol}^{-1})(330.15 \text{ K})}{200 \times 10^2 \text{ Pa}}$$

$$= 16.8_8 \times 10 \text{ g mol}^{-1} = 169 \text{ g mol}^{-1}$$

したがって分子量は 169 となる．

ここでは圧力として Pa が，また密度の単位体積として dm³ が使われていることから，気体定数 R として 8.3144×10^3 Pa dm³ K^{-1} mol^{-1} を用いるのが適当．

3-2　ドルトンの分圧の法則

混合気体の性質として Dalton は一連の実験から次の法則を導きだした．

> ドルトンの法則：理想気体の混合物の圧力は，同じ温度で同じ体積を個々の気体だけが占めるときの圧力の和に等しい．

ある気体が全圧 P に対して及ぼす寄与を，その気体の分圧という．たとえば，気体 A と B の混合気体があり，それぞれの分圧を p_A と p_B と表せば，全圧 P

は
$$P = p_A + p_B \tag{3.4}$$
となる．ここで分圧 p_A と p_B というのは，それぞれの気体が単独で同じ体積を占めたときの圧力である．ここでは2成分を例にとっているが，3成分以上の混合気体でも同じことがいえる．

混合物の組成と全圧がわかっている場合には，理想気体の状態式によって各成分の分圧が容易に計算できる．そのために，濃度を表す方法の1つであるモル分率を導入する．この方法は，混合気体ばかりでなく，溶液などの濃度を表すときなどにもよく使われる．いま，気体 A と B の混合気体を考え，それぞれの物質量を n_A と n_B とすれば，それぞれのモル分率 x_A と x_B は，

$$x_A = \frac{n_A}{n_A + n_B} \qquad x_B = \frac{n_B}{n_A + n_B} = 1 - x_A$$

で表される．

それぞれの成分が体積 V の容器を占めたとき，理想気体の状態式から
$$p_A V = n_A RT \qquad p_B V = n_B RT \tag{3.5}$$
が成り立ち，両方を足し合わせれば
$$(p_A + p_B)V = (n_A + n_B)RT$$
となる．ドルトンの法則から $(p_A + p_B)$ は全圧 P に等しいとおけるので
$$PV = (n_A + n_B)RT \tag{3.6}$$
とおける．(3.5) 式のそれぞれを (3.6) 式で割って，

$$\frac{p_A}{P} = \frac{n_A}{n_A + n_B} = x_A \qquad \text{つまり} \quad p_A = x_A P \tag{3.7a}$$

$$\frac{p_B}{P} = \frac{n_B}{n_A + n_B} = x_B \qquad \text{つまり} \quad p_B = x_B P \tag{3.7b}$$

を得る．すなわち，その混合気体の全圧に各成分のモル分率をかければ，それぞれの分圧が簡単に求めることができる．逆にいえば，各成分の分圧がわかっていれば，全圧との関係からモル分率を求めることができる．

ドルトンの法則もまた理想化した表し方であり，気体を理想気体として仮定できれば，あるいは気体が非常に希薄で構成分子が完全に独立しているとみなせる場合には成り立つが，実在気体では近似的にしか使えないことに注意．

混合気体のそれぞれの気体の分圧は，その気体が同じ容器に単独にあるときの圧力に等しい。

例題3・6 酸素 0.20 mol と窒素 0.80 mol を 25℃ で 15 dm^3 の容器にいれたとき，それぞれの分圧および全圧を求めよ。

窒素と酸素の分圧を p_{N2} および p_{O2} とすれば，(3.5) 式から

$$p_{O2} = \frac{n_{O2}RT}{V} = \frac{(0.20 \text{ mol})(0.082057 \text{ atm dm}^3 \text{ K}^{-1} \text{ mol}^{-1})(298.15 \text{ K})}{15 \text{ dm}^3}$$

$$= 0.32_6 \text{ atm} = 0.33 \text{ atm}$$

$$p_{N2} = \frac{n_{N2}RT}{V} = \frac{(0.80 \text{ mol})(0.082057 \text{ atm dm}^3 \text{ K}^{-1} \text{ mol}^{-1})(298.15 \text{ K})}{15 \text{ dm}^3}$$

$$= 1.3_0 \text{ atm} = 1.3 \text{ atm}$$

したがって全圧は (3.4) 式から

$$P = p_{O2} + p_{N2} = 0.33 + 1.3_0 = 1.6_3 \text{ atm} = 1.6 \text{ atm}$$

2つのフラスコをつないだのちは，各気体の圧力は混合気体の分圧となる。

例題3・7 200 cm^3 のフラスコに 100 mmHg のメタンが，600 cm^3 のフラスコに 200 mmHg のエチレンが入っている。2つのフラスコをつないで，各気体が両方のフラスコを占めるようにした。温度変化がないとして混合気体中のメタンとエチレンの分圧および全圧を求めよ。

混合気体を構成する気体はそれぞれ独立に存在すると考えてよい。メタンとエチレンともに，混合による物質量に変化はなく，また温度変化もないことから，それぞれについてボイルの法則（$pV = $ 一定）を使うことができる。混合前後の圧力と体積をそれぞれ p_1 と V_1 および p_2 と V_2 とおけば，$p_1V_1 = p_2V_2$ となる。したがって混合後の圧力は $p_1 = P_1V_1/V_2$

メタンの分圧：$100 \text{ mmHg} \times \dfrac{200}{200+600} = 25 \text{ mmHg}$

エチレンの分圧：$200 \text{ mmHg} \times \dfrac{600}{200+600} = 150 \text{ mmHg}$

全圧：$25 + 150 = 175 \text{ mmHg}$

各気体の分圧を全圧で割ったものがその気体のモル分率となる。

例題3・8 酸素とヘリウムからなる混合気体がある。酸素とヘリウムの分圧が，それぞれ 20.0 kPa および 80.0 kPa のとき，各気体の質量百分率を求めよ。

酸素とヘリウムのモル分率 x_{O_2} と x_{He} は，(3.7a) 式から

$$x_{\text{O}_2} = \frac{p_{\text{O}_2}}{P} = \frac{20.0}{20.0 + 80.0} = 0.200$$

$$x_{\text{He}} = 1 - 0.200 = 0.800$$

したがって，全体の物質量を 1 mol とすれば酸素とヘリウムの物質量は 0.200 mol と 0.800 mol となる。酸素とヘリウムのモル質量は，それぞれ $M_{\text{m}}(\text{O}_2) = 32.0 \text{ g mol}^{-1}$，$M_{\text{m}}(\text{He}) = 4.00 \text{ g mol}^{-1}$ であるので，酸素の質量百分率は

$$100 \times \frac{(32.0 \text{ g mol}^{-1})(0.200 \text{ mol})}{(32.0 \text{ g mol}^{-1})(0.200 \text{ mol}) + (4.00 \text{ g mol}^{-1})(0.800 \text{ mol})}$$

$$= 66.6_6\% = 66.7\%$$

したがって，ヘリウムの質量百分率は 33.3% となる。

気体の性質と化学反応式を関係付けてみよう。

例題3・9 メタン 0.30 mol と酸素 0.80 mol を 10 dm³ の容器にいれ，完全燃焼したのち，25℃に保った。このときの容器内の圧力は何 Pa となるか。ただし，生成する水の体積は小さく無視できるものとする。

完全燃焼の反応式は

$$CH_4 + 2O_2 \longrightarrow CO_2 + 2H_2O$$

となる。燃焼後に容器に存在する気体は，酸素が $0.80 - 0.30 \times 2 = 0.20$ mol，二酸化炭素が 0.30 mol となる。それぞれの分圧は

$$p_{O2} = \frac{n_{O2}RT}{V} = \frac{(0.20 \text{ mol})(8.3144 \times 10^3 \text{ Pa dm}^3 \text{ K}^{-1} \text{ mol}^{-1})(298.15 \text{ K})}{10 \text{ dm}^3}$$

$$= 4.9_5 \times 10^4 \text{ Pa}$$

$$p_{CO2} = \frac{n_{CO2}RT}{V} = \frac{(0.30 \text{ mol})(8.3144 \times 10^3 \text{ Pa dm}^3 \text{ K}^{-1} \text{ mol}^{-1})(298.15 \text{ K})}{10 \text{ dm}^3}$$

$$= 7.4_3 \times 10^4 \text{ Pa}$$

したがって，全圧 P（容器内の圧力）は

$$P = p_{O2} + p_{CO2} = 4.9_5 \times 10^4 + 7.4_3 \times 10^4 = 12.3_8 \times 10^4 = 1.24 \times 10^5 \text{ Pa}$$

容器に存在する気体の物質量の総和から

$$P = \frac{(n_{O2} + n_{CO2})RT}{V}$$

$$= \frac{(0.30 \text{ mol} + 0.20 \text{ mol})(8.3144 \times 10^3 \text{ Pa dm}^3 \text{ K}^{-1} \text{ mol}^{-1})(298.15 \text{ K})}{10 \text{ dm}^3}$$

$$= 1.2_3 \times 10^5 \text{ Pa} = 1.2 \times 10^5 \text{ Pa}$$

と求めることもできる。

3-3 気体分子運動論

気体は多数の粒子の集団であることから，その粒子の力学的性質から気体の諸性質を説明しようとするものが気体分子運動論である。気体分子運動論は次の仮定に基づいている。

1) 気体は絶えず，しかも無秩序に運動する粒子の集団である。
2) その粒子は体積をもたず，質点(質量をもった幾何学的な点)とみなせる。
3) 粒子は衝突以外には互いに相互作用せず，無秩序な運動を続ける。
4) 粒子同士，および粒子と壁の衝突はすべて弾性的に行われる。つまり，衝突後の全並進運動エネルギーは衝突前と等しい。

気体の圧力 p は，この理論では，粒子である分子と容器の壁との衝突によっ

て説明される。分子の衝突はきわめて頻繁に起こるので，われわれには一定の圧力と思えるのである。したがって，圧力を計算するには，分子が壁と衝突するときに及ぼす力を壁の単位面積当りで見積もればよい。そして力は，ニュートンの第二法則によれば，"粒子の運動量の単位時間当りの変化量＝分子に働く力"とされ，これがつまり壁に働く力ということになる。ここでは以上の考察に基づいた結論だけを下に記す。

$$pV = \frac{1}{3} N m \overline{c^2} \tag{3.8}$$

体積が V の容器の中に質量が m の分子が N 個あるとする。分子はそれぞれ異なる速度で運動しているが，速度の二乗の平均値を $\overline{c^2}$ で表し，平均二乗速度とよぶ。分子数 N は，物質量 n とアボガドロ定数 L を用いて $N = nL$ で表すことができるので，(3.8) 式は

$$pV = \frac{1}{3} n L m \overline{c^2} \tag{3.9}$$

となる。さらに，分子1個の質量 m にアボガドロ定数をかけたものは，その分子のモル質量 M_m だから，(3.9) 式は次のようになる。

$$pV = \frac{1}{3} n M_\mathrm{m} \overline{c^2} \tag{3.10}$$

気体分子運動論では，気体分子は体積をもたず質点とみなし，衝突以外には互いに相互作用しないことが仮定されている。一方，理想気体の状態式は極限まで希薄な状態のときに厳密に成り立つものである。希薄な状態とは分子同士が衝突以外には互いに相互作用しないことと同じ状態であることは容易に推察できる。したがって，(3.10) 式と $pV = nRT$ を等しいとおけば

$$\frac{1}{3} n M_\mathrm{m} \overline{c^2} = nRT \quad \text{すなわち} \quad \overline{c^2} = \frac{3RT}{M_\mathrm{m}} \tag{3.11}$$

$\overline{c^2}$ の平方根を根平均二乗速度とよび，c_{rms} と表せば

$$c_{rms} = (\overline{c^2})^{1/2} = \left(\frac{3RT}{M_\mathrm{m}}\right)^{1/2} \tag{3.12}$$

となる。

　この結果から，分子の根平均二乗速度は温度の平方根に比例すること，また，

モル質量の平方根に反比例することがわかる。

> 平方根の中の単位に注意。
>
> **例題3・10** 25℃での窒素ガス N_2 の根平均二乗速度 c_{rms} を求めよ。
>
> 窒素ガス N_2 のモル質量は 28.0 g mol^{-1} である。したがって，(3.12)式から根平均二乗速度 c_{rms} は
>
> $$c_{rms} = \left(\frac{3RT}{M_m}\right)^{1/2} = \left\{\frac{3 \times (8.3144 \text{ J K}^{-1} \text{ mol}^{-1})(298.15 \text{ K})}{28.0 \times 10^{-3} \text{ kg mol}^{-1}}\right\}^{1/2}$$
> $$= 5.15_3 \times 10^2 \text{ m s}^{-1} = 515 \text{ m s}^{-1}$$

ここで，気体定数の単位中にある J は，$1 \text{ J} = 1 \text{ kg m}^2 \text{ s}^{-2}$ であるから，モル質量の単位も kg mol^{-1} に換算してあることに注意。

> 分子の速度は，分子のモル質量の平方根に反比例することを理解する。
>
> **例題3・11** ある温度で水素は酸素の何倍の速度で運動しているか。根平均二乗速度から説明せよ。
>
> 水素と酸素の根平均二乗速度を $c_{rms}(H_2)$ と $c_{rms}(O_2)$ で表せば，ある温度を T とすれば，その比は
>
> $$\frac{c_{rms}(H_2)}{c_{rms}(O_2)} = \frac{\left(\frac{3RT}{M_m(H_2)}\right)^{1/2}}{\left(\frac{3RT}{M_m(O_2)}\right)^{1/2}} = \left(\frac{M_m(O_2)}{M_m(H_2)}\right)^{1/2} = \left(\frac{32.0}{2.0}\right)^{1/2} = 4.0$$
>
> つまり水素の速度は酸素の速度の 4.0 倍である。

この問題では $3RT$ を実際に計算する必要はないことに注意。

拡散と流出

気体の流出と拡散については次のグラハムによる法則がある。

グラハムの法則:気体の流出および拡散の速さは,同一の温度,圧力のもとでモル質量の平方根に反比例する。

したがって,2種類の気体(AとB)の流出および拡散の速さは,一方の速さを他方の速さで割って比較できる。すなわち

$$\frac{\text{Aの流出(拡散)の速さ}}{\text{Bの流出(拡散)の速さ}} = \left(\frac{M_B}{M_A}\right)^{1/2} \tag{3.13}$$

ただし,M_A と M_B は,それぞれ気体 A と B のモル質量とする。

グラハムの法則は,気体分子運動論では,分子の根平均二乗速度がモル質量の平方根に反比例していることから理解できる。

ある気体分子の流出の速さを分子量既知のものと比較することで,ある気体分子の分子量が求められる。

例題3・12 同一の温度,圧力のもとで酸素と気体 X を細孔から真空中に流出させた。同じ量の気体が流出するのに,酸素では 14 分,気体 X では 28 分を要した。気体 X の分子量を求めよ。

流出した気体の量を w とすれば

$$\frac{\text{酸素の流出の速さ}}{\text{Xの流出の速さ}} = \frac{\left(\dfrac{w}{14}\right)}{\left(\dfrac{w}{28}\right)} = \frac{28}{14}$$

酸素のモル質量は 32.0 g mol^{-1} であり,X のモル質量を M_x とすれば,(3.13) 式から

$$\frac{28}{14} = 2 = \left(\frac{M_x}{32.0 \text{ g mol}^{-1}}\right)^{1/2}$$

したがって

$$M_x = 32.0 \text{ g mol}^{-1} \times 2^2 = 128 \text{ g mol}^{-1}$$

よって分子量は 128 となる。

流出の速さとは,単位時間当りの流出量を表わしており,流出に要した時間ではないことに注意。

3-4 実在気体

これまで述べた気体の法則は,理想気体といっている理想的な気体について述べたものであり,極限まで希薄な気体であれば正確にこの法則に従う。つまり,極限まで希薄な状態では,分子の体積は容器の体積と比べ無視することができ,分子間の相互作用も極めて小さいと仮定できる。しかし通常の圧力をもつ気体では,これらの因子は決して無視はできない。このような実在の気体を考える場合には,これらの因子による補正項を加えた,次のファンデルワールスの状態方程式が用いられる。

$$p = \frac{nRT}{(V-nb)} - a\left(\frac{n}{V}\right)^2 \tag{3.14}$$

また,$pV = nRT$ に対応して次の形に書くこともできる。

$$\left(p + \frac{an^2}{V^2}\right)(V-nb) = nRT \tag{3.15}$$

ここで定数 a, b はファンデルワールス係数といい,気体の種類により決められた値である。

> 気体を実在気体として捉える場合と理想気体として捉える場合の違いについて理解しよう。

例題3・13 1.00 mol の窒素が 25℃で 5.00 dm^3 の体積をもった。窒素を実在気体あるいは理想気体として考えた場合,その圧力はそれぞれいくらになるか。同様の条件で 0.500 dm^3 まで圧縮した場合はどうか。ただし,窒素のファンデルワールス係数は $a = 1.408$ atm dm^6 mol^{-2},$b = 0.03913$ dm^3 mol^{-1} とする。

実在気体とすると,(3.14) 式で $n = 1$ に対応するので

$$p = \frac{RT}{(V_m - b)} - \frac{a}{V_m^2}$$

$$= \frac{0.082057 \times 298.15}{(5.00 - 0.03913)} - \frac{1.408}{5.00^2}$$

$$= 4.87_5 \text{ atm} = 4.88 \text{ atm}$$

理想気体と考えれば，$p = \dfrac{RT}{V_\mathrm{m}} = \dfrac{0.082057 \times 298.15}{5.00} = 4.89 \text{ atm}$

となる。これくらいの低圧の条件では，それほど大きな違いはないことがわかる。

　同様に，$V_\mathrm{m} = 0.500 \text{ dm}^3$ を代入し計算すれば

　　実在気体：$p = 46.6 \text{ atm}$

　　理想気体：$p = 48.9 \text{ atm}$

となり，圧力が高くなると差が大きくなることがわかる。

章 末 問 題

3・1 10.0 mmol の窒素ガスが 20.0℃で 25.0 mmHg の圧力をもつとき，体積はいくらになるか。

3・2 25℃，1.00×10^2 hPa で 10.0 dm^3 となるヘリウムガスの質量はいくらか。

3・3 揮発性の液体化合物 0.320 g を完全に蒸発させたところ，40℃，750 mmHg で 144 cm^3 の体積を占めた。この化合物の分子量を求めよ。

3・4 7.0 m^3 の容積をもつボンベ中に 20℃, 150 atm で貯蔵されている水素ガスが，放出され 40℃で 1.0 atm になったとき，その体積を求めよ。

3・5 ボンベに 1.57 MPa の窒素ガスがある。ボンベの温度が 20℃のとき，ボンベ内の窒素ガスの密度を求めよ。

3・6 空気は，体積百分率で 78％の窒素と 21％の酸素からなり，残りの 1％にはアルゴンや二酸化炭素などが含まれる。全圧力が 101.3 kPa とすれば，酸素の分圧は何 Pa となるか。

3・7 メタノールの分解反応を下に示した。

$$CH_3OH\ (g) \longrightarrow CO\ (g) + 2H_2\ (g)$$

初めに 3.2 g のメタノールを 8.2 dm^3 の密閉容器にいれた。これを 1000 K まで加熱したところ，容器内の全圧が 1.4 atm となった。メタノールの分解した割合（分解度）はいくらか。また，生成した水素の混合気体中でのモル分率を求めよ。この条件ではすべての物質は気体で，理想気体とする。

3・8 気体分子運動論に基づき次の問いに答えよ。
(a) いま 27℃，1 atm の水素ガス 1 mol があるとして，圧力はそのままで温度が 927℃ になると，根平均二乗速度は何倍になるか。
(b) 温度が 27℃ のままで，圧力が 20 atm になると，上記の水素ガスの根平均二乗速度はどうなるか。
(c) 30℃ で，上記の水素ガスを窒素ガスとした場合，その根平均二乗速度は水素ガスの何倍になるか。

3・9 次の一対の化合物を拡散によって分離するとき，もっとも分離しやすいと考えられるものはどれか。

　　① O_2 と N_2　　② H_2 と HD　　③ $^{235}UF_6$ と $^{238}UF_6$　　④ CH_4 と CD_4

3・10 11.0 g の二酸化炭素が 40℃ で 100 atm の圧力を示すとき，次の問いに答えよ。
(a) 二酸化炭素が理想気体としてふるまうとき，その体積はいくらか。
(b) 二酸化炭素がファンデルワールス気体としてふるまうとき，何 atm で上と同じ体積をもつのか。ただし，$a = 3.64$ atm dm^6 mol^{-2}，$b = 0.0427$ dm^3 mol^{-1} とする。

4章　物質の状態と分子間力

　物質は一般に気体，液体，固体の3種類の状態をとるが，液体，固体では，分子の熱運動の影響を上まわる分子間の引力が働き，集合体としての性質を強く現すようになってくる。この章では，分子間の引力の原因となるもの，液体や固体の重要な性質,さらには1つの状態から別の状態への変化について学ぶ。

4－1　分子間の引力
　物質の状態（気体，液体，固体）を決める主要な要因となる分子間の引力は次のようにまとめることができる。
① 　水素結合
② 　ファンデルワールス力
　　双極子 – 双極子相互作用：極性分子に存在する双極子同士の引き合う力。ふつうはイオン結合や共有結合よりも非常に弱く，約1%の強さである。
　　ロンドン力：無極性分子や結合していない原子の場合にも，電子分布の瞬間的なかたよりによって，分子（原子）間に生じる引力。一瞬の間だけ存在するのでかなり弱い力。

4－2　液体の蒸発
　密閉された容器の中にある液体を加熱していき，ある温度での容器内の状態をみれば，液体が蒸発して気体になる現象と逆に気体が凝縮して液体になる現象が起こっており，両方の速さが等しくなっている。このような状態のときに平衡にあるといい，このときに示す気体の圧力が蒸気圧である。蒸気圧の大きさに及ぼす因子として，主に分子間引力と温度が挙げられる。分子間引力の大きい液体では，非常に大きな運動エネルギーをもつ分子のみが分子間の束縛を断ち切り，気体になる。結果として蒸発する速さが遅くなり，蒸気圧が小さくなる。逆に，分子間引力の小さい液体では，小さな運動エネルギーをもつ分子でも容易に気体になり，結果として蒸気圧が大きくなる。一方，高い温度のと

きには，大きな運動エネルギーをもつ分子の割合が高くなることから，蒸発速度が大きくなり，蒸気圧が高くなる。蒸気圧をいろいろな温度で測定し，プロットしたものが蒸気圧曲線である。

一定の外圧のもとで液体の温度を上昇させていくと，その蒸気圧が外圧に等しくなる温度に到達する。この温度で沸騰が起こり，その温度を沸点という。特に 1 atm における沸点を標準沸点という。液体が全部蒸発するまで温度は一定であり，このとき吸収される熱を沸点での蒸発熱あるいは蒸発エンタルピー[*]という。蒸発エンタルピーの大きさは，分子間引力の目安となっている。分子間引力が大きければ，液体が気体に変わるときに分子の束縛を切るのに大きなエネルギーが必要になってくるからである。

モル蒸発エンタルピーは，ある温度の 1 mol の液体をその温度の気体にするのに必要なエネルギー。

例題4・1 ベンゼンの沸点 80.1℃におけるモル蒸発エンタルピーは 30.8 kJ mol^{-1} である。80.1℃において 12.0 V，1.00 A，10 分間ヒーターで加熱した場合，何 g のベンゼンが蒸発するか。

1 J = 1 AsV であるから，電源から供給されるエネルギーは
 (1.00 A)(10 × 60 s)(12.0 V) = 7200 AsV = 7200 J
ベンゼン x g が蒸発するのに必要なエネルギーは，ベンゼンの分子量が 78.0 より

$$\frac{x \text{ g}}{78.0 \text{ g mol}^{-1}} \times 30.8 \times 10^3 \text{ J mol}^{-1}$$

両方のエネルギーが等しいとおけば
 $x = 18.2_3$ g = 18.2 (g)

ここでの水のモル蒸発エンタルピーは 100℃での値を示していることに注意。

例題4・2 25℃の水 180 g を 600 W のヒーターで加熱した場合，完全に蒸発するにはどれくらいの時間を要するか。ただし，水の 100℃でのモル蒸発エンタルピーは 40.6 kJ mol^{-1}，比熱容量は 4.18 J K^{-1} g^{-1} とする。

---

[*] エンタルピーの定義は 7 章を参照。

蒸発させるのに必要なエネルギーの総和は次の①と②を加えたものとなる。

① 25℃の水を 100℃の水にするのに必要なエネルギー：$(4.18 \text{ J K}^{-1} \text{ g}^{-1})$
$(75 \text{ K})(180 \text{ g}) = 56430 \text{ J} = 56.43 \text{ kJ}$

比熱容量とは，単位に注目するとわかるように，1 g の物質を 1 K 上昇させるのに必要なエネルギーである。ここでは，温度の上昇分は 75℃であるが，これは温度差なので 75 K としてもよい。

② 100℃の水を 100℃の水蒸気にするのに必要なエネルギー：$(40.6 \text{ kJ mol}^{-1})(180 \text{ g} / 18.0 \text{ g mol}^{-1}) = 406 \text{ kJ}$

一方，ヒーターから供給されるエネルギーは，1 J = 1 Ws であるから，要する時間を x 秒とおけば

$(600 \text{ W})(x \text{ s}) = 600x \text{ Ws} = 600x \text{ J} = 0.600x \text{ kJ}$

両方のエネルギーが等しいとおけば

$(56.43 + 406) \text{ kJ} = 0.600x \text{ kJ}$

$x = 770._7 = 771 \text{ (s)}$

液体の蒸気圧と温度の関係を表わすものとして，クラウジウス–クラペイロンによって提案されたものがある。それを表わした 1 つの式が

$$\ln \frac{p_2}{p_1} = -\frac{\Delta H_{\text{vap}}}{R}\left(\frac{1}{T_2} - \frac{1}{T_1}\right) \tag{4.1}$$

ここで，ある温度 T_1，T_2 における蒸気圧がそれぞれ p_1，p_2 であり，R は気体定数である。また，ΔH_{vap} は液体のモル蒸発エンタルピーで，温度に依存しないで一定と仮定している。蒸気圧が外圧と等しくなるときに沸騰することを考えれば，この式は，外圧と沸点の関係をも表していることになる。

各温度における蒸気圧をクラウジウス–クラペイロンの式から求める。

例題4・3 水の標準沸点（外圧 101325 Pa = 1 atm = 760 mmHg）におけるモル蒸発エンタルピーは 40.6 kJ mol^{-1} である。95℃ における水の蒸気圧 (mmHg) を求めよ。

(4.1) 式より，$p_1 = 760$ mmHg，$T_1 = 100 + 273.15 = 373.15$ K（標準沸点）

$p_2 = x$ mmHg, $T_2 = 95 + 273.15 = 368.15$ K, $\Delta H_{vap} = 40.6 \times 10^3$ J mol^{-1} を代入すれば

$$\ln \frac{x \text{ mmHg}}{760 \text{ mmHg}} = -\frac{40.6 \times 10^3 \text{ J mol}^{-1}}{8.314 \text{ J K}^{-1} \text{ mol}^{-1}} \left(\frac{1}{368.15 \text{ K}} - \frac{1}{373.15 \text{ K}} \right) = -0.177_7$$

したがって

$$\frac{x}{760} = e^{-0.1777}$$

$$x = 636._2 = 636 \text{ (mmHg)}$$

蒸気圧＝外圧のときに沸騰。したがって，クラウジウス－クラペイロンの式は，外圧と沸点の関係をも表わす。

例題4・4 210.6℃の標準沸点をもつニトロベンゼンを 20 mmHg での減圧蒸留によって精製したい。この減圧下で予想される沸点はいくらか。ただし，ニトロベンゼンのモル蒸発エンタルピーは 47.7 kJ mol^{-1} とする。

標準沸点とは 1 atm（760 mmHg）での沸点であり，この場合は 210.6℃つまり 483.75 K である（温度は K 単位に換算すること）。(4.1) 式を用いれば，20 mmHg での沸点を求めることができる。$p_1 = 760$ mmHg, $p_2 = 20$ mmHg, $T_1 = 483.75$ K, $\Delta H_{vap} = 47.7 \times 10^3$ J mol^{-1}, R = 8.314 J K^{-1} mol^{-1} を代入すれば，

$$\ln \frac{20 \text{ mmHg}}{760 \text{ mmHg}} = -\frac{47.7 \times 10^3 \text{ J mol}^{-1}}{8.314 \text{ J K}^{-1} \text{ mol}^{-1}} \left(\frac{1}{T_2} - \frac{1}{483.75 \text{ K}} \right)$$

となる。したがって

$T_2 = 370.2_{04}$ K (97.1℃)

実測値は 99.3℃であるので，よく一致していることがわかる。

4－3　固体の融解・昇華

ある圧力でどのような化合物の固体も，熱を吸収すれば融解し，また，逆にその液体を冷やせば凝固する。ある一定の圧力のもとで，物質が融解あるいは凝固するときには，液体と固体がある温度で共存していることがわかる。この

とき，液体が凝固する速さと固体が融解する速さがつり合い，やはり液体と固体が平衡にあるという。この温度を，液体の状態にある高い温度から近づけば凝固点といい，固体の状態にある低い温度から近づけば融点という。もし固体を加熱すれば，融けて液体になるが，固体と液体が共存する限り温度は一定のままである。逆に液体が冷やされ凝固点に到達すれば，やはり固体と液体が共存する限り温度は変わらない。

一定の圧力で，融点まで加熱された 1 mol の固体が液体へ転換するのに必要な熱をモル融解熱あるいはモル融解エンタルピー $\triangle H_{fus}$ という。0℃での水のモル融解エンタルピーは 6.01 kJ mol^{-1} であり，40.6 kJ mol^{-1} の値をもつモル蒸発エンタルピーと比べれば大変小さい。これは，蒸発によって分子は互いに遠くに離れるのに対し，固体が融けても分子同士はそれほど離れず，結びつきが少し弱まる程度だからである。

> モル融解エンタルピーは，ある温度の 1 mol の固体をその温度の液体にするのに必要なエネルギーをいい，ある温度としては一般的には融点。

例題4・5 ベンゼンの融点 5.5℃におけるモル融解エンタルピーは 9.9 kJ mol^{-1} である。5.5℃において 12.0 W のヒーターで 10 分間加熱した場合，何 g のベンゼンが融解するか。

ヒーターから供給されるエネルギーは

$(12.0 \text{ W})(10 \times 60 \text{ s}) = 7200 \text{ Ws} = 7200 \text{ J}$

ベンゼン x g が融解するのに必要なエネルギーは，ベンゼンの分子量が 78.0 より

$$\frac{x \text{ g}}{78.0 \text{ g mol}^{-1}} \times 9.9 \times 10^3 \text{ J mol}^{-1}$$

両方のエネルギーが等しいとおけば

$x = 56._7 = 57$ (g)

同じ条件でベンゼンが蒸発する場合を例題 4・1 で示した。そのときは 18.2 g であったが，融解する場合よりも大きなエネルギーが必要なことがわかる。

ここでの水のモル融解エンタルピーは 0℃での値を示していることに注意。

> **例題4・6** 0℃の氷 180 g をすべて 25℃の水にするには,600 W のヒーターでどれくらいの時間加熱すればよいか。ただし,氷の 0℃でのモル融解エンタルピーは 6.01 kJ mol^{-1},水の比熱容量は 4.18 J K^{-1} g^{-1} とする。

必要なエネルギーの総和は①と②を加えたものとなる。
 ① 0℃の氷を 0℃の水にするエネルギー: (6.01 kJ mol^{-1})(180 g / 18.0 g mol^{-1}) = 60.1 kJ
 ② 0℃の水を 25℃の水にするエネルギー: (4.18 J K^{-1} g^{-1})(25 K)(180 g) = 18810 J = 18.81 kJ
一方,ヒーターから供給されるエネルギーは,要する時間を x 秒とおけば
 (600 W)(x s) = 600x Ws = 600x J = 0.600x kJ
両方のエネルギーが等しいとおけば
 (60.1 + 18.81) kJ = 0.600x kJ
 x = 131.$_5$ = 132 (s)

ナフタレンやショウノウあるいはヨウ素などの固体は,液化することなく,直接気体に変化する。これを昇華という。液体の蒸発と同じように,固体と蒸気が共存し平衡にあるときには,一定の温度で一定の蒸気圧をもつ。一定の圧力のもとで 1 mol の固体が気体へ転換するのに必要な熱をモル昇華熱あるいはモル昇華エンタルピー ΔH_{sub} という。

三重点において $\Delta H_{sub} = \Delta H_{fus} + \Delta H_{vap}$ が成立することに注意。

> **例題4・7** 次節にある水の三重点(6.03×10^{-3} atm,0.01℃)でのモル蒸発エンタルピーは 45.05 kJ mol^{-1} である。同条件下でのモル融解エンタルピーを 6.00 kJ mol^{-1} と仮定すれば,この条件下での水のモル昇華エンタルピーはいくらか。

固体が気体と平衡を保ちながら,直接気体に変化する際に必要な熱を昇華エンタルピー ΔH_{sub} というが,三重点では,液体は気体および固体とも

平衡にある。このような条件下では，

$$\Delta H_{sub} = \Delta H_{fus} + \Delta H_{vap}$$

が成り立つ。したがって

$$\Delta H_{sub} = \Delta H_{fus} + \Delta H_{vap} = 6.00 + 45.05 = 51.05 \text{ kJ mol}^{-1}$$

4-4 状態図

固体，液体，気体の3種類の相の平衡関係を表わしたものが状態図である。図4・1には水の状態図を示した。図中のS，LおよびGは，それぞれ氷，水および水蒸気だけが存在する領域を示す。BCが蒸気圧曲線（または蒸発曲線）であり，水と水蒸気が平衡にあり共存する条件を表わす。なお，C点は臨界点を表わし，ここでは気体と液体のモル体積は同じになり，お互いを隔てていた界面は存在しなくなる。より低温側にあるAからBが氷と水蒸気が共存する条件を表わす昇華曲線である。2つの曲線が交差するB点は特異な点であり，氷，水および水蒸気が平衡状態で共存できる唯一の条件となり，三重点とよばれる。水では，0.611 kPa（6.03×10^{-3} atm）で，厳密に273.16 K（0.01℃）である。三重点の状態で圧力を加えると，水蒸気は消失していき氷と水だけとなる。氷と水の平衡が維持される温度と圧力の関係を融解曲線（図中BD）という。

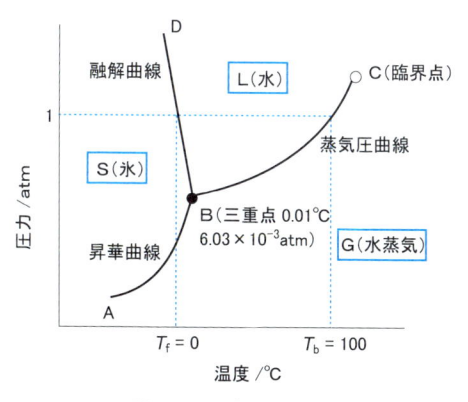

図4・1 水の状態図

圧力を1 atmの条件で温度を変化させたときの水の状態変化は次の通りである。低温で氷としてだけ存在している状態から，温度を上昇させていけば，ある温度で融解曲線に到達し氷と水の平衡状態となる。この温度が融点0℃であ

る。さらに熱を加えていけば，すべての氷は水となる。そして温度上昇とともに蒸気圧曲線にぶつかり，水と水蒸気の平衡状態となる。このときの温度が標準沸点100℃である。さらなる温度上昇では水蒸気だけの領域にはいる。

水の状態図で，昇華曲線で表す線上の条件では氷と水蒸気が平衡にある。

例題4・8 圧力が0.5 kPaの条件で，温度を変化させたときの水の状態の変化を示せ。

図4・1を参照する。圧力が0.5 kPaというのは三重点の圧力（0.611 kPa）よりも低い状態にあることになる。低温で氷としてだけ存在している状態から，温度を上昇させていくと，昇華曲線に到達し昇華しはじめ，氷と水蒸気が平衡状態となる。この温度よりも高い状態では，すべて水蒸気として存在する。

状態図の見方に慣れておこう。

例題4・9 下の図はある物質の状態図を表わしている。次の温度と圧力の条件下でのこの物質の状態を記せ。

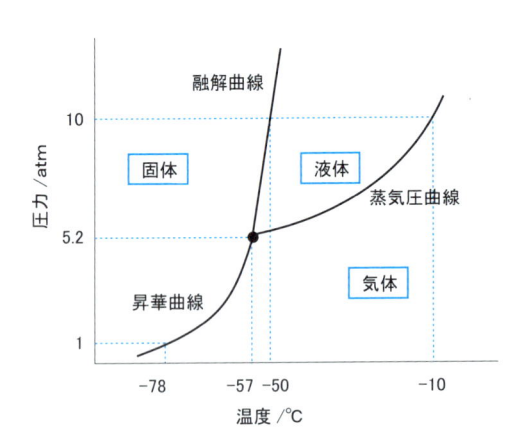

	(a)	(b)	(c)	(d)	(e)	(f)	(g)
温度（℃）	−78	−80	−57	−57	−50	−50	−10
圧力（atm）	1.0	1.0	5.2	5.3	5.2	10	10

(a) 固体と気体が共存し平衡にある。
(b) 固体
(c) 固体と液体と気体が共存し平衡にある（三重点）。
(d) 固体
(e) 気体
(f) 固体と液体が共存し平衡にある。
(g) 液体と気体が共存し平衡にある。

4-5　固体の内部

ここでは，結晶構造についてまとめる。一般に，結晶は，その構造単位となる粒子を結びつける結合力によって，イオン結晶，共有結合結晶，金属結晶，分子結晶および水素結合性結晶に分類できる。結晶の内部では，原子，イオンまたは分子が3次元的に規則正しく繰返し配列している。いま，1種類の原子が構成する結晶を考え，各原子を点に置き換えると，空間に点が規則正しく配列した3次元の網目状の格子ができる。これを空間格子，それぞれの点を格子点という。そして空間格子の最小の繰返しの単位となるのが単位格子である（図4・2）。

空間格子　　　　　　　　　単位格子

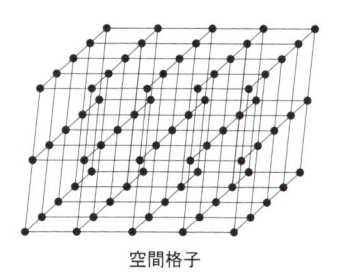

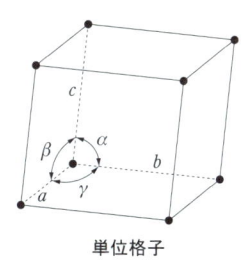

図4・2　空間格子と単位格子

単位格子は稜の長さa, b, cおよびそれぞれのなす角度α, β, γで規定され，これらは格子定数とよばれる。単位格子は種々の対象性により特徴付けられており，合わせて14種類が存在する。この中でも3種類，すなわち単純立方格子，体心立方格子および面心立方格子はもっとも対称性の高い結晶系に属しており，$a = b = c$および$\alpha = \beta = \gamma = 90°$となる。単位格子の四隅や面に

存在する原子（粒子）は隣り合う単位格子と共有していることから，1つの単純立方格子には1個の粒子があると考える．したがって，体心立方格子には2個，面心立方格子には4個の粒子が存在する．

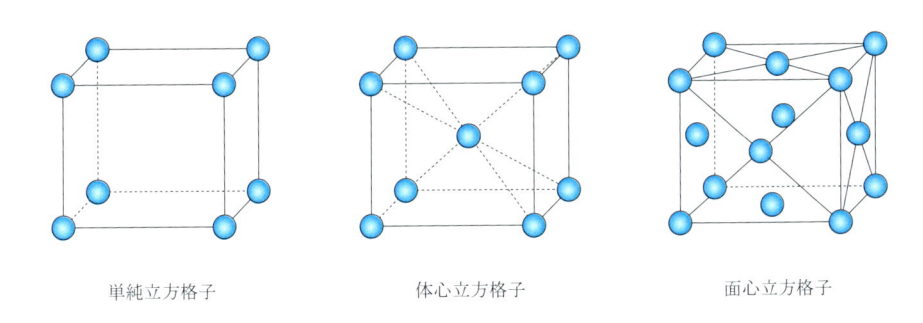

図 4・3　単純立方格子，体心立方格子および面心立方格子

図4・2でも見ることができるように，空間格子の格子点は互いに平行で等間隔の一群の平面状に並んでいると考えられる．このような平面を格子面といい，その間隔を面間隔という．

結晶の内部構造はX線回折法により明らかにできる．X線回折が反射であるかのように取り扱われ，結晶は面間隔の反射面が積み重なったものとする．図4・4に示すように，波長 λ のX線が，結晶の格子面と角度 θ で入射するとすれば，2本のX線の行路差は，

$$AB + BC = 2d\sin\theta$$

である．ここで d は格子面の間の面間隔である．反射されたX線が干渉して強め合うためには，ブラッグの式

$$2d\sin\theta = n\lambda \tag{4.2}$$

に従わなくてはならない．ここで，n は整数で，反射の次数という．実験的には，単一波長のX線をそれぞれの結晶面にあて，反射されるX線の強度が極大になる角度 θ を測定すると，対応する面間隔が求められる．これから単位格子の格子定数を決定できる．

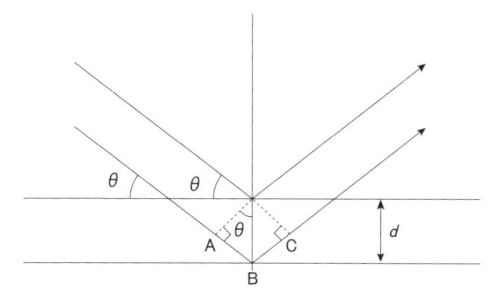

図 4・4 ブラッグの反射条件

X 線回折法から結晶の面間隔を求める。

例題4・10 ある結晶に，波長 68.3 pm の X 線を照射したとき，格子面と 12.82° の角度で反射した。この結晶の面間隔を求めよ。ただし，反射の次数は $n = 1$ とする。

(4.2) 式より $2d\sin\theta = \lambda$ したがって

$$d = \frac{\lambda}{2\sin\theta} = \frac{68.3 \text{ pm}}{2\sin 12.82} = 153._9 \text{ pm} = 154 \text{ pm}$$

面心立方格子の中には 4 個の原子があることに注意。

例題4・11 銀は面心立方格子の最密の結晶構造をとり，その密度は 10.49 g cm^{-3} である。次の問いに答えよ。
(a) 単位格子の一辺の長さはいくらか。
(b) 原子を球とみなしたときの半径はいくらか。

(a) 銀の原子量は 107.9 より，1 原子の銀の質量は

$$\frac{107.9 \text{ g mol}^{-1}}{6.022 \times 10^{23} \text{ mol}^{-1}} = 1.791_7 \times 10^{-22} \text{ g}$$

である。面心立方格子では単位格子当りの原子数は

$$\frac{1}{8} \times 8 + \frac{1}{2} \times 6 = 4$$

である。単位格子の体積は，単位格子を構成する銀原子の質量を密度で割っ

たものである。

$$\text{単位格子の体積：} \frac{4 \times 1.791_7 \times 10^{-22}\,\text{g}}{10.49\,\text{g cm}^{-3}}$$

したがって，単位格子一辺の長さ a は

$$a = \left(\frac{4 \times 1.791_7 \times 10^{-22}\,\text{g}}{10.49\,\text{g cm}^{-3}} \right)^{1/3} = 4.088_0 \times 10^{-8}\,\text{cm} = 0.4088\,\text{nm}$$

(b) 球形の銀原子がもっとも密な状態にある面心立方格子では，球の半径は面対角線の長さの $1/4$ に等しい。対角線の長さは $2^{1/2}a$ であるので，半径 r は

$$r = 2^{1/2}\frac{a}{4} = 2^{1/2} \times \frac{0.4088\,\text{nm}}{4} = 0.1445_3\,\text{nm} = 0.1445\,\text{nm}$$

単位格子定数と密度からアボガドロ定数を求める。

例題4・12 カリウムの単体金属は体心立方格子の結晶構造をとり，その密度は $0.856\,\text{g cm}^{-3}$ である。単位格子の一辺が $0.5321\,\text{nm}$ とすれば，アボガドロ定数はいくらと計算できるか。

カリウムの原子量は 39.10 より，そのモル質量は $39.10\,\text{g mol}^{-1}$。アボガドロ定数を $x\,\text{mol}^{-1}$ とおけば，カリウム原子1個の質量は

$$\frac{39.10\,\text{g mol}^{-1}}{x\,\text{mol}^{-1}} = \frac{39.10}{x}\,\text{g}$$

体心立方格子では単位格子当りの原子の数は2。したがって2個分の質量を単位格子の体積で割ったものが密度となるから

$$\frac{(2 \times 39.10/x)\,\text{g}}{(0.5321 \times 10^{-9} \times 10^2\,\text{cm})^3} = 0.856\,\text{g cm}^{-3}$$

したがって，x は

$$x = \frac{2 \times 39.10\,\text{g}}{(0.856\,\text{g cm}^{-3})(0.5321 \times 10^{-9} \times 10^2\,\text{cm})^3} = 6.06_3 \times 10^{23}$$

よって，アボガドロ定数は $6.06 \times 10^{23}\,\text{mol}^{-1}$ とこの条件では求められる。

章末問題

4・1 1.0 kW のヒーターで加熱して，0℃の氷 200 g を融解後，完全に蒸発させて 100℃の水蒸気にするためには，どれだけの時間加熱したらよいか．ただし，水の 0℃ でのモル融解エンタルピーおよび 100℃でのモル蒸発エンタルピーはそれぞれ 6.01 および 40.6 kJ mol^{-1} とし，水の比熱容量は 4.18 J g^{-1} K^{-1} とする．

4・2 0.0℃の氷 240.0 g を 100.0℃の水蒸気 40.0 g に加えたとき，全体の温度は何℃ になるか．ただし，水の 0℃でのモル融解エンタルピーおよび 100℃でのモル蒸発エ ンタルピーはそれぞれ 6.01 および 40.6 kJ mol^{-1} とし，水の比熱容量は 4.18 J g^{-1} K^{-1} とする．

4・3 抽出溶媒のヘキサンを減圧留去するのに，省エネルギーのため，室温 (25.0℃) で留去したい．留去するには何 mmHg まで減圧すればよいか．ただし，ヘ キサンの標準沸点は 68.0℃で，モル蒸発エンタルピーは 28.6 kJ mol^{-1} とする．

4・4 ある物質は，20 mmHg の条件下では 31.5℃で沸騰し，760 mmHg で は 125.7℃で沸騰した．この物質のモル蒸発エンタルピーを求めよ．

4・5 例題 4・9 の状態図で表される物質について，次の問いに答えよ．−90℃で， (a) 1.0 atm，(b) 5.2 atm，(c) 10 atm の状態にある物質を加熱していったとき，加 えた熱量と温度の関係を概略的に表すものとしてもっとも適当なものを下記の①〜 ⑥から選べ．

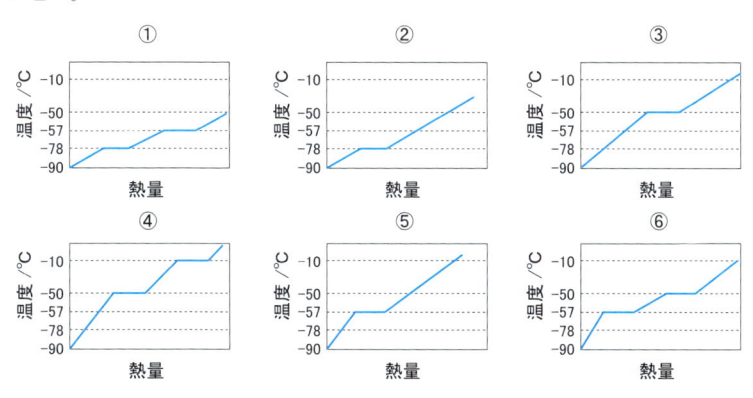

4・6 隣り合う格子面の面間隔が 235 pm の結晶に，154 pm の波長をもつ X 線を格子面と θ の角度で照射したとき，強い強度をもつ回折が観測されるのは何度で照射したときか。もっとも小さな照射角度を求めよ。

4・7 ある金属は体心立方格子の最密の結晶構造をとり，単位格子の一辺の長さは 0.316 nm である。アボガドロ定数を $6.022 \times 10^{23}\,\mathrm{mol^{-1}}$ とするとき，次の問いに答えよ。
(a) 原子を球としたとき，最近接原子の中心間の距離はいくらか。
(b) この金属の密度を求めよ。ただし，この金属の原子量は 183.8 とする。

4・8 金 Au は面心立方格子の最密の結晶構造をとり，単位格子の一辺の長さは 4.079 Å（$1\,\mathrm{Å} = 10^{-10}\,\mathrm{m}$）である。密度が $19.32\,\mathrm{g\,cm^{-3}}$ より，アボガドロ定数はいくらと計算できるか。ただし，金の原子量を 197.0 とする。

5章　溶液の性質

溶液の性質としては，蒸気圧降下，沸点上昇，凝固点降下および浸透圧が挙げられる。これらの性質は束一的性質とよばれ，溶けている溶質の粒子数（物質量）に依存するだけで，その性質には無関係である。本章では，溶液の性質について述べるが，はじめに，化学計算の基本となる溶液の濃度の表わし方をまとめる。

5－1　溶液の濃度

溶液中に存在する溶質の割合を濃度といい，表わし方には，主に分率によるものとモル濃度によるものがある。いま溶媒を A，溶質を B で表し，それぞれの質量，体積，物質量を

溶媒 A：w_A (g)，v_A (dm^3)，n_A (mol)

溶質 B：w_B (g)，v_B (dm^3)，n_B (mol)

とし，さらに，混合後の溶液の体積を V (dm^3) とする。分率による濃度の表わし方には次の 3 種類がある。

(1) **質量分率**

その 100 倍が質量百分率で，wt%または単に%で表す。

$$\mathrm{wt\%} = \frac{w_B}{w_A + w_B} \times 100$$

(2) **体積分率**

おもに液体と液体からなる溶液に用いられる。混合前の体積の割合で表すことに注意。その 100 倍が体積百分率で，vol%で表す。

$$\mathrm{vol\%} = \frac{v_B}{v_A + v_B} \times 100$$

(3) **モル分率** x_B

$$x_B = \frac{n_B}{n_A + n_B}$$

したがって，溶媒のモル分率 x_A は

$$x_A = \frac{n_A}{n_A + n_B} = 1 - x_B$$

であり，$x_A + x_B = 1$ となる。

一方，モル濃度の表わし方には，いわゆるモル濃度の他に質量モル濃度があり，それぞれは次のように表わすことができる。

(4) **モル濃度 c_B**

単位体積の溶液に含まれる溶質の物質量。

$$c_B = \frac{n_B}{V} \quad (\mathrm{mol\ dm^{-3}}\ \text{または M})$$

SI 単位は $\mathrm{mol\ m^{-3}}$ であるが，通常は $\mathrm{mol\ dm^{-3}}$ が用いられる。つまり，溶液 1 $\mathrm{dm^3}$ 中に溶質が 1 mol 溶けていれば 1 $\mathrm{mol\ dm^{-3}}$ となる（図 5・1）。

(5) **質量モル濃度 m_B**

単位質量の溶媒に溶けている溶質の物質量。

$$m_B = \frac{n_B}{w_A} \quad (\mathrm{mol\ g^{-1}})$$

また，SI 単位は $\mathrm{mol\ kg^{-1}}$ であることから，1000 倍して

$$m_B = \frac{n_B}{w_A} \times 1000 \quad (\mathrm{mol\ kg^{-1}})$$

とする。つまり，1 kg の溶媒中に溶質が 1 mol 溶けていれば 1 $\mathrm{mol\ kg^{-1}}$ となる（図 5・1）。

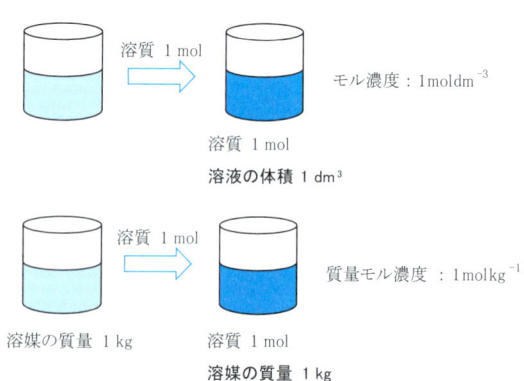

図 5・1 モル濃度と質量モル濃度

質量百分率とモル濃度の関わりを理解する。

例題5・1 質量百分率で 5.00% のエタノール C_2H_5OH を含む水溶液のモル濃度を求めよ。ただし,この水溶液の密度を 0.9886 g cm^{-3} とする。

水溶液の質量を 100 g とする。そうすることで,質量百分率が 5.00% のエタノールは,この水溶液中には 5.00 g 含まれることになる。エタノールの分子量は 46.07 から,5.00 g は,$5.00 \text{ g} / 46.07 \text{ g mol}^{-1} = 0.108_5 \text{ mol}$ となる。また,この水溶液の体積は,水溶液の質量/密度 となるので

$$\frac{100 \text{ g}}{0.9886 \text{ g cm}^{-3}} = 101.1_5 \text{ cm}^3 = 0.1011_5 \text{ dm}^3$$

0.108_5 mol を 0.1011_5 dm^3 で割ることで,1 dm^3 の水溶液に溶解するエタノールの物質量,つまり,モル濃度 c_B となる。したがって,モル濃度 c_B は

$$c_B = \frac{0.108_5 \text{ mol}}{0.1011_5 \text{ dm}^3} = 1.07_2 \text{ mol dm}^{-3} = 1.07 \text{ mol dm}^{-3}$$

モル濃度と質量モル濃度の違いを理解する。

例題5・2 水酸化ナトリウム 10.0 g に水を加え 100 cm^3 の水溶液にした。この水溶液のモル濃度と質量モル濃度を求めよ。ただし,この水溶液の密度を 1.109 g cm^{-3} とする。

水酸化ナトリウムの式量は 40.0 であるので,10.0 g は 0.250 mol に相当し,それが溶解して 100 cm^3,つまり 0.100 dm^3 の水溶液となっている。0.250 mol を 0.100 dm^3 で割ることでモル濃度 c_B となる。したがって,モル濃度 c_B は

$$c_B = \frac{0.250 \text{ mol}}{0.100 \text{ dm}^3} = 2.50 \text{ mol dm}^{-3}$$

となる。一方,質量モル濃度 m_B は溶媒 1 kg 中に溶解する溶質の物質量であるから,はじめに,この水溶液には何gの水があるかを求める必要がある。そのためには全体の質量から水酸化ナトリウムの質量を引けばよい。全体の質量は,溶液の密度×体積 となるので

$$1.109 \text{ g cm}^{-3} \times 100 \text{ cm}^3 = 110.9 \text{ g}$$

水の質量は

$$110.9 - 10.0 = 100.9 \text{ g} = 0.1009 \text{ kg}$$

したがって，質量モル濃度 m_B は

$$m_B = \frac{0.250 \text{ mol}}{0.1009 \text{ kg}} = 2.47_7 \text{ mol kg}^{-1} = 2.48 \text{ mol kg}^{-1}$$

モル濃度既知の溶液を希釈することで，必要とされる濃度の溶液を調製する。

例題5・3 モル濃度が 6.00 mol dm^{-3} の硫酸 100 cm^3 を希釈して 1.00 mol dm^{-3} の硫酸を調製したい。何 cm^3 の水溶液にすればよいか。

6.00 mol dm^{-3} の硫酸 100 cm^3 中にある硫酸の物質量は

$$(6.00 \text{ mol dm}^{-3})(0.100 \text{ dm}^3) = 0.600 \text{ mol}$$

水溶液の水の量を $x \text{ cm}^3$ とすれば，この体積で物質量を割り 1.00 mol dm^{-3} になるように x を決めればよい。したがって

$$\frac{0.600 \text{ mol}}{x \times 10^{-3} \text{ dm}^3} = 1.00 \text{ mol dm}^{-3}$$

これを解けば

$$x = 600 \text{ (cm}^3\text{)}$$

質量百分率が既知の溶液を希釈することで，必要とされるモル濃度の溶液を調製する。

例題5・4 $37.0 \text{ wt\%}$ の濃塩酸を水で希釈して 1.00 mol dm^{-3} の塩酸 0.500 dm^3 を調製したい。何 cm^3 の濃塩酸を希釈すればよいか。ただし，濃塩酸の密度は 1.186 g cm^{-3} とする。

希釈する濃塩酸の量を $x \text{ cm}^3$ とすれば，その質量は密度をかけることで $(x \times 1.186)$ g となる。このうちの $37.0 \text{ wt\%}$ が HCl の質量である。この質量を HCl のモル質量 36.5 g mol^{-1} で割ることで，HCl の物質量がわかる。こ

の物質量を希釈後の塩酸の体積 0.500 dm³ で割ったものが 1.00 mol dm⁻³ となる。したがって

$$\frac{\dfrac{(x \times 1.186)\ \text{g} \times 0.370}{36.5\ \text{g mol}^{-1}}}{0.500\ \text{dm}^3} = 1.00\ \text{mol dm}^{-3}$$

これを解けば

$$x = 41.5_8 ≒ 41.6\ (\text{cm}^3)$$

5−2　固体の溶解度

　固体の溶質を溶媒中で溶解すると溶液が飽和するまで溶ける。飽和するということは，溶けていない溶質と溶けている溶質との間で平衡状態が保たれているということである。この飽和溶液の濃度は，温度によって変化するが，同じ温度ならば一定である。この値はその温度における溶解度とよばれる。溶解度を表すには，溶液の濃度の単位として用いられるものはすべて用いることができるが，質量百分率を無次元の値として用いることが多い。つまり，飽和溶液 100 g 中の溶質の質量をグラム単位で表した数値である*。なお，平衡にある固体の溶質が溶媒和結晶である場合，溶解度は無溶媒和物の質量をグラム単位として表した数値とするのが一般的である。

溶解度の違いによって固体を析出させる。

例題5・5　25℃において，塩化カリウム KCl の飽和水溶液 100 g から，30 g の水を蒸発させると，何 g の KCl が析出するか求めよ。ただし，KCl の溶解度を 25℃で 4.77 とする。

はじめに飽和水溶液 100 g 中に溶解している KCl の質量は 4.77 g。水が蒸発後の飽和水溶液 70 g 中に溶解している KCl の質量は

$$4.77 \times \frac{70}{100} = 3.33_9\ \text{g}$$

---

*　溶解度の表し方として，溶媒 100 g を飽和させるのに必要な溶質のグラム数とする場合も多い。

したがって，析出する KCl の質量は

$4.77 - 3.33_9 = 1.43_1 = 1.43$ g

5-3 溶液の束一的性質

5-3-1 蒸気圧降下 ラウールの法則

溶媒の蒸発速度と凝縮速度がつり合ったとき，蒸気の示す圧力を飽和蒸気圧あるいは単に蒸気圧という。つまり，蒸気圧とは溶液と蒸気が平衡にあるときの蒸気の圧力である。混合物の蒸気分圧は，純物質の蒸気圧と比較し小さくなる現象については，ラウールの法則として次のようにまとめられる。

> 混合物に含まれているある成分の蒸気分圧は，純物質の蒸気圧に混合物中のその成分のモル分率をかけたものに等しい。

不揮発性の溶質 B が溶媒 A に溶けている希薄溶液に対して，ラウールの法則は次式で表される。

$$p = x_A p^*_A \quad \text{あるいは} \quad \frac{p^*_A - p}{p^*_A} = 1 - x_A = x_B \tag{5.1}$$

ここで p^*_A と p は，指定された温度における純溶媒と溶液の蒸気圧，x_A と x_B は，それぞれ溶媒と溶質のモル分率である。また，$\triangle p = p^*_A - p$ は蒸気圧降下という。つまり (5.1) 式は，蒸気圧が不揮発性溶質のモル分率に対して直線的に減少することを表している。

希薄溶液の物質量は $n_A \gg n_B$ であるから

$$x_B = \frac{n_B}{n_A + n_B} \approx \frac{n_B}{n_A}$$

溶媒のモル質量を M_A とおけば

$$x_B = \frac{n_B}{\dfrac{w_A}{M_A}} = M_A \frac{n_B}{w_A} = M_A m_B \tag{5.2}$$

(5.2) 式を (5.1) 式に代入すれば

$$\frac{p^*_A - p}{p^*_A} = \frac{\triangle p}{p^*_A} = M_A m_B \quad \text{つまり} \quad \triangle p = p^*_A M_A m_B \tag{5.3}$$

となる。

5-3-2 沸点上昇

不揮発性の溶質が溶けている溶液の蒸気圧が降下する結果として，溶液の沸点が上昇する．図5・2に純溶媒と溶液の蒸気圧の温度変化を示す．純溶媒の沸点 T_b における溶媒の蒸気圧を p^*_A とすれば，この値がこの条件での外圧となる．標準沸点ならば図5・2のように1 atmである．同じ温度における溶液の蒸気圧は必ず p^*_A よりも蒸気圧降下 $\triangle p$ だけ小さくなる．溶液の沸点は，溶液の蒸気圧が p^*_A すなわち外圧に等しくなる温度となるので，T_b よりも必ず高くなる．溶液の沸点と溶媒の沸点との差 $\triangle T_b$ を沸点上昇という．希薄溶液での沸点近くの狭い温度範囲を考えれば，溶液と純溶媒の蒸気圧曲線は傾きが同じと仮定できる．すなわち，$\triangle T_b$ は $\triangle p$ に比例するということができる．また，(5.3)式から $\triangle p$ は質量モル濃度 m_B に比例することから

$$\triangle T_b = K_b m_B \tag{5.4}$$

と表すことができる．ここで比例定数 K_b は溶媒に固有の定数で，沸点上昇定数とよばれる．

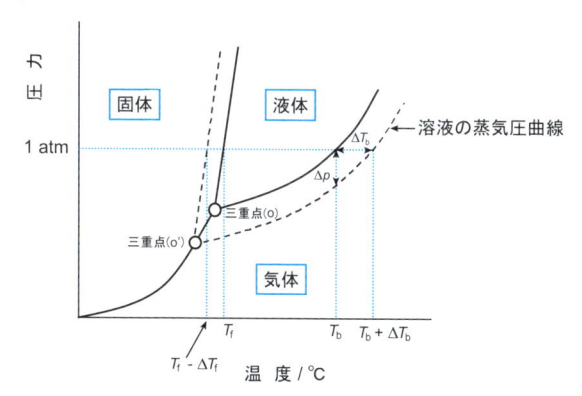

図5・2　沸点上昇および凝固点降下の模式図

5-3-3 凝固点降下

不揮発性の溶質が溶けた溶液は，純溶媒よりも乱れた状態にある．したがって，溶液を規則性のある固体状態（析出するものは純溶媒の固体）に転移するには，純溶媒よりも，さらに温度を下げる必要がある．状態図5・2を見ると，溶液の蒸気圧曲線は低温側で昇華曲線と重なることになる．この点が溶液の三

重点 (O') となる。一般的に，溶液が凝固するときには，形成される結晶格子中には溶質は入り込めないので，生じる固体は純溶媒のものとなる。したがって，溶液の昇華曲線が別にできることはなく，純溶媒の昇華曲線と同じとなる。融解曲線は，4章でも述べたように，三重点から圧力をかけていき，固体と液体が平衡になるための条件を表したものである。したがって，溶液の融解曲線は，あらたな三重点 (O') から立ち上がることになる。O'点は純溶媒の三重点 (O) の左側に必ずあるので，溶液の凝固点は純溶媒の凝固点よりも低くなる。純溶媒の凝固点と溶液の凝固点との差 $\triangle T_f$ を凝固点降下といい，沸点上昇と同じように，その値は質量モル濃度 m_B に比例する。すなわち

$$\triangle T_f = K_f m_B \tag{5.5}$$

K_f は溶媒に固有の定数で，凝固点降下定数とよばれる。

溶液の蒸気圧は溶媒そのものの蒸気圧よりも低くなることを理解する。

例題5・6 ある不揮発性の化合物（分子量300）1.50 g を 100 g のベンゼンに溶解したものの蒸気圧はいくらか。ただし，ベンゼンの分子量は 78.1 で，この温度での蒸気圧を 74.66 mmHg とする。

はじめに，ベンゼンのモル分率 x_A を求めればよい。

$$x_A = \frac{\dfrac{100\ \text{g}}{78.1\ \text{g mol}^{-1}}}{\dfrac{100\ \text{g}}{78.1\ \text{g mol}^{-1}} + \dfrac{1.50\ \text{g}}{300\ \text{g mol}^{-1}}} = 0.996_1$$

(5.1) 式から

$$p = x_A p^*_A = 0.996_1 \times 74.66\ \text{mmHg} = 74.3_6\ \text{mmHg} = 74.4\ \text{mmHg}$$

沸点上昇について理解し，沸点上昇定数の値を求める。

例題5・7 250 g のベンゼンに分子量が 238 の化合物 3.00 g を溶解した溶液はベンゼンそのものの沸点よりも 0.135℃ 高い沸点を示した。ベンゼンの沸点上昇定数を求めよ。

はじめに溶液の質量モル濃度 m_B を求め，次に (5.4) 式を用いる。m_B は

$$m_B = \frac{\dfrac{3.00 \text{ g}}{238 \text{ g mol}^{-1}}}{0.250 \text{ kg}} = 0.0504_2 \text{ mol kg}^{-1}$$

(5.4) 式から，沸点上昇定数 K_b は

$$K_b = \frac{\Delta T_b}{m_B} = \frac{0.135 \text{ K}}{0.0504_2 \text{ mol kg}^{-1}} = 2.68 \text{ K mol}^{-1} \text{ kg}$$

溶液の沸点が 0.135℃ 高いということは，沸点上昇が 0.135 K であることに注意。

質量モル濃度から凝固点を求める。

例題5・8 コップに入った水 200 g に 10.0 g のブドウ糖（$C_6H_{12}O_6$）を溶かした。この水溶液の凝固点を計算せよ。ただし，水の凝固点降下定数は 1.86 K mol^{-1} kg である。

ブドウ糖の分子量は 180 であることから，この水溶液の質量モル濃度 m_B は

$$m_B = \frac{\dfrac{10.0 \text{ g}}{180 \text{ g mol}^{-1}}}{0.200 \text{ kg}} = 0.277_7 \text{ mol kg}^{-1}$$

(5.5) 式から，凝固点降下 ΔT_f は

$$\Delta T_f = K_f m_B = (1.86 \text{ K mol}^{-1} \text{ kg})(0.277_7 \text{ mol kg}^{-1}) = 0.517 \text{ K}$$

水そのものの凝固点は 0℃ であるから，この水溶液の凝固点は -0.517℃ となる。

凝固点降下から溶質の分子量を求め，さらに，組成から分子式を求める。

例題5・9 250 g の水に不揮発性の化合物 16.9 g を溶解すると，凝固点は -0.599 ℃ を示した。また，この化合物の組成は，質量百分率として 57.2% C，4.77% H，38.1% O である。この化合物の分子式を求めよ。ただし，水の凝固点降下定数は 1.86 K mol^{-1} kg である。

不揮発性化合物の分子量を M とする。その質量モル濃度は

$$m_\mathrm{B} = \frac{\dfrac{16.9 \text{ g}}{M \text{ g mol}^{-1}}}{0.250 \text{ kg}} = \frac{67.6}{M} \text{ mol kg}^{-1}$$

凝固点降下 $\varDelta T_\mathrm{f} = K_\mathrm{f} m_\mathrm{B}$ から

$$0.599 \text{ K} = (1.86 \text{ K kg mol}^{-1}) \frac{67.6}{M} \text{ mol kg}^{-1}$$

したがって，分子量 M は

$$M = 1.86 \times \frac{67.6}{0.599} = 209._9 \fallingdotseq 210$$

化合物組成の質量百分率から

$$\mathrm{C : H : O} = \frac{57.2}{12.0} : \frac{4.77}{1.00} : \frac{38.1}{16.0} = 4.76_6 : 4.77 : 2.38_1 = 2 : 2 : 1$$

したがって，実験式は $\mathrm{C_2H_2O} = 42.0$ である。分子量は 210 より

$$\frac{210}{42.0} = 5.0$$

よって分子式は，$\mathrm{(C_2H_2O)_5} = \mathrm{C_{10}H_{10}O_5}$ となる。

5-3-4　浸　透　圧

浸透とは，溶媒と溶液が半透膜で隔てられているときに，溶媒が溶液側に通り抜ける現象である。半透膜は，溶媒は通すが，溶質は通さない性質をもつ膜である。溶媒を半透膜を境にして濃厚な溶液に接触させれば，溶媒側から溶液側に液が流れ込むが，この液が流れ込まないように溶液側に圧力をかけていく。液がちょうど流れ込まなくなる圧力を浸透圧といい，$\varPi$（パイ）で表す。

浸透圧 $\varPi$ も束一的性質であり，溶質の粒子数（物質量）だけに依存し，その性質には無関係である。いま，物質量 n_B の溶質が溶けている体積 V の溶液が，ある温度 T で純溶媒と接しているとき，浸透圧 $\varPi$ は

$$\varPi V = n_\mathrm{B} RT \tag{5.6}$$

で表される。これをファントホッフの式という。ここで R は気体定数である。溶質のモル濃度 c_B は $c_\mathrm{B} = n_\mathrm{B}/V$ で表されるから，(5.6) 式は

$$\Pi = c_B RT \tag{5.7}$$

と書ける。

溶液のモル濃度から浸透圧を求める。

例題5・10 砂糖の主成分となるショ糖（分子量342）1.00 g を水で溶解して 100 cm³ にした水溶液の浸透圧を求めよ。ただし，温度は25℃とする。

溶液のモル濃度 c_B は

$$c_B = \frac{n_B}{V} = \frac{\dfrac{1.00 \text{ g}}{342 \text{ g mol}^{-1}}}{0.100 \text{ dm}^3} = 0.0292_3 \text{ mol dm}^{-3}$$

(5.7) 式から，浸透圧 Π は

$$\Pi = c_B RT = (0.0292_3 \text{ mol dm}^{-3})(8.314 \times 10^3 \text{ Pa dm}^3 \text{ K}^{-1} \text{ mol}^{-1})(298.15 \text{ K})$$
$$= 7.25 \times 10^4 \text{ Pa}$$

溶液の浸透圧から溶質の分子量を求める。

例題5・11 ヘモグロビン 1.00 g を水に溶解して 250 cm³ にした水溶液の浸透圧が，25℃で 154 Pa であった。このヘモグロビンの分子量を求めよ。

この水溶液に溶けているヘモグロビンの物質量 n_B は，(5.6) 式から

$$n_B = \frac{\Pi V}{RT} = \frac{(154 \text{ Pa})(0.250 \text{ dm}^3)}{(8.314 \times 10^3 \text{ Pa dm}^3 \text{ K}^{-1} \text{ mol}^{-1})(298.15 \text{ K})}$$
$$= 1.55_3 \times 10^{-5} \text{ mol}$$

ヘモグロビンのモル質量 M_m は

$$M_m = \frac{1.00 \text{ g}}{1.55_3 \times 10^{-5} \text{ mol}} = 6.43_9 \times 10^4 \text{ g mol}^{-1} = 6.44 \times 10^4 \text{ g mol}^{-1}$$

したがって，ヘモグロビンの分子量は 6.44×10^4 となる。

章末問題

5・1 $0.200 \text{ mol dm}^{-3}$ の酢酸 CH_3COOH の水溶液を 250 cm^3 調製するのに必要な酢酸の質量を求めよ。

5・2 炭酸ナトリウム十水和物 $Na_2CO_3 \cdot 10H_2O$ の結晶 32.0 g を水 200 g に溶解した。この水溶液の密度を 1.048 g cm^{-3} とした場合,Na_2CO_3 の質量百分率,モル分率,モル濃度,および質量モル濃度を求めよ。

5・3 質量百分率が 70.0% の濃硝酸(密度 $\rho = 1.406 \text{ g cm}^{-3}$)がある。この 10.0 cm^3 を水で希釈して 500 cm^3 の希硝酸を調製した。希釈する前と後の濃硝酸と希硝酸のモル濃度を求めよ。ただし,硝酸 HNO_3 の分子量を 63.0 とする。

5・4 $60℃$ における硫酸銅(Ⅱ)$CuSO_4$ の飽和水溶液 100 g を $20℃$ に冷却したとき,析出する結晶の質量を求めよ。ただし,$CuSO_4$ の溶解度(飽和水溶液 100 g 中の $CuSO_4$ の質量を g 単位で表したもの)は $60℃$ で 28.5,$20℃$ で 16.8 であり,析出する結晶は硫酸銅(Ⅱ)五水和物 $CuSO_4 \cdot 5H_2O$ である。

5・5 $179.5℃$ の凝固点をもつショウノウの凝固点降下から化合物の分子量を求める方法はラスト法とよばれている。いま,100 mg のショウノウに 10.0 mg のある有機化合物を混ぜ,溶かしたものの凝固点が $163.0℃$ であった。この有機化合物の分子量を求めよ。ただし,ショウノウの凝固点降下定数 K_f は $40.0 \text{ K mol}^{-1} \text{ kg}$ である。

5・6 エチレングリコール $HOCH_2CH_2OH$ は不凍液の成分として利用されている。55.0 g のエチレングリコールと 250 g の水の混合物の凝固点および沸点はいくらか。ただし,水の沸点上昇定数および凝固点降下定数は,それぞれ $1.86 \text{ K mol}^{-1} \text{ kg}$ および $0.52 \text{ K mol}^{-1} \text{ kg}$ とする。また,エチレングリコールは不揮発性で非解離性とする。

5・7 トルエンに 6.6 g のポリスチレンを溶かして 1.00 dm^3 の溶液にした。この溶液の浸透圧を 20.0 °C で測定したところ,トルエンの高さとして 3.11 cm となった。このポリスチレンの分子量および重合度を求めよ。なお,トルエンの密度 ρ は 0.8658 g cm^{-3},重力加速度 g は 9.81 m s^{-2} とする。

6章　イオン性溶液の性質

　溶解したときに陽イオンと陰イオンに解離する物質を電解質といい，これが溶けている溶液を電解質溶液とよぶ[*1]。電解質溶液は，5章で述べた束一的性質をもつ以外にも，電気を通すという重要な性質も備えている。

　塩のような電解質は，固体であるときは，陽イオンと陰イオンとの間のイオン結合によって強く結合しているが，水などにいれれば容易に溶解する。これは，水の双極子によって起こるものである。水分子の正に荷電した水素原子が陰イオンを取りまき，負電荷をもつ酸素原子が陽イオンを取りまくことによって溶解する。このようにイオンの周囲を溶媒分子が取りまくことを溶媒和といい，特に溶媒が水の場合を水和とよぶ。ここでは，電解質溶液がもつ性質，すなわちイオンが溶液中にあることにより引き起こされる性質についてまとめる。

6－1　電解質溶液

　電解質は強電解質と弱電解質に分類される。強酸（HClやHNO$_3$など）や塩（NaClやK$_2$SO$_4$など）のように，溶液中でほとんど完全に解離するものを強電解質とよぶ。たとえば，HClは水に溶解するときには

　　　HCl　＋　H$_2$O　⟶　H$_3$O$^+$(aq)　＋　Cl$^-$(aq)

と記される。ここでaqはそれぞれのイオンが水和されていることを表している。HClの水素イオンが水に移行してオキソニウムイオンH$_3$O$^+$ができる。一方，弱酸（CH$_3$COOHやH$_2$Sなど）は，溶液になってもわずかしか解離せず，もとの分子とイオンとの間に化学平衡が存在している[*2]。たとえばCH$_3$COOHには次の化学平衡があり，これは左側に大きくかたよっている。

　　　CH$_3$COOH　＋　H$_2$O　⇌　H$_3$O$^+$(aq)　＋　CH$_3$COO$^-$(aq)

[*1] 電解質が溶けてイオンになることを電離ともいうが，本書では解離として統一して用いる。
[*2] 化学平衡の定量的な取扱いについては9章を参照。

電解質溶液の束一的性質

束一的性質としてまとめられる蒸気圧降下，沸点上昇，凝固点降下および浸透圧は，溶質の粒子数（物質量）に依存しているだけで，それの性質には無関係である。電解質溶液では，解離して生成する陽イオンと陰イオンをそれぞれ粒子とし，これらと解離していない化学種を合わせた数を全粒子数と考える。したがって，解離する割合（解離度）に大きく関係する。その割合に関係する係数 i をファントホッフ係数といい，さきの4種類の性質は，次のように補正される。

蒸気圧降下	$(p^*_A - p)/p^*_A = iM_A m_B$	(6.1)
沸点上昇	$\Delta T_b = iK_b m_B$	(6.2)
凝固点降下	$\Delta T_f = iK_f m_B$	(6.3)
浸透圧	$\Pi V = in_B RT$	(6.4)

ファントホッフ係数 i は，電解質の種類や濃度により変化する。たとえば，塩化カリウム KCl は，希薄な水溶液中で完全に解離しているから，ファントホッフ係数は $i = 2$ となる。

$$KCl \longrightarrow K^+ + Cl^-$$

しかしながら，KCl でも高濃度のときには，ファントホッフ係数 i は 2 よりも小さく見積もられる。たとえば，i が 1.9 となるときには，見かけの解離度 α と i との関係は次のようになり，このときの α は 0.9 となる。

$$i = (1 - \alpha) + 2\alpha = 1.9$$

KCl は強電解質なので水溶液中では完全に解離しており，$\alpha = 1$ となるはずだが，実際には α は 1 よりも小さい値として導かれる。高濃度の溶液中では，K^+ と Cl^- との間に電気的引力が働くため，一部が非解離分子であるような値として得られる。わざわざ見かけの解離度 α とよぶのはそのためである。

解離度とファントホッフ係数の関係を理解する。

例題 6・1 弱電解質の解離度は濃度により大きく異なる。たとえば，酢酸 CH_3COOH の解離度 α は，濃度が $0.0001 \text{ mol dm}^{-3}$ では $\alpha = 0.33$ であり，0.1 mol dm^{-3} では $\alpha = 0.013$ である。それぞれの場合のファントホッフ係数 i を求めよ。

上述した CH_3COOH の解離反応は，H_2O を除いて次のように略記できる。

$$CH_3COOH \rightleftharpoons CH_3COO^- + H^+$$

はじめに存在する CH_3COOH 粒子の割合を 1 とすれば，$\alpha = 0.33$ では，非解離の CH_3COOH の割合は $1 - 0.33 = 0.67$，また，解離により生成するイオン粒子 CH_3COO^- と H^+ の割合はともに 0.33 となる。したがって，全体では

$$i = 0.67 + 0.33 + 0.33 = 1.33$$

0.1 mol dm^{-3} では $\alpha = 0.013$ より，同様に，

$$i = (1 - 0.013) + 0.013 + 0.013 = 1.013$$

電解質溶液の凝固点を求める。

例題6・2 50.0 g の水に 1.00 g の塩化ナトリウム $NaCl$ を溶かした溶液の凝固点を求めよ。ただし，塩化ナトリウムは完全に解離しているものとし，水の凝固点降下定数は $1.86 \text{ K mol}^{-1} \text{ kg}$ とする。

塩化ナトリウムの式量は 58.44 であることから，この水溶液の質量モル濃度 m_B は

$$m_B = \frac{\dfrac{1.00 \text{ g}}{58.44 \text{ g mol}^{-1}}}{0.0500 \text{ kg}} = 0.342_2 \text{ mol kg}^{-1}$$

塩化ナトリウムは完全に解離しているので，ファントホッフ係数 i は 2 となる。(6.3) 式から

$$\Delta T_f = iK_f m_B = 2 \times (1.86 \text{ K kg mol}^{-1})(0.342_2 \text{ mol kg}^{-1}) = 1.27 \text{ K}$$

したがって，凝固点は -1.27℃ となる。

電解質溶液の凝固点降下からファントホッフ係数を求める。

例題6・3 水 1 kg に 200 g の硫酸マグネシウム $MgSO_4$ を溶解した水溶液の凝固点降下が 3.67 K であった。このときの $MgSO_4$ のファントホッフ係数と見かけの解離度を求めよ。ただし，水のモル凝固点降下定数は $1.86 \text{ K mol}^{-1} \text{ kg}$ とする。

溶けている $MgSO_4$ の物質量 n は，式量が 120.4 より

$$n = \frac{200 \text{ g}}{120.4 \text{ g mol}^{-1}} = 1.661 \text{ mol}$$

1 kg の水に $MgSO_4$ は溶けているので，この水溶液の質量モル濃度 m_B は，

$$m_B = 1.661 \text{ mol kg}^{-1}$$

となる。(6.3) 式から

$$i = \frac{\Delta T_f}{K_f m_B} = \frac{3.67 \text{ K}}{(1.86 \text{ K mol}^{-1} \text{ kg})(1.661 \text{ mol kg}^{-1})} = 1.19$$

$MgSO_4$ の解離は

$$MgSO_4 \rightleftharpoons Mg^{2+} + SO_4^{2-}$$

となるので，見かけの解離度は 0.19 となる。

質量百分率が既知の電解質溶液の浸透圧を求める。

例題6・4 質量百分率が 10.0% の塩化ナトリウム水溶液の 25℃ での浸透圧を求めよ。ただし，水溶液の密度 ρ は 1.069 g cm^{-3} で，塩化ナトリウムは完全に解離しているとする。

塩化ナトリウム水溶液の質量を 100 g とする。質量百分率が 10.0% より，この水溶液に含まれる NaCl の質量は 10.0 g。また，この水溶液の体積 V は

$$V = \frac{100 \text{ g}}{1.069 \text{ g cm}^{-3}} = 93.54_5 \text{ cm}^3 = 93.54_5 \times 10^{-3} \text{ dm}^3$$

NaCl の式量は 58.44 より，その物質量 n_B は

$$n_B = \frac{10.0 \text{ g}}{58.44 \text{ g mol}^{-1}} = 0.171_1 \text{ mol}$$

NaCl は完全に解離しているので，ファントホッフ係数 i は 2 となる。(6.4) 式から

$$\Pi = \frac{i n_B RT}{V} = \frac{2 \times (0.171_1 \text{ mol})(8.314 \times 10^3 \text{ Pa dm}^3 \text{ K}^{-1} \text{ mol}^{-1})(298.15 \text{ K})}{93.54_5 \times 10^{-3} \text{ dm}^3}$$

$$= 9.07 \times 10^6 \text{ Pa}$$

となる。9.07×10^6 Pa は 89.5 atm に相当し，大変大きいことがわかる。

6-2 電気分解

電解質溶液に2枚の電極をいれて電位差を与えれば,陽イオンと陰イオンが移動して電流が流れる。陰イオンが向かう電極が陽極であり,陽イオンは陰極に向かって移動する。電流を流せば,この両極上で化学変化が起こる。これを電気分解といい,陽極上では,物質から電子を取り去る反応(酸化),陰極上では物質に電子を与える反応(還元)が起こる。たとえば,炭素棒を電極として,塩化銅(II) $CuCl_2$ を電気分解すれば

陽極:$2Cl^- \longrightarrow Cl_2 + 2e^-$ (酸化)

陰極:$Cu^{2+} + 2e^- \longrightarrow Cu$ (還元)

が起こる。この例では,移動するイオンと反応する物質が同じであるが,異なる場合もある。たとえば,陽極に炭素棒,陰極に鉄の棒を用いて,塩化ナトリウム $NaCl$ を電気分解すれば,陰極で反応する物質は,還元されにくい Na^+ イオンではなく水 H_2O となる。

陽極:$2Cl^- \longrightarrow Cl_2 + 2e^-$ (酸化)

陰極:$2H_2O + 2e^- \longrightarrow H_2 + 2OH^-$ (還元)

全体として

$$2H_2O + 2Cl^- \longrightarrow H_2 + Cl_2 + 2OH^-$$

となる。これは,塩化ナトリウムから水酸化ナトリウムと塩素を製造する工業的製法として利用されている。

電気分解は次のファラデーの法則にまとめられる。

1. 電極で析出する物質の質量は,溶液中に通じた電気量に比例する。
2. 1 mol のイオンを電気分解するのに必要な電気量は nF である。

ここで,n はイオンの電荷数であり,F はファラデー定数といい,電子 1 mol のもつ電気量で,電気素量 e とアボガドロ定数 L の積に等しい。

$$F = e \times L = (1.6022 \times 10^{-19}\,\text{C}) \times (6.022 \times 10^{23}\,\text{mol}^{-1})$$
$$= 9.648 \times 10^4\,\text{C mol}^{-1}$$

電極に向かうイオンと電極上で反応するイオンが同じ場合の電気分解を定量的に理解する。

例題6・5 炭素棒を電極として、塩化銅（II）$CuCl_2$ の水溶液に 1.50 A の電流をある時間通じ、電気分解したところ、1.26 g の銅が析出した。通じた時間はどれだけか。また、陽極で発生する気体の体積を求めよ。ただし、気体は 0℃、1 atm とする。

電気分解の反応は

陽極：$2Cl^- \longrightarrow Cl_2 + 2e^-$

陰極：$Cu^{2+} + 2e^- \longrightarrow Cu$

生成した銅の物質量の2倍の電子が流れたことになる。したがって、その電気量は、Cu の原子量が 63.55 より

$$2 \times \left(\frac{1.26 \text{ g}}{63.55 \text{ g mol}^{-1}}\right)(9.648 \times 10^4 \text{ C mol}^{-1}) = 3.82_5 \times 10^3 \text{ C}$$

1 C = 1 A s より、通じた時間は

$$\frac{3.82_5 \times 10^3 \text{ C}}{1.50 \text{ A}} = 2.55_0 \times 10^3 \text{ s} = 42.5 \text{ min}$$

陽極で発生する塩素ガス Cl_2 の物質量は銅の物質量と同じ。1 mol の気体の 0℃、1 atm での体積は 22.4 dm³ より

$$(22.4 \text{ dm}^3 \text{ mol}^{-1})\left(\frac{1.26 \text{ g}}{63.55 \text{ g mol}^{-1}}\right) = 0.444 \text{ dm}^3$$

アンペア×秒＝クーロン（1 A s ＝ 1 C）となることに注意。

電極に向かうイオンが電極上での反応に関与しない場合の電気分解を定量的に理解する。

例題6・6 白金電極を用いて硫酸銅（II）$CuSO_4$ 水溶液を電気分解したところ、陰極上では 5.00 g の銅が析出した。このとき、陽極で発生する気体の体積を求めよ。ただし、気体は 0℃、1 atm とする。

陽極では，SO_4^{2-} は安定で酸化されずに，代わりに水が酸化され酸素が発生する。

それぞれの電気分解の反応は

陽極：$H_2O \longrightarrow 1/2\,O_2 + 2H^+ + 2e^-$

陰極：$Cu^{2+} + 2e^- \longrightarrow Cu$

となる。反応式から，発生する O_2 の物質量は銅の $1/2$ となる。その $0℃$，1 atm での体積は，Cu の原子量が 63.55 より

$$(22.4\ dm^3\ mol^{-1}) \dfrac{\left(\dfrac{5.00\ g}{63.55\ g\ mol^{-1}}\right)}{2} = 0.881\ dm^3$$

章 末 問 題

6・1 ある高濃度水溶液での硫酸カリウム K_2SO_4 のファントホッフ係数 i が 2.8 と見積もられた。このときの見かけの解離度 α を求めよ。

6・2 硫酸マグネシウム 0.100 g が溶解している 150 cm³ の水溶液の浸透圧を測定したところ，25℃で 2.55×10^4 Pa となった。硫酸マグネシウムの見かけの解離度を求めよ。

6・3 見かけの解離度が 0.755 の塩化カルシウム $CaCl_2$ 水溶液の凝固点を測定したところ，$-0.281℃$ であった。この水溶液の質量モル濃度を求めよ。ただし，水のモル凝固点降下定数 K_f は $1.86\ K\ mol^{-1}\ kg$ とする。

6・4 塩化ナトリウムを溶かした水溶液 2.00 dm³ がある。陽極に炭素棒，陰極に鉄の棒を用いて，5.00 A の電流で電気分解を行ったところ，陽極で発生した気体の体積は 0℃，1 atm で 3.36 dm³ となった。次の問いに答えよ。ただし，気体は理想気体として考える。

(a) 電気分解を行った時間はどれだけか。
(b) 陰極で発生する気体の体積は標準状態でいくらになるか。

(c) 電気分解後の水酸化ナトリウム水溶液のモル濃度を求めよ。ただし，電気分解の前後で水溶液の体積に変化はないものとする。

6・5 $2.00\ \mathrm{mol\ dm^{-3}}$ の硫酸銅（Ⅱ）$CuSO_4$ 水溶液 $250\ \mathrm{cm^3}$ を，白金電極を用いて 15.0 A で 10.0 分間電気分解した。電気分解後の硫酸のモル濃度を求めよ。

7章 状態変化に伴うエネルギー —熱化学—

　熱，仕事およびエネルギーとの関係を表したものが熱力学である。熱力学では，系とそれを取りまく外界とに区別して考える。系は，外界との間で熱，仕事，物質の出入りがあるかどうかで区別され，それらの出入りがある系を「開いた系」，熱と仕事だけが出入りする系を「閉じた系」という。さらに，完全に外界と交渉のない系，すなわち，物質ばかりでなく熱や仕事の出入りもない系を「孤立系」という。系の状態に応じて一義的に決まった値をもつ物理量を状態量という。状態量は，示強性の状態量と示量性の状態量に分けられる。示強性の状態量とは，系の分量によらないもので，圧力，温度，密度，濃度などがある。一方，示量性の状態量はその分量に依存するものをいい，質量，体積，そして次に述べる内部エネルギーなどがある。

　熱，仕事およびエネルギーとの関係を表したものが熱力学の第一法則であり，エネルギーの保存の法則に他ならない。この法則を化学反応にあてはめたものが熱化学であり，これから得られる情報には反応熱などの多くの有用なものが含まれる。

7−1　熱，仕事およびエネルギー

　系と外界の間を出入りする熱と仕事は移動量とよばれ，その符号については注意を要する。系が外界に仕事をされるとき，および外界から系に熱が流入するときに正となるように符号を決める。逆に，系が外界に仕事をするとき，あるいは系から外界に熱が流失するときには負になるように決められている。

熱力学における熱と仕事の符号を理解する。

例題7・1　次の過程において移動する熱 q と仕事 w の大きさを符号に注意して表せ。
(a) 系が，外界に 35 J の熱を放出するとともに，外界に 40 J の仕事をした。
(b) 系が，外界から 35 J の熱を吸収し，同時に外界から 40 J の仕事をさ

(c) あるモーターが5Jの熱の発生を伴い35J相当の仕事を行った。モーターを系とする。

(a) 系が外界に放出する熱なので符号は負。　$q = -35\,\mathrm{J}$
　　同様に，系が外界にした仕事の符号は負。　$w = -40\,\mathrm{J}$
(b) 系が外界から吸収した熱の符号は正。　$q = 35\,\mathrm{J}$
　　系が外界から受ける仕事の符号は正。　$w = 40\,\mathrm{J}$
(c) 系となるモーターから5Jの熱が発生し，外界に放出されているので符号は負。　$q = -5\,\mathrm{J}$
　　系が外界にした仕事の符号は負。　$w = -35\,\mathrm{J}$

仕事としては，おもりを持ち上げることや電気的な仕事などがあるが，ここでは，系の体積が変化することによる仕事のみを考える。系が外界の圧力 p_e に抗して膨張するときの仕事 w は，膨張による体積変化を ΔV とおけば，

$$w = -p_e \Delta V \tag{7.1}$$

となる。負とするのは符号の規則による。体積が膨張するときには $\Delta V > 0$ となるので，仕事 w は負の値になる。つまり，系が外界に仕事をしたといえる。圧縮されるときには $\Delta V < 0$ となるから w は正の値となり，系に外界から仕事がなされたということができる。この場合でも依然として外圧 p_e が仕事の大きさを決めていることに注意を払う必要がある。

体積変化による仕事の大きさを求め，その符号を理解する。

例題7・2 ある気体について，次の過程で移動する熱および仕事を求めよ。
(a) 体積が一定のまま加熱して，26.0 kJ の熱を与えたとき。
(b) 外圧を1013 hPa に一定に保持しながら 10.0 dm³ 膨張させたとき。ただし，この過程での内部エネルギー変化はないものとする。

(a) 体積が一定なので体積変化による仕事はなし。　$w = 0$
　　系となる気体が熱を吸収しているので，符号は正となる。　$q = 26.0\,\mathrm{kJ}$

(b) $w = -p_e \Delta V = -(1013 \times 10^2 \text{ Pa})(10.0 \text{ dm}^3 \times \dfrac{10^{-3} \text{ m}^3}{1 \text{ dm}^3})$

$= -1013 \text{ Pa m}^3 = -1013 \text{ J} = -1.01 \text{ kJ}$

下記の (7.2) 式より

$q = \Delta U - w = 0 - (-1.01 \text{ kJ}) = 1.01 \text{ kJ}$

系がもつエネルギーは内部エネルギーとよばれ，U で表す。内部エネルギーは状態量の1つで，最初の状態の内部エネルギーを U_i，変化後の状態の内部エネルギーを U_f とすると，内部エネルギーの変化は $\Delta U = U_f - U_i$ である。系のエネルギーが増大する要因は，熱を吸収することおよび圧縮などの仕事を受けることである。熱力学の第一法則は，エネルギーの保存則を拡張したものであり，数式的には次のように表すことができる。外界から系に熱 q と仕事 w が与えられたとき，内部エネルギー変化は

$$\Delta U = q + w \tag{7.2}$$

と表現される。状態量の内部エネルギー変化と移動量の熱と仕事との関係を表している。

熱力学の第一法則を理解する。

例題7・3 ある気体を密閉容器に入れて 60 W のヒーターで 15 分間加熱した。この気体の内部エネルギー変化を求めよ。

密閉容器中での加熱なので，体積の変化はない。したがって，この過程での仕事 w は 0。一方，気体はヒーター（外界）から熱を受け取っているので，符号は正。大きさは

$q = (60 \text{ W})(15 \times 60 \text{ s}) = 54000 \text{ Ws} = 54000 \text{ J} = 54 \text{ kJ}$

内部エネルギー変化 ΔU は (7.2) 式から

$\Delta U = q + w = 54 \text{ kJ} + 0 = 54 \text{ kJ}$

系への熱と仕事の出入りから内部エネルギー変化を求める。

> **例題7・4** 1 atm のもとで,ある気体に 110 kJ の熱を加えたところ,膨張し体積が 12.5 dm³ 増加した。気体の内部エネルギー変化を求めよ。
>
> 系となる気体が 110 kJ の熱を吸収したので,$q = 110$ kJ となる。また,膨張によって系が外界にした仕事なので,符号は負となり,その大きさは
>
> $$w = -p_e \varDelta V = -(1\,\mathrm{atm})(12.5\,\mathrm{dm^3}) = -(101325\,\mathrm{Pa})(12.5\,\mathrm{dm^3} \times \frac{1\,\mathrm{m^3}}{10^3\,\mathrm{dm^3}})$$
>
> $$= -1266.5\,\mathrm{Pa\,m^3} = -1.27\,\mathrm{kJ}$$
>
> 内部エネルギー変化 $\varDelta U$ は (7.2) 式から
>
> $$\varDelta U = q + w = (110\,\mathrm{kJ}) + (-1.27\,\mathrm{kJ}) = 108.73\,\mathrm{kJ} = 109\,\mathrm{kJ}$$

7-2 内部エネルギーとエンタルピー

　系の変化を,系の体積が一定のもとで起こる変化(定容過程)あるいは系の圧力が一定という条件で起こる変化(定圧過程)と条件を付けることにより,それぞれの過程での熱の出入りは,状態量である内部エネルギー変化 $\varDelta U$ と,次に述べるやはり状態量のエンタルピー変化 $\varDelta H$ とに関係付けることができる。

　いま仕事として体積変化による仕事のみを考えれば,定容過程での仕事は,体積変化がないので $w = 0$ となり,(7.2) 式から

$$q = \varDelta U \quad (\text{定容過程}) \tag{7.3}$$

となる。つまり,定容過程の場合には,系が吸収(または放出)する熱は,系の内部エネルギー変化に等しい。一方,定圧過程では,系は吸収した熱によって膨張するが,そのとき外界に対して仕事をすることになる。すなわち,熱の吸収によって高められた内部エネルギーは,外界への仕事によっていくぶん失われることになる。その損失分を取り込んでいる状態量がエンタルピーということができる。(7.2) 式と (7.1) 式から,

$$q = \varDelta U - w = \varDelta U + p_e \varDelta V \tag{7.4}$$

となる。p_e は外界の圧力であるが,いま系の圧力 p と等しいと仮定する。これは,1つの極限状態を仮定したもので,系と外界が平衡状態を保ちながら膨張

あるいは圧縮するというもので，可逆過程とよばれる．$p_e = p$ とするならば，(7.4) 式は

$$q = \Delta U - w = \Delta U + p\Delta V$$

となる．定圧過程から p は一定なので

$$q = \Delta U + p\Delta V = \Delta(U + pV) \tag{7.5}$$

と書くことができる*．ここで次の式でエンタルピー H を定義する．

$$H = U + pV \tag{7.6}$$

U も p も V も状態量なので H も状態量となる．すると (7.5) 式は

$$q = \Delta H \quad (定圧過程) \tag{7.7}$$

と書け，定圧過程の場合には，系が吸収（または放出）する熱は，系のエンタルピー変化に等しいといえる．

内部エネルギー変化とエンタルピー変化の関係を理解する．

例題7・5 1 atm のもとで，ある気体を 1 kW のヒーターで 90 秒間加熱したところ，膨張し体積が 7.5 dm³ 増加した．気体の内部エネルギー変化およびエンタルピー変化を求めよ．

この過程は定圧過程となるので，(7.7) 式から，吸収した熱がエンタルピー変化となる．したがって

$$\Delta H = q = (1 \text{ kW})(90 \text{ s}) = 90 \text{ kJ}$$

一方，内部エネルギー変化は，(7.2) 式から，q と仕事の大きさから求めることができる．

$$w = -p_e \Delta V = -(1 \text{ atm})(7.5 \text{ dm}^3) = -(101325 \text{ Pa})(7.5 \text{ dm}^3 \times \frac{1 \text{ m}^3}{10^3 \text{ dm}^3})$$

$$= -759.9 \text{ Pa m}^3 = -759.9 \text{ J} = -0.76 \text{ kJ}$$

$$\Delta U = q + w = (90 \text{ kJ}) + (-0.76 \text{ kJ}) = 89.24 \text{ kJ} = 89 \text{ kJ}$$

ある特定の条件下で物質の内部エネルギー変化やエンタルピー変化を知るには，熱の出入りを測定すればよいことがわかった．出入りする熱 q は，物質の

---

* p.133 参照．

温度変化 ΔT を測定することにより決定できる。両者は比例し

$$q = C\Delta T \tag{7.8}$$

と書き表すことができる。比例定数 C は熱容量とよばれる。物質の熱容量はその量に依存するので、普通は 1 mol あたりの熱容量として表し、モル熱容量（単位は $\mathrm{J\,K^{-1}\,mol^{-1}}$）という。熱容量は、定容過程か定圧過程であるかによって異なる値をもつ。この 2 つは定容熱容量（C_v）あるいは定圧熱容量（C_p）として区別して用いる。

定容過程では、(7.3) 式からもわかるように、その熱は物質の内部エネルギー変化 ΔU に等しい。したがって、(7.8) 式から

$$q = \Delta U = C_\mathrm{v}\Delta T \quad (\text{定容過程}) \tag{7.9}$$

となる。一方、定圧下では、熱の出入りはエンタルピー変化 ΔH に等しくなるので

$$q = \Delta H = C_\mathrm{p}\Delta T \quad (\text{定圧過程}) \tag{7.10}$$

と表すことができる。

定容熱容量と定圧熱容量の違いを理解する。

例題7・6 ある単原子分子の気体 1 mol をピストン付きの密閉容器に入れて 100 J の熱を加えた。体積変化がないように測定したときには 8.02 K の温度上昇が観測されるのに対し、1 atm のもとで体積の増加があるときには 4.60 K の温度上昇があった。この気体の定容熱容量 C_v および定圧熱容量 C_p を求めよ。

体積変化がないように測定したとき、つまり、定容過程での熱容量は、(7.9) 式より

$$C_\mathrm{v} = \frac{q}{\Delta T} = \frac{100\,\mathrm{J}}{8.02\,\mathrm{K}} = 12.46\,\mathrm{J\,K^{-1}} \quad \text{よって} \quad 12.5\,\mathrm{J\,K^{-1}\,mol^{-1}}$$

一方、1 atm のもとでの加熱は、定圧過程となるので、(7.10) 式より

$$C_\mathrm{p} = \frac{q}{\Delta T} = \frac{100\,\mathrm{J}}{4.60\,\mathrm{K}} = 21.73\,\mathrm{J\,K^{-1}} \quad \text{よって} \quad 21.7\,\mathrm{J\,K^{-1}\,mol^{-1}}$$

となる。

> 一般に，定圧過程で加えられる熱は，体積膨張による外界への仕事として一部使われるために，1 K 温度を上昇させるのに必要な熱は大きくなる。

7-3 転移のエンタルピー

 熱の出入りがともなう代表的な例に，物質の相転移が挙げられる。たとえば，液体が気体になるとき（蒸発），固体が液体になるとき（融解），あるいは固体が気体になるとき（昇華）には，物質は熱を吸収する。また，逆の転移には，同じ量の熱が放出される。これらの相の変化は通常 1 atm の定圧下で行われることから，熱はエンタルピーの変化に対応している。

 いま，沸点温度にある水 1 mol をすべて水蒸気にするのに 40.66 kJ 必要だとすれば

$$\text{H}_2\text{O (l)} \longrightarrow \text{H}_2\text{O (g)} \qquad \Delta H_{\text{vap}} = 40.66 \text{ kJ mol}^{-1} \quad (100℃)$$

と記され，ΔH_{vap} はモル蒸発エンタルピーとよばれる。これは 100℃の水蒸気 1 mol がもつエンタルピーから同じ温度の水 1 mol がもつエンタルピーを引いたものに等しい。したがって，逆に，100℃の水蒸気から同じ温度の水へ転移するときには 40.66 kJ mol^{-1} の熱を放出する。

 同じように氷を融解するのにも熱が必要であり，次のように記される。

$$\text{H}_2\text{O (s)} \longrightarrow \text{H}_2\text{O (l)} \qquad \Delta H_{\text{fus}} = 6.01 \text{ kJ mol}^{-1} \quad (0℃)$$

ΔH_{fus} はモル融解エンタルピーといい，融点における水 1 mol がもつエンタルピーと同じ温度の氷 1 mol がもつエンタルピーの差に等しい。

蒸発エンタルピーの値は沸点における転移の際に必要な熱であることを理解する。

> **例題 7・7** 25℃の水 1 mol をすべて蒸発するにはどれだけの熱が必要か，1 atm 下での変化について求めよ。ただし，水の定圧モル熱容量がこの温度変化で一定と仮定し，$C_{\text{p}} = 75.3 \text{ J K}^{-1} \text{ mol}^{-1}$ とする。

 100℃の水 1 mol を 100℃の水蒸気に蒸発するには $\Delta H_{\text{vap}} = 40.66 \text{ kJ mol}^{-1}$ の熱が必要であるが，蒸発に先立ち，水を 25℃から 100℃にする必要がある。そのために必要な熱は

$\Delta H = (75.3 \text{ J K}^{-1} \text{ mol}^{-1})(373.15 \text{ K} - 298.15 \text{ K}) = 5.64_7 \times 10^3 \text{ J} = 5.64_7 \text{ kJ}$

これらを合計すれば，

$(5.64_7 + 40.66) \text{ kJ} = 46.30_7 \text{ kJ} = 46.31 \text{ kJ}$

7-4 反応のエンタルピー

熱力学では，反応物全体を1つの系としてとらえ，それが最初の状態（反応系）から最後の状態（生成系）になると考える。このように考えることにより，さきに述べた結論は化学反応に適用できることになる。つまり，ある反応を，定容か定圧という条件のもとで行い，その際に出入りする熱を測定すれば，その反応の内部エネルギー変化やエンタルピー変化についての情報を得ることができる。

反応の場合でも，定圧下での熱の出入りはエンタルピー変化に相当し，符号のルールも適用されることに注意。

例題7・8 定圧下でメタン 0.140 g が燃焼するときに発生する熱は，5.00 V の電圧で，1.30 A の電流を 20 分間ヒーターに通じたときに発生する熱に等しい。メタンの 1 mol 当りの燃焼エンタルピーを求めよ。

電気的に発生する熱 q は（電流）×（時間）×（電圧）となるので

$q = (1.30 \text{ A})(20 \times 60 \text{ s})(5.00 \text{ V}) = 7.80 \times 10^3 \text{ AsV} = 7.80 \text{ kJ}$

となる。メタンのモル質量は 16.0 g mol^{-1} であるから，その物質量は

$n = \dfrac{0.140 \text{ g}}{16.0 \text{ g mol}^{-1}} = 8.75 \times 10^{-3} \text{ mol}$

1 mol 当り発生する熱 q は

$q = \dfrac{7.80 \text{ kJ}}{8.75 \times 10^{-3} \text{ mol}} = 8.91 \times 10^2 \text{ kJ mol}^{-1}$

となる。定圧下での熱の出入りなのでエンタルピー変化であり，したがって

$\Delta H = -8.91 \times 10^2 \text{ kJ mol}^{-1}$

ここで，（反応）系から外界に放出される熱なので負の符号が付く。これが燃焼エンタルピーとなる。

定圧下での反応熱（すなわちΔH）とΔUの間には次の関係がある。エンタルピーの定義から$H = U + pV$であるから

$$\Delta H = \Delta(U + pV) = \Delta U + \Delta(pV) = \Delta U + p\Delta V + V\Delta p$$

となる。定圧条件ではpは一定であるから，$\Delta p = 0$。よって

$$\Delta H = \Delta U + p\Delta V$$

となる。反応の前後に気体が含まれていないときは，体積変化ΔVは大変小さいので，$\Delta H \approx \Delta U$とみなすことができる。一方，温度が一定で定圧下での気体反応で，しかも気体を理想気体と仮定すれば

$$\Delta H = \Delta U + \Delta(pV) = \Delta U + \Delta(nRT)$$

温度一定を仮定しているので

$$\Delta H = \Delta U + (\Delta n)RT \tag{7.11}$$

となる。ここで，Δnは反応の前後での気体の物質量の変化である。

たとえば，上の例題で取り上げたメタンの燃焼反応は

$$CH_4\,(g) + 2O_2\,(g) \longrightarrow CO_2\,(g) + 2H_2O\,(l)$$

と書けるので，気体はメタン，酸素および二酸化炭素でその物質量の変化は

$$\Delta n = 1 - (1 + 2) = -2$$

である。(7.11)式から，反応が25℃で行われたとすれば

$$(\Delta n)RT = (-2\,\text{mol})(8.314\,\text{J K}^{-1}\,\text{mol}^{-1})(298.15\,\text{K}) \times 10^{-3} = -4.96\,\text{kJ}$$

したがって

$$\Delta U = \Delta H - (\Delta n)RT = -8.91 \times 10^2 - (-4.96) = -886\,\text{kJ}$$

となる。

反応後には気体の体積（系の体積）は減少しており，系が外界から仕事をなされた状況に対応している。

反応のエンタルピー変化と内部エネルギー変化の違いを理解する。

例題7・9 1.00 mol のメタノールの燃焼反応では，25℃における標準状態（1 atm 下）で 726 kJ の熱が発生した。この反応の25℃における標準燃焼エンタルピーおよび内部エネルギー変化を求めよ。

反応は $CH_3OH\,(l) + 3/2\,O_2\,(g) \longrightarrow CO_2\,(g) + 2\,H_2O\,(l)$ と表すこ

とができる。標準状態の定圧下での発熱反応なので，標準燃焼エンタルピーは

$\Delta H = -726 \text{ kJ mol}^{-1}$

となる。内部エネルギー変化は，(7.11) 式から

$\Delta U = \Delta H - (\Delta n)RT$
$= -726 \text{ kJ} - (-0.5 \text{ mol})(8.314 \text{ J K}^{-1} \text{ mol}^{-1})(298.15 \text{ K}) \times 10^{-3}$
$= -726 \text{ kJ} + 1.23_9 \text{ kJ} = -725 \text{ kJ}$

1 mol 当りなので

$\Delta U = -725 \text{ kJ mol}^{-1}$

Δn は気体の化学量論係数の差に注意。

反応熱は，燃焼エンタルピーや生成エンタルピーなど反応の種類によりいろいろとよばれることがある。それぞれのエンタルピーについて見ていこう。

燃焼エンタルピー

物質 1 mol が完全燃焼するときに発生する熱を燃焼エンタルピーという。燃焼エンタルピーを含めたすべての反応エンタルピーは，反応系や生成系の物質の状態により，また温度や圧力により異なる。そこで，通常報告されている値は，標準反応エンタルピーとよばれ，標準状態でのものである。つまり，反応物も生成物もすべて，ある特定の温度で標準状態にある場合のエンタルピー変化を表している。標準状態とは，10^5 Pa（= 1 bar，1 atm を標準とするものも多い）の圧力下で，その物質にとってもっとも安定な状態と定義される。たとえば，先に記したようにメタンの燃焼は

$CH_4 \text{ (g)} + 2O_2 \text{ (g)} \longrightarrow CO_2 \text{ (g)} + 2H_2O \text{ (l)} \quad \Delta H° = -890.4 \text{ kJ mol}^{-1} \text{ (25°C)}$

と表される。25°C における標準状態は，メタン，酸素，二酸化炭素は気体であり，水は液体ということになる。温度は標準状態の定義の一部ではないが，通常は 298.15 K でのデータが報告されている。標準反応エンタルピーは，ΔH の右肩に ° を付けることで表す。

標準燃焼エンタルピーが負の符号をもつことは，さきにも述べたように，反

応が発熱的に起こることを示している。これは，高いエンタルピーをもつ反応系から，より低いエンタルピーをもつ生成系に移ることを表しており，その差が熱として外界に放出されたことになる。

生成エンタルピー

　ある化合物 1 mol が，それを構成する元素の単体から生成したとするときのエンタルピーの差が生成エンタルピーである。この反応に関係する化合物すべてが指定された温度で標準状態にあれば，そのエンタルピー変化が，標準生成エンタルピーであり ΔH_f° で表す。単体としては常温・常圧で安定なものをとり，炭素ではグラファイト（黒鉛），硫黄では斜方硫黄が選ばれる。たとえば，メタンの生成反応は

$$\text{C (s)} + 2\text{H}_2 \text{(g)} \longrightarrow \text{CH}_4 \text{(g)}$$

のように表される。生成エンタルピーは一般には直接測定で求めることが困難な場合が多い。このようなときにはヘスの法則が重要となる。

> ヘスの法則：ある反応の反応エンタルピーは，原系と生成系だけで決まり，反応を形の上で何段階かに分けた場合でも，総和は同じとなる。

これは熱力学の第一法則から導きだされる結論を反応エンタルピーに応用したものである。この法則によれば，反応式を代数方程式のように足したり引いたりすることができる。

ヘスの法則を用いて標準生成エンタルピーを求める。

例題7・10 酢酸の 25℃における標準生成エンタルピーを求めよ。ただし，グラファイト，水素および酢酸の標準燃焼エンタルピーは 25℃で，それぞれ $-393.5 \text{ kJ mol}^{-1}$，$-285.8 \text{ kJ mol}^{-1}$ および $-874.0 \text{ kJ mol}^{-1}$ とする。

グラファイト，水素および酢酸の燃焼反応は次のように表される。
① $\text{C (s)} + \text{O}_2 \text{(g)} \longrightarrow \text{CO}_2 \text{(g)}$　　$\Delta H^\circ = -393.5 \text{ kJ mol}^{-1}$
② $\text{H}_2 \text{(g)} + 1/2\text{O}_2 \text{(g)} \longrightarrow \text{H}_2\text{O (l)}$　　$\Delta H^\circ = -285.8 \text{ kJ mol}^{-1}$
③ $\text{CH}_3\text{COOH (l)} + 2\text{O}_2 \text{(g)} \longrightarrow 2\text{CO}_2 \text{(g)} + 2\text{H}_2\text{O (l)}$　$\Delta H^\circ = -874.0 \text{ kJ mol}^{-1}$

ヘスの法則より，①×2＋②×2－③とすれば

$$2C(s) + 2H_2(g) + O_2(g) \longrightarrow CH_3COOH(l)$$

となり，これが酢酸の生成反応そのものとなる。エンタルピーも同様に求めれば

$$\Delta H_f^\circ = (-393.5 \times 2) + (-285.8 \times 2) - (-874.0) = -484.6 \text{ kJ mol}^{-1}$$

任意の反応の反応エンタルピーをヘスの法則を用いて求める。

例題7・11 エタノールは反応条件により分子内脱離反応を起こしエチレンが，あるいは分子間で脱水反応を起こしジエチルエーテルが生成する。25℃，標準状態でのそれぞれの反応エンタルピーを求めよ。エタノール，エチレンおよびジエチルエーテルの25℃での標準燃焼エンタルピーを，それぞれ$-1367 \text{ kJ mol}^{-1}$，$-1411 \text{ kJ mol}^{-1}$および$-2724 \text{ kJ mol}^{-1}$とする。

エタノール，エチレンおよびジエチルエーテルの燃焼反応は次のように表される。

① $CH_3CH_2OH(l) + 3O_2(g) \longrightarrow 2CO_2(g) + 3H_2O(l)$ $\Delta H^\circ = -1367 \text{ kJ mol}^{-1}$

② $CH_2=CH_2(g) + 3O_2(g) \longrightarrow 2CO_2(g) + 2H_2O(l)$ $\Delta H^\circ = -1411 \text{ kJ mol}^{-1}$

③ $CH_3CH_2OCH_2CH_3(l) + 6O_2(g) \longrightarrow 4CO_2(g) + 5H_2O(l)$ $\Delta H^\circ = -2724 \text{ kJ mol}^{-1}$

ヘスの法則より，①－②とすれば

$$CH_3CH_2OH(l) \longrightarrow CH_2=CH_2(g) + H_2O(l)$$

となり，これがエチレンへの脱離反応になる。反応エンタルピーは

$$\Delta H^\circ = -1367 - (-1411) = 44 \text{ kJ}$$

一方，①×2－③とすれば

$$2CH_3CH_2OH(l) \longrightarrow CH_3CH_2OCH_2CH_3(l) + H_2O(l)$$

となり，これがジエチルエーテルへの脱水反応になる。反応エンタルピーは

$$\Delta H^\circ = -1367 \times 2 - (-2724) = -10 \text{ kJ}$$

エタノール1 mol当りならば，-5 kJとなる。したがって，ジエチルエーテルへの脱水反応はわずかに発熱反応であるのに対し，エチレンへの脱離反応は吸熱反応であることがわかる。

標準反応エンタルピー

化合物の生成エンタルピーは，化合物がもつエンタルピーから，化合物を構成する元素の単体のエンタルピーの総和を引いたものである．したがって，単体のエンタルピーを任意に0とおくことで，化合物の生成エンタルピーがその化合物そのものがもつエンタルピーと考えることができる．このように考えることで，原系と生成系のすべての化合物の標準生成エンタルピーが既知の場合には，標準反応エンタルピーは簡単に求めることができる．すなわち

$$\Delta H° = (生成系の \Delta H_f° の総和) - (反応系の \Delta H_f° の総和)$$

となる．

表7・1　25°Cでの標準生成エンタルピー　$\Delta H_f°$ / kJ mol^{-1}

C(s, ダイヤモンド)	1.9	HF(g)	-271
CO(g)	-110.6	HCl(g)	-92.3
CO_2(g)	-393.5	HBr(g)	-36.4
CH_4(g)	-74.7	HI(g)	26.5
C_2H_6(g)	-84.0	H_2O(l)	-285.8
C_3H_8(g)	-104.5	H_2O(g)	-241.8
C_2H_2(g)	227.4	$MgCl_2$(s)	-2499
C_2H_4(g)	52.4	$MgCO_3$(s)	-1095.8
CCl_4(l)	-129.6	$Mg(OH)_2$(s)	-924.5
C_2H_5OH(l)	-277.1	NH_3(g)	-46.1
CH_3COOH(l)	-484.3	NO(g)	90.3
C_6H_6(l)	49.0	NO_2(g)	33.2
$C_6H_{12}O_6$(s, α-D-グルコース)	-1273.3	N_2O_4(g)	9.2
$C_{12}H_{22}O_{11}$(s, スクロース)	-1273.3	HNO_3(l)	-174.1
CaO(s)	-635.1	SO_2(g)	-296.8
$Ca(OH)_2$(s)	-986.1	SO_3(g)	-395.7
$CaCO_3$(s, 方解石)	-1206.9	H_2SO_4(l)	-814.0
$CaSO_4$(s)	-1434.1	Fe_2O_3(s)	-824.2

> 任意の反応の反応エンタルピーを化合物の生成エンタルピーを用いて求める。

例題7・12 次の反応の25℃での標準反応エンタルピーを求めよ。必要な標準生成エンタルピー（25℃）の値は表7・1を参照せよ。
(a) $CO(g) + H_2O(l) \longrightarrow CO_2(g) + H_2(g)$
(b) $CH_3CH_2OH(l) \longrightarrow CH_2=CH_2(g) + H_2O(l)$（例題7・11と同じ反応例）

(a) 生成物のエンタルピーの総和から反応物のエンタルピーの総和を引けばよい。各化合物の標準生成エンタルピーを下にまとめた。

$$CO(g) + H_2O(l) \longrightarrow CO_2(g) + H_2(g)$$
$\Delta H_f^\circ / \text{kJ mol}^{-1}$　　-110.6　　-285.8　　　　-393.5　　0

したがって，標準反応エンタルピーは

$$\Delta H^\circ = (-393.5 + 0) - \{(-110.6) + (-285.8)\} = 2.9 \text{ kJ}$$

(b) 同様に

$$CH_3CH_2OH(l) \longrightarrow CH_2=CH_2(g) + H_2O(l)$$
$\Delta H_f^\circ / \text{kJ mol}^{-1}$　　-277.1　　　　　　52.4　　　　　-285.8

したがって，標準反応エンタルピーは

$$\Delta H^\circ = \{52.4 + (-285.8)\} - (-277.1) = 43.7 \text{ kJ}$$

(b) については，例題7・11と同様な結果が得られた。化合物の標準生成エンタルピーの情報が入手できれば，反応熱はすぐに求めることができる。

7-5 反応エンタルピーの温度依存性

物質の定圧下でのエンタルピーの温度依存性は(7.10)式 $\Delta H = C_p \Delta T$ で表される。すなわち，ある温度 T_1 のときに，ある物質がもつエンタルピーを $H(T_1)$ とおけば，T_2 のときのエンタルピー $H(T_2)$ は，定圧熱容量（ここで考えている温度範囲では定数と仮定する）を使って

$$H(T_2) = H(T_1) + C_p(T_2 - T_1) \tag{7.12}$$

とおくことができる。いま，一般的な反応 $aA + bB \longrightarrow cC + dD$ において，温度 T_1 での反応エンタルピー $\Delta H^\circ(T_1)$ とは，T_1 での生成系のエンタルピー

の総和から反応系のエンタルピーの総和を引いたものである。したがって

$$\Delta H°(T_1) = \{c \times H_C(T_1) + d \times H_D(T_1)\} - \{a \times H_A(T_1) + b \times H_B(T_1)\}$$

となる。同様に，温度 T_2 での反応エンタルピーは，(7.11) 式から

$$\Delta H°(T_2) = [\{c \times H_C(T_1) + d \times H_D(T_1)\} - \{a \times H_A(T_1) + b \times H_B(T_1)\}] + (T_2 - T_1)\{(c \times C_{p,C} + d \times C_{p,D}) - (a \times C_{p,A} + b \times C_{p,B})\}$$

したがって

$$\Delta H°(T_2) = \Delta H°(T_1) + (T_2 - T_1)\Delta C_p \tag{7.13}$$

$$\Delta C_p = (c \times C_{p,C} + d \times C_{p,D}) - (a \times C_{p,A} + b \times C_{p,B})$$

となる。これをキルヒホッフの法則という。この法則により，ある温度での反応エンタルピーが既知ならば，任意の温度での反応エンタルピーも求めることができる。

キルヒホッフの法則を用いて任意の温度での反応エンタルピーを求める。

例題7・13 アンモニアの生成反応の 25°C での標準反応エンタルピーおよび 100°C での標準反応エンタルピーを求めよ。ただし，アンモニアの 25°C での標準生成エンタルピーを $-46.1 \text{ kJ mol}^{-1}$ とし，アンモニア，窒素，水素の定圧モル熱容量を，それぞれ $35.66 \text{ J K}^{-1} \text{ mol}^{-1}$, $29.12 \text{ J K}^{-1} \text{ mol}^{-1}$, $28.84 \text{ J K}^{-1} \text{ mol}^{-1}$ とする。

$$N_2(g) + 3H_2(g) \longrightarrow 2NH_3(g)$$

この反応の 25°C での標準反応エンタルピーは，単体の生成エンタルピーが 0 であることから，アンモニアの標準生成エンタルピーの 2 倍となる。したがって

$$\Delta H°(25°C) = -46.1 \times 2 = -92.2 \text{ kJ}$$

100°C での標準反応エンタルピーは，キルヒホッフの法則から

$$\Delta H°(100°C) = \Delta H°(25°C) + \Delta C_p \times (373.15 - 298.15)$$
$$= -92.2 + \{35.66 \times 2 - (29.12 + 28.84 \times 3)\} \times 75 \times 10^{-3} = -95.5_2 \text{ kJ}$$
$$= -95.5 \text{ kJ}$$

章末問題

7・1 ある化学反応が起こり，2.5 kJ の熱を放出するとともに，膨張によって外界に対して 0.5 kJ に相当する仕事を行った。反応系を 1 つの系として，この過程における熱 q と仕事 w の大きさを符号に注意して表せ。また，反応系の内部エネルギー変化 ΔU を求めよ。

7・2 圧力 1500 hPa，体積 15.0 dm^3 の理想気体がある。この気体を系として，次の過程での熱 q および/あるいは仕事 w を求めよ。

(a) この気体を体積が一定のまま加熱して 4.49 kJ の熱を与えたときの熱 q，および仕事 w。

(b) 外圧を 1013 hPa に一定に保持しながら，この気体を 10.0 dm^3 膨張させたときの仕事 w。

(c) この気体を定温で，外圧を 1013 hPa に一定に保持しながら，気体の圧力が 1200 hPa になるまで膨張させたときの熱 q，および仕事 w。ただし，理想気体が定温で膨張するときには，内部エネルギーに変化はない。

7・3 常圧下にあるビーカーの中で，ある化学反応を行ったところ，44.0 J の発熱があり反応物の体積も 12.5 cm^3 増加した。この反応の内部エネルギー変化およびエンタルピー変化を求めよ。

7・4 金属ナトリウムを 1 atm 下で沸騰させた。この沸点温度（883℃）で 25.0 V の電源を使いヒーターに 0.800 A の電流を 250 秒流したところ，1.19 g の金属ナトリウムが蒸発した。沸点における金属ナトリウムのモル蒸発エンタルピーを求めよ。

7・5 体内に入るエタノールは酵素によって酸化され，アセトアルデヒドを経由して酢酸となり解毒される。エタノールからアセトアルデヒドへの酸化反応が次のように起こるとしたとき，下記の問いに答えよ。

$$C_2H_5OH\ (l) + 1/2\ O_2\ (g) \longrightarrow CH_3CHO\ (l) + H_2O\ (l)$$

(a) この反応の標準反応エンタルピー（25℃）を，エタノールとアセトアルデヒドの標準燃焼エンタルピー（25℃）の値から求めよ。ただし，エタノールとアセトア

ルデヒドのこれらの値を，それぞれ −1367.0 kJ mol^{-1}，−1167.0 kJ mol^{-1} とする。
(b) アセトアルデヒドの標準生成エンタルピー（25℃）を求めよ。ただし，エタノールと水の標準生成エンタルピー（25℃）を，それぞれ −277.1 kJ mol^{-1}，−285.8 kJ mol^{-1} とする。

7・6 次の水蒸気メタン改質によりメタンと水は水素に変換される。25℃での標準反応エンタルピーおよび100℃での標準反応エンタルピーを求めよ。必要な標準生成エンタルピー（25℃）の値は表7・1を参照せよ。また，定圧熱容量の値は CH_4(g)；35.31 JK^{-1} mol^{-1}，H_2O(l)；75.29 JK^{-1} mol^{-1}，CO(g)；29.14 JK^{-1} mol^{-1}，H_2(g)；28.84 JK^{-1} mol^{-1} とする。

$$CH_4(g) + H_2O(l) \longrightarrow CO(g) + 3H_2(g)$$

8章 熱力学の第二法則―自然に起こる変化の方向―

　自発的に起こる過程は，必ずエネルギーや物質が乱雑に分散していく方向にある。たとえば，気体分子は絶え間なく乱雑に運動しておりすぐに真空中に拡散してしまい，拡散した気体分子がすべてもとの位置に戻ることは決してない。もう1つの例としては，熱い金属が周囲の冷たいものと接触するとき必ず冷却することが挙げられる。この冷却の過程は自発的に起こり，逆に金属が熱くなるようなことはない。ここでは乱れた状態の度合に関係しているエントロピーの概念を導入する。

　反応の前後のエントロピー変化およびエネルギー変化により，自然に起こる反応の方向がわかること，さらにどの程度まで反応が進行するかも予測できること示す。

8－1　エントロピー変化

　エントロピーは乱雑さの度合で，記号Sで表す。UやHと同様にエントロピーも状態量であるので，その変化$\varDelta S$は最初の状態と最後の状態のエントロピーのみに依存する。系の状態の乱雑さは，系に加わった熱に比例する。したがって，エントロピー変化$\varDelta S$は加えられた熱q_{rev}(変化が可逆過程のときに加える熱，つまり，系と外界あるいは系の内部でも温度差が生じないように加える熱)に比例する。一方，エントロピー変化$\varDelta S$は熱が加えられるときの温度には反比例する。たとえば，0 K付近の低温で熱を加えれば，その乱雑さの変化は大きいものになるが，より高温ですでに乱雑な状態であったところに同じ熱を加えても，その変化は小さい。したがって，定温過程の場合のエントロピー変化は次のように定義できる。

$$\varDelta S = \frac{q_{\mathrm{rev}}}{T} \qquad T = 一定 \tag{8.1}$$

定温過程でのエントロピー変化を求める。

例題8・1 氷の標準融解エンタルピーΔH_{fus}は 6.01 kJ mol^{-1}である。氷が融解するときのエントロピー変化を求めよ。また，融点温度で水が氷に凝固するときのエントロピー変化を求めよ。

これらの変化は融点（0℃）での定温過程なので，(8.1) 式からエントロピー変化を求めることができる。氷から水への融解では，q_{rev}は標準融解エンタルピーΔH_{fus}となるので

$$\Delta S = \frac{q_{rev}}{T} = \frac{\Delta H_{fus}}{T} = \frac{6.01 \times 10^3 \text{ J mol}^{-1}}{273.15 \text{ K}} = 22.0 \text{ J K}^{-1} \text{ mol}^{-1}$$

このように氷から水への変化では乱雑さが増加し，エントロピーが増大することがわかる。

一方，水から氷への凝固では，q_{rev}は-6.01 kJ mol^{-1}なので，

$\Delta S = q_{rev}/T = -6.01 \times 10^3$ J mol^{-1} / 273.15 K $= -22.0$ J K^{-1} mol^{-1} となる。エントロピーが減少し，乱雑さが小さくなることがわかる。

8－2　熱力学の第二法則

　自然に起こる変化の方向を決定する2つの力，エントロピー変化とエネルギー変化，の影響力を比べる方法を示しているのが熱力学の第二法則であり，それは次のように言い表すことができる。

熱力学の第二法則：自発的に起こるすべての過程で，宇宙のエントロピーは常に増加している。

ここでいう宇宙のエントロピーとは，系と外界のエントロピーの総和であることに注意。したがって，その変化は

ΔS（全体）$= \Delta S$（系）$+ \Delta S$（外界）

と表される。つまり，系のエントロピーが減少しても，それを打ち消すほどのエントロピーの増大が外界で起これば，その過程は自然に起こり得ることを示している。いいかえれば，ΔS（全体）> 0のとき自発的に起こる過程となる。

8-3 物質のエントロピー

ある反応でのエントロピー変化を評価する場合に，化合物そのものにエントロピー値が割り当てられていれば，反応の前後におけるエントロピーの差は容易に求められる。エントロピーの値を決める際に重要な法則が熱力学の第三法則である。

> **熱力学の第三法則**：純粋な結晶性の物質の絶対零度でのエントロピーは0に等しい。

絶対零度における完全結晶（原子や分子の配列に欠陥や不純物のない，理想的な結晶）では，すべての原子や分子は完全に規則的に配列しており，エントロピーは0になる。このことから，絶対零度からある特定の温度まで q_{rev}/T を加え合わせていけば，ある物質のエントロピーの値を測定により求めることができる。このようにして，標準状態で求めたものが物質の標準エントロピーで

表 8・1　25°Cでの標準エントロピー　$S°$ / JK^{-1}mol^{-1}

物質	$S°$	物質	$S°$
C(s, グラファイト)	5.74	H_2(g)	130.57
C(s, ダイヤモンド)	2.38	HF(g)	173.67
CO(g)	197.56	HCl(g)	186.8
CO_2(g)	213.6	HBr(g)	198.59
CH_4(g)	186.3	HI(g)	206.48
C_2H_6(g)	229.1	H_2O(l)	69.9
C_3H_8(g)	270.2	H_2O(g)	188.72
CCl_4(l)	216.2	H_2S(g)	205.79
C_2H_5OH(l)	161.0	Cl_2(g)	223.07
CH_3COOH(l)	159.9	F_2(g)	202.78
C_2H_2(g)	201.0	N_2(g)	191.5
C_2H_4(g)	219.3	O_2(g)	205.0
C_6H_6(l)	173.4	NH_3(g)	192.3
$C_6H_{12}O_6$(s, α-D-グルコース)	212.1	NO(g)	210.65
$C_{12}H_{22}O_{11}$(s, スクロース)	360.2	NO_2(g)	240.0
CaO(s)	39.7	N_2O_4(g)	304.2
$CaCO_3$(s, 方解石)	92.9	HNO_3(l)	155.6
$Ca(OH)_2$(s)	83.4	S(s, 斜方)	31.8
$CaSO_4$(s)	107	S(g)	167.71
Fe(s)	27.3	SO_2(g)	248.1
Fe_2O_3(s)	87.4	SO_3(g)	256.6
Fe_3O_4(s)	146	H_2SO_4(l)	156.9

あり，$S°$ で表す．これらの値を用いて，ある反応系の標準エントロピー変化 $\Delta S°$（正確に記せば系のエントロピー変化なので $\Delta S°$（系）となるが通常 $\Delta S°$ と略記する）を次のように求めることができる．

$$\Delta S° = （生成物の S° の総和）-（反応物の S° の総和） \tag{8.2}$$

物質の標準エントロピーの値から反応のエントロピー変化を求める．

例題8・2 次の反応の 25℃ における標準エントロピー変化を求めよ．ただし，各物質の標準エントロピー（25℃）は，$N_2(g)$；$191.5\,\mathrm{J\,K^{-1}\,mol^{-1}}$，$H_2(g)$；$130.6\,\mathrm{J\,K^{-1}\,mol^{-1}}$，$NH_3(g)$；$192.3\,\mathrm{J\,K^{-1}\,mol^{-1}}$ である．

$$N_2(g) + 3H_2(g) \longrightarrow 2NH_3(g)$$

(8.2) 式から

$\Delta S° = （生成物の S° の総和）-（反応物の S° の総和）$
$= 2 \times 192.3 - (191.5 + 3 \times 130.6) = -198.7\,\mathrm{J\,K^{-1}}$

となる．ここでも化学量論係数をかけることに注意．

8-4 ギブズの自由エネルギー

ここでは反応の際に放出（吸収）される熱が，外界のエントロピー変化にどのように関わってくるのかについて述べる．

外界で起こるエントロピー変化は，外界に放出される熱をその移動が起きたときの温度で割ることで求められる．圧力や温度が一定の過程では，外界が受け取る熱は，反応エンタルピー ΔH の符号を変えたものに等しく

$$q（外界）= -\Delta H$$

となる．吸熱反応の場合も同様の符号の関係となる．したがって

$$\Delta S°（外界）= \frac{q（外界）}{T} = -\frac{\Delta H°}{T}$$

標準状態に限らずある状態でのエントロピー変化の総和を一般化すれば

$$\Delta S（全体）= \Delta S + \Delta S（外界）= \Delta S + \left(-\frac{\Delta H}{T}\right)$$
$$= \Delta S - \frac{\Delta H}{T}$$

両辺に $-T$ をかけ，並べ替えると

$$-T\varDelta S\ (\text{全体}) = \varDelta H - T\varDelta S \tag{8.3}$$

となる。ここでギブズの自由エネルギーというあらたな熱力学の状態量 G を次のように定義する。

$$G = H - TS \tag{8.4}$$

その変化は

$$\varDelta G = \varDelta H - \varDelta(TS) = \varDelta H - T\varDelta S - S\varDelta T$$

一定の T での変化では，$\varDelta T = 0$ より

$$\varDelta G = \varDelta H - T\varDelta S \tag{8.5}$$

である。もしも反応物，生成物ともに標準状態にあるとすれば，標準自由エネルギー変化 $\varDelta G°$ が求められる。

$$\varDelta G° = \varDelta H° - T\varDelta S° \tag{8.6}$$

式 (8.3) と (8.5) より，ギブズの自由エネルギー変化 $\varDelta G$ は，$-T\varDelta S$ (全体) を置きかえたものになり，2種類の駆動力，エントロピー変化とエネルギー変化(エンタルピー変化)，が組み合わさったものであることがわかる。したがって，$\varDelta S$ (全体) の正負が自然に起こる変化の方向を表していることを考慮すれば，ギブズの自由エネルギー変化 $\varDelta G$ の正負もまた変化の方向を表すことになる。まとめると

$\varDelta G < 0$ 　　自発的な変化

$\varDelta G > 0$ 　　非自発的な変化

$\varDelta G = 0$ 　　平衡状態

となる。

物質の標準エントロピーおよび標準生成エンタルピーの値から外界および全体のエントロピー変化を求める。

例題8・3 次のエステル化反応において，25℃での標準エントロピー変化 $\varDelta S°$ および外界を含めた全体の標準エントロピー変化 $\varDelta S°$ (全体) を求めよ。ただし，必要となる25℃での標準エントロピーおよび標準生成エンタルピーの値は下にまとめて示した。

	CH$_3$COOH (l)	+ CH$_3$CH$_2$OH (l)	⟶	CH$_3$COOCH$_2$CH$_3$ (l)	+ H$_2$O (l)
$S°$ / J K^{-1} mol^{-1}	159.9	161.0		259.4	69.9
$\triangle H_f°$ / kJ mol^{-1}	−484.3	−277.1		−479.0	−285.8

25℃での系と外界の標準エントロピー変化は

$\triangle S° = 259.4 + 69.9 − 159.9 − 161.0 = 8.4$ J K^{-1}

$\triangle S°(外界) = −\triangle H° / T$

$= \dfrac{−\{(−479.0) + (−285.8)\} − \{(−484.3) + (−277.1)\} \times 10^3}{298.15}$

$= 11.4$ J K^{-1}

したがって，全体の標準エントロピー変化は

$\triangle S°$（全体）$= \triangle S° + \triangle S°$（外界）$= 8.4 + 11.4 = 19.8$ J K^{-1}

となる。

このようにこの反応の全体の標準エントロピー変化は正値となり，自然に起こる変化といえるが，それほど大きな値ではないので反応が完全には進行しないことが予想される（9章参照）。

反応のエントロピー変化とエンタルピー変化からギブズの自由エネルギー変化を求める。その結果から，その反応が自発的かどうかを判断する。

例題8・4 工業的にダイヤモンドはグラファイトから合成される。この過程は25℃，標準状態で自然に起こる変化といえるか。ただし，各物質の標準エントロピー（25℃）は，C（グラファイト）；5.74 J K^{-1} mol^{-1}，C（ダイヤモンド）；2.38 J K^{-1} mol^{-1} であり，ダイヤモンドの標準生成エンタルピー（25℃）は 1.9 kJ mol^{-1} である。

	C（グラファイト）	⟶	C（ダイヤモンド）
$S°$ / J K^{-1} mol^{-1}	5.74		2.38
$\triangle H_f°$ / kJ mol^{-1}	0		1.9

とまとめられる。炭素の単体の中で，グラファイトの標準生成エンタルピーが0となることに注意。したがって

$$\Delta S° = 2.38 - 5.74 = -3.36 \text{ J K}^{-1}$$
$$\Delta H° = 1.9 - 0 = 1.9 \text{ kJ}$$

(8.6) 式から

$$\Delta G° = \Delta H° - T\Delta S°$$
$$= 1.9 \text{ kJ} - (298.15 \text{ K})(-3.36 \times 10^{-3} \text{ kJ K}^{-1}) = 2.9 \text{ kJ}$$

となる。したがって，この反応は25℃，標準状態では自然に起こる反応とはいえない。実際にダイヤモンド合成は高温高圧の条件で行われる。

標準生成エンタルピーと標準エントロピーの値から標準生成自由エネルギー $\Delta G_f°$ を求める。

例題8・5 エタノールの生成について，標準生成エンタルピーと標準エントロピーの値から標準生成自由エネルギー $\Delta G_f°$ (25℃) を求めよ。それぞれの25℃での標準エントロピーの値は下にまとめて示した。また，エタノールの標準生成エンタルピーは $\Delta H_f° = -277.1 \text{ kJ mol}^{-1}$ (25℃) とする。

$$2\text{C (s)} + 3\text{H}_2\text{ (g)} + 1/2\text{ O}_2\text{ (g)} \longrightarrow \text{C}_2\text{H}_5\text{OH (l)}$$
$S° / \text{J K}^{-1}\text{mol}^{-1}$ 5.7   130.6   205.0   161.0

この生成反応のエントロピー変化は

$$\Delta S_f° = 161.0 - (2 \times 5.7 + 3 \times 130.6 + 1/2 \times 205.0) = -344.7 \text{ J K}^{-1}\text{mol}^{-1}$$

また，標準生成エンタルピーは $\Delta H_f° = -277.1 \text{ kJ mol}^{-1}$ であるから，(8.6) 式から

$$\Delta G_f° = \Delta H_f° - T\Delta S_f°$$
$$= -277.1 - 298.15 \times (-344.7) \times 10^{-3} = -174.3 \text{ kJ mol}^{-1}$$

標準生成自由エネルギー

例題8・5から，標準生成エンタルピーと標準エントロピーから標準生成自由エネルギー($\Delta G_f°$)が求められることがわかる。標準生成自由エネルギーは，標準状態にある1 molの物質が，やはり標準状態にある単体から生成する場合の標準自由エネルギーの差であり，標準生成エンタルピーの定義と似ている。

標準生成エンタルピーの場合と同じように単体の標準生成自由エネルギーは0とおける。

以上のことから，標準生成エンタルピーの値から反応の標準エンタルピー変化を求めるのと同じように，標準生成自由エネルギーからも反応の標準自由エネルギー変化$\Delta G°$を求めることができる．すなわち

$$\Delta G° = (生成系の\Delta G_f°の総和) - (反応系の\Delta G_f°の総和)$$

となる。

表8・2 25℃での標準生成自由エネルギー $\Delta G_f°$ / kJ mol^{-1}

Al$_2$O$_3$(s)	-1577	HCl(g)	-95.4
AgNO$_3$(s)	-32	HBr(g)	-53.1
C(s, ダイヤモンド)	2.9	HI(g)	1.30
CO(g)	-137	H$_2$O(l)	-237
CO$_2$(g)	-394	H$_2$O(g)	-228
CH$_4$(g)	-50.7	H$_2$S(g)	-33.56
C$_2$H$_6$(g)	-32.2	MgCl$_2$(s)	-592.5
C$_2$H$_4$(g)	68.2	MgO(s)	-569.4
C$_2$H$_2$(g)	211	MgCO$_3$(s)	-1012.1
C$_3$H$_8$(g)	-24.1	Mg(OH)$_2$(s)	-833.9
CH$_3$OH(l)	-166	NH$_3$(g)	-17
C$_2$H$_5$OH(l)	-174	N$_2$O(g)	104
CH$_3$COOH(l)	-390	NO(g)	86.8
C$_6$H$_6$(l)	124	NO$_2$(g)	51.9
C$_6$H$_{12}$O$_6$(s, α-D-グルコース)	-909	HNO$_3$(l)	-79.9
C$_{12}$H$_{22}$O$_{11}$(s, スクロース)	-1549	PbO$_2$(s)	-219
CaO(s)	-604.2	PbSO$_4$(s)	-811.3
Ca(OH)$_2$(s)	-896.6	SO$_2$(g)	-300
CaSO$_3$(s, 方解石)	-1128.8	SO$_3$(g)	-370
CaSO$_4$(s)	-1320	H$_2$SO$_4$(l)	-689.9
CuO(s)	-127	SiO$_2$(s)	-856
Fe$_2$O$_3$(s)	-742	SiH$_4$(g)	52.3
HF(g)	-273	ZnO(s)	-318

標準生成自由エネルギーの値から反応の標準自由エネルギー変化$\Delta G°$を求める。

例題8・6 エネルギーサイクルの中心にマグネシウムMgを置く技術が開発されている。その中心となる反応は下に記すもので，反応における大きなエネルギーの発生と生成する水素の利用を目指したものである。また，酸化マグネシウムMgOからマグネシウムMgへの変換には太陽エネルギーを用いることが計画されている。下に記した反応の25℃での標準自由エネルギー変化$\Delta G°$を求めよ。

$$\text{Mg (s)} + \text{H}_2\text{O (l)} \longrightarrow \text{MgO (s)} + \text{H}_2\text{(g)}$$

各物質の25℃の標準生成自由エネルギーの値は表8・2から

$$\begin{array}{lcccc} & \text{Mg (s)} + \text{H}_2\text{O (l)} & \longrightarrow & \text{MgO (s)} + \text{H}_2\text{(g)} \\ \Delta G_\text{f}° / \text{kJ mol}^{-1} & 0 \quad\quad -237 & & -569.4 \quad\quad 0 \end{array}$$

となる。したがって，標準自由エネルギー変化は

$$\Delta G° = -569.4 - (-237) = -332._4 = -332 \text{ kJ}$$

となり，大きな自由エネルギーを獲得できることが予想される。

$\Delta G°$と$-T\Delta S°$（全体）を比較してみよう。

例題8・7 例題8・3で検討したエステル化反応について，25℃での標準自由エネルギーの変化を求めよ。ただし，$\text{CH}_3\text{COOCH}_2\text{CH}_3$ (l)の標準生成自由エネルギーは-333 kJ mol^{-1}とする。

$$\text{CH}_3\text{COOH (l)} + \text{CH}_3\text{CH}_2\text{OH (l)} \longrightarrow \text{CH}_3\text{COOCH}_2\text{CH}_3 \text{ (l)} + \text{H}_2\text{O (l)}$$

それぞれの物質について25℃での標準生成自由エネルギーの値を下記にまとめた。

$$\begin{array}{lcccc} & \text{CH}_3\text{COOH (l)} + \text{CH}_3\text{CH}_2\text{OH (l)} & \longrightarrow & \text{CH}_3\text{COOCH}_2\text{CH}_3 \text{ (l)} + \text{H}_2\text{O (l)} \\ \Delta G_\text{f}° / \text{kJ mol}^{-1} & -390 \quad\quad -174 & & -333 \quad\quad -237 \end{array}$$

したがって，標準自由エネルギーの変化は

$$\Delta G° = -333 - 237 - (-390 - 174) = -6 \text{ kJ}$$

となる。

例題8・3より，この反応の $\Delta S°$（全体）は 19.8 J K^{-1} となるから 25℃では

$$-T\Delta S°（全体）= -(298.15\ \text{K})(19.8\ \text{J K}^{-1}) \times 10^{-3} = -5.90\ \text{kJ}$$

となり，$\Delta G°$ とほぼ等しくなることがわかる。

8-5　自由エネルギーと正味の仕事

自由エネルギーの変化 ΔG は膨張以外の仕事の最大値 w'_{max} に等しい。ここでいう膨張以外の仕事とは，たとえば電気的な仕事をさしている。定圧・定温過程の場合には，自由エネルギーの変化 ΔG は (8.5) 式で表されるので

$$\Delta G = \Delta H - T\Delta S = w'_{max}$$

とおける。系のエントロピーが減少するときには，エンタルピー変化 ΔH が膨張以外の仕事にすべて使われるわけではなく，$T\Delta S$ を引いたものとなる。つまり，$T\Delta S$ はこの仕事に使えないエネルギーを表している。たとえば，鉄がさびる反応において 25℃，標準状態では 1648.4 kJ の熱が発生するが，そのうちの 1484.4 kJ だけが自由に仕事に使えることを意味している。

$$4\text{Fe (s)} + 3\text{O}_2\text{ (g)} \longrightarrow 2\text{Fe}_2\text{O}_3\text{ (s)}$$

$\Delta H° = -1648.4$ kJ

$\Delta G° = -1484.4$ kJ

$\Delta S° = -549.4$ J K^{-1} $(T\Delta S° = -164\ \text{kJ})$

すべてのエネルギーが電気的な仕事に使えない理由は，反応系で起こる 549.4 J K^{-1} のエントロピーの減少にある。549.4 J K^{-1} のエントロピーの増加を外界に引き起こさない限りこの反応は進まないのである。

反応のエンタルピー変化と自由エネルギー変化の違いを理解する。

例題8・8　メタンの燃焼反応から取り出すことができる燃焼熱および電気エネルギーの最大値を求めよ。ただし，25℃，標準状態とする。

反応から取り出すことができる燃焼熱および電気エネルギーの最大値は，反応のエンタルピー変化と自由エネルギー変化に対応している。反応式とそれぞれの物質の 25℃ での標準生成エンタルピーおよび標準生成自由エ

ネルギーの値は，表 7・1 および表 8・2 から

$$\text{CH}_4\,(\text{g}) + 2\text{O}_2\,(\text{g}) \longrightarrow \text{CO}_2\,(\text{g}) + 2\text{H}_2\text{O}\,(\text{l})$$

	CH$_4$(g)	2O$_2$(g)	CO$_2$(g)	2H$_2$O(l)
ΔH_f° / kJ mol^{-1}	-74.7	0	-393.5	-285.8
ΔG_f° / kJ mol^{-1}	-50.7	0	-394	-237

となる．したがって，標準反応エンタルピーは

$$\Delta H^\circ = -393.5 + (-285.8 \times 2) - (-74.7) = -890.4 \text{ kJ}$$

で，大きな発熱となる．また，標準自由エネルギー変化は

$$\Delta G^\circ = -394 + (-237 \times 2) - (-50.7) = -817._3 = -817 \text{ kJ}$$

となる．このように電気エネルギーとして取り出すことができるエネルギーは熱エネルギーよりも小さくなり，この場合もエントロピーが減少することが予想される．実際に値を求めてみると，$\Delta S^\circ = -242.9 \text{ J K}^{-1}$ となる．

章 末 問 題

8・1 100℃，1.00 atm で H$_2$O(l) が沸騰するときのエントロピー変化を求めよ．ただし，この温度における H$_2$O(l) の標準蒸発エンタルピー $\Delta H_\text{vap}^\circ$ は，40.66 kJ mol^{-1} である．また，同じ条件で水蒸気が凝縮するときのエントロピー変化を求めよ．

8・2 次のエステル化反応において，各物質の 25℃での標準エントロピーおよび標準生成エンタルピーが下記のようにまとめられるとき，この反応の 25℃での標準エントロピー変化ΔS°（系）および外界を含めた全体の標準エントロピー変化ΔS°（全体）を求めよ．

	CH$_3$COOH (l)	CH$_3$CH$_2$OH (l)	CH$_3$COOCH$_2$CH$_3$ (l)	H$_2$O (l)
S° / J K^{-1} mol^{-1}	159.9	161.0	259.4	69.9
ΔH_f° / kJ mol^{-1}	-484.3	-277.1	-479.0	-285.8

8・3 塩（NaCl）の水への溶解は自発的に起こる変化であることは経験的に理解できる．このことは，全体の標準エントロピー変化が正値であることを意味している．この溶解現象を反応式で表すと

8章 熱力学の第二法則 —自然に起こる変化の方向— 153

	NaCl (s)	⟶	Na$^+$ (aq)	+ Cl$^-$ (aq)
ΔH_f° / kJ mol^{-1}	−411.15		−240.12	−167.16
S° / J K^{-1} mol^{-1}	72.13		59.5	56.5

となる。上に記した 25℃における標準生成エンタルピーと標準エントロピーの値を用いて，25℃におけるこの溶解の標準エントロピー変化，外界の標準エントロピー変化，および全体の標準エントロピー変化を計算せよ。

8・4 次の炭酸カルシウムが生成する反応の 25℃での標準エントロピー変化および標準自由エネルギー変化を求めよ。各物質の 25℃での標準エントロピーおよび標準生成エンタルピーは，表 8・1 および表 7・1 の値を用いよ。

$$\text{Ca(OH)}_2 \text{ (s)} + \text{CO}_2 \text{ (g)} \longrightarrow \text{CaCO}_3 \text{ (s)} + \text{H}_2\text{O (l)}$$

8・5 次の反応のうち標準状態，25℃で自然に起こり得る反応はどれか。必要ならば，表 8・2 の値を用いて考察せよ。

(a) Ca(OH)_2 (s) ⟶ CaO (s) + H_2O (l)

(b) $2\text{Fe}_2\text{O}_3$ (s) ⟶ 4 Fe (s) + 3 O_2 (g)

(c) CaO (s) + SO_2 (g) + 1/2 O_2 (g) ⟶ CaSO_4 (s)

(d) CH_3COOH (l) + 2 H_2 (g) ⟶ $\text{CH}_3\text{CH}_2\text{OH}$ (l) + H_2O (l)

(e) Al_2O_3 (s) + 2 Fe (s) ⟶ 2 Al (s) + Fe_2O_3 (s)

(f) SiO_2 (s) + 4 H_2 (g) ⟶ SiH_4 (g) + 2 H_2O (l)

8・6 二次電池として開発されたナトリウム・硫黄電池（NAS 電池）の全反応は

$$2\text{Na (s)} + x\text{S (s)} \longrightarrow \text{Na}_2\text{S}_x \text{ (s)}$$

と記すことができる。$x = 4$ として，25℃，標準状態でこの反応から取り出すことができる燃焼熱および電気エネルギーの最大値を求めよ。ただし，25℃での，Na_2S_4 の標準生成エンタルピーは −411.3 kJ mol^{-1}，標準エントロピーは 167.4 J K^{-1} mol^{-1} とし，Na と S の標準エントロピーは 51.2，31.8 J K^{-1} mol^{-1} とする。

9章　化学平衡と熱力学

正逆いずれの方向にも進み得る反応では，ある割合で反応が平衡に到達する。液相や気相の間の平衡と同じように，反応の平衡でも反応系から生成系に変化する速度とその逆の変化の速度がつり合う動的な平衡である。本章では，平衡状態を記述するのに用いられる定量的な関係および自由エネルギーとの関わりについて述べる。

9−1　平 衡 定 数

反応が平衡状態にあるときには，正逆どちらの方向にも進行し得る可逆反応であり，最終的には，反応が見かけ上停止した状態に到達する。このような状態を化学平衡の状態という。化学平衡では正反応と逆反応を合せて，→の代わりに⇌を使う。平衡状態にある化学反応の反応式を

$$aA + bB \rightleftarrows cC + dD \tag{9.1}$$

とし，この平衡状態におけるそれぞれの化学種のモル濃度を [ ] で表せば，最初の反応物の濃度に関わらず，$[C]^c[D]^d/[A]^a[B]^b$ は定数となる。この定数が平衡定数といわれ，K_c で表す。添え字の c は，この定数をモル濃度で表していることを示しており，K_c を濃度平衡定数ということもある。

$$K_c = \frac{[C]^c[D]^d}{[A]^a[B]^b} \tag{9.2}$$

化学量論係数 a，b，c，d は，それぞれの化学種の平衡時での濃度の累乗の値と一致する。この関係を化学平衡の法則あるいは質量作用の法則とよんでいる。化学種が気体の場合には，モル濃度の代りに分圧 p が使われることも多く，そのときには圧平衡定数 K_p として

$$K_p = \frac{p_C{}^c p_D{}^d}{p_A{}^a p_B{}^b} \tag{9.3}$$

が成立する。

化学種が理想気体として扱えると仮定するならば K_c と K_p の間には次の関係

がある．モル濃度 c は分圧 p と

$$c = \frac{n}{V} = \frac{p}{RT}$$

の関係があるので

$$K_c = \frac{[C]^c[D]^d}{[A]^a[B]^b} = \frac{\left(\dfrac{p_C}{RT}\right)^c \left(\dfrac{p_D}{RT}\right)^d}{\left(\dfrac{p_A}{RT}\right)^a \left(\dfrac{p_B}{RT}\right)^b}$$

$$= \frac{p_C^c p_D^d}{p_A^a p_B^b} \left(\frac{1}{RT}\right)^{(c+d)-(a+b)} = K_p \left(\frac{1}{RT}\right)^{(c+d)-(a+b)}$$

ここで $(c+d)-(a+b) = \varDelta n$ とおけば

$$K_c = K_p \left(\frac{1}{RT}\right)^{\varDelta n} \quad \text{すなわち} \quad K_p = K_c (RT)^{\varDelta n} \tag{9.4}$$

なお，反応系と生成系の間の化学量論係数の総和に変化がなければ，$\varDelta n = 0$ より，$K_p = K_c$ となる．

同じ反応でも反応式の表し方により平衡定数の値が変わることに注意．

例題 9・1 ある温度での次の反応の圧平衡定数は $K_p = 6.0 \times 10^5$ atm^{-2} であった．

$$N_2(g) + 3H_2(g) \rightleftharpoons 2NH_3(g)$$

同じ条件で行われる反応を次の反応式で表したとき，圧平衡定数 $K_p{}'$ を求めよ．

(a) $1/2\,N_2(g) + 3/2\,H_2(g) \rightleftharpoons NH_3(g)$
(b) $2NH_3(g) \rightleftharpoons N_2(g) + 3H_2(g)$

(a) 反応の圧平衡定数 K_p は $K_p = p_{NH_3}^2 / p_{N_2} p_{H_2}^3 = 6.0 \times 10^5$ atm^{-2} で表される．
一方，反応式を (a) で表した場合には，圧平衡定数 $K_p{}'$ は

$$K_p{}' = \frac{p_{NH_3}}{p_{N_2}^{\frac{1}{2}} p_{H_2}^{\frac{3}{2}}} = (K_p)^{1/2} = (6.0 \times 10^5 \text{ atm}^{-2})^{1/2} = 7.7 \times 10^2 \text{ atm}^{-1}$$

(b) 同様に

$$K_p' = \frac{p_{N2}p_{H2}^3}{p_{NH3}^2} = \frac{1}{K_p} = \frac{1}{6.0 \times 10^5 \text{ atm}^{-2}} = 1.7 \times 10^{-6} \text{ atm}^2$$

化学平衡の法則から定量的に物質量を求める。

例題9・2 ある温度において,1.0 mol の酢酸と 2.0 mol のエタノールを混合して下記のエステル化反応を行った。平衡に達するまでこの温度に保ったとき,0.86 mol の酢酸エチルが生成した。

$$CH_3COOH + C_2H_5OH \rightleftharpoons CH_3COOC_2H_5 + H_2O$$

(a) この反応の濃度平衡定数を求めよ。
(b) この平衡状態にある混合液に水を 1.0 mol 加え,新たに平衡に達するまでこの温度に保ったとき,酢酸エチルは何 mol となるか。

(a) 0.86 mol の $CH_3COOC_2H_5$ が生成するときには,同量の水も生成することになる。一方,この平衡状態では,0.14 mol の酢酸と 1.14 mol のエタノールが残る。化学平衡の法則から,濃度平衡定数 K_c は

$$K_c = \frac{[CH_3COOC_2H_5][H_2O]}{[CH_3COOH][C_2H_5OH]} = \frac{\left(\dfrac{0.86}{V}\right)\left(\dfrac{0.86}{V}\right)}{\left(\dfrac{0.14}{V}\right)\left(\dfrac{1.14}{V}\right)} = 4.6$$

となる。ここで V は溶液の体積を表しており,モル濃度を求めるときには物質量を溶液の体積 V で割る必要がある。ただし,この反応例のように,反応系と生成系の化学量論係数の総和が等しくなるときには体積 V は消去される。

(b) 題意では,平衡状態にある混合液にさらに水 1.0 mol を加え,新たな平衡状態にしている。しかしながら,これは,初めに 1.0 mol の酢酸と 2.0 mol のエタノールに水 1.0 mol を加え,平衡状態にすることと同じ結果となる。生成する $CH_3COOC_2H_5$ の物質量を x とおけば,水の物質量は (1.0 + x) mol となる。したがって

$$K_c = \frac{[\mathrm{CH_3COOC_2H_5}][\mathrm{H_2O}]}{[\mathrm{CH_3COOH}][\mathrm{C_2H_5OH}]} = \frac{\left(\dfrac{x}{V}\right)\left(\dfrac{1.0+x}{V}\right)}{\left(\dfrac{1.0-x}{V}\right)\left(\dfrac{2.0-x}{V}\right)} = 4.6$$

$x(1.0 + x) = 4.6(1.0 - x)(2.0 - x)$

$3.6 x^2 - 14.8 x + 9.2 = 0$

これを解けば $x = 3.3$ mol あるいは 0.76 mol。

しかし，1.0 mol の酢酸からなので，3.3 mol は有り得ない。よって

$x = 0.76$ mol

濃度平衡定数と圧平衡定数の関係を理解する。

例題9・3 反応 $2\mathrm{NO_2}(\mathrm{g}) \rightleftharpoons \mathrm{N_2O_4}(\mathrm{g})$ の圧平衡定数は 360 K で $K_p = 0.102$ atm^{-1} である。この温度での濃度平衡定数 K_c を求めよ。ただし，気体はすべて理想気体とする。

(9.4) 式より

$$K_c = K_p \left(\frac{1}{RT}\right)^{-1} = K_p(RT) = (0.102\,\mathrm{atm}^{-1})(0.082057\,\mathrm{atm\,dm^3\,K^{-1}\,mol^{-1}})(360\,\mathrm{K})$$

$= 3.01\,(\mathrm{mol\,dm^{-3}})^{-1}$

圧平衡定数が分圧 atm で表されているので，気体定数として $R = 0.082057$ atm dm^3 K^{-1} mol^{-1} を使うことに注意。

9-2 不均一系の化学平衡

化学反応に異なる相が関係している場合，たとえば，ある固体が気体と反応するような場合には，一定になった組成は不均一平衡にあるという。たとえば，固体と気体が平衡状態にある次の反応において

$2\mathrm{NaHCO_3}(\mathrm{s}) \rightleftharpoons \mathrm{Na_2CO_3}(\mathrm{s}) + \mathrm{CO_2}(\mathrm{g}) + \mathrm{H_2O}(\mathrm{g})$

固体である $\mathrm{Na_2CO_3}$ (s) や $\mathrm{NaHCO_3}$ (s) が化学平衡に及ぼす効果は，その量に関係なく一定である。したがって，平衡定数は気体のモル濃度だけで次のよう

に表すことができる。

$$K_c = [CO_2(g)][H_2O(g)]$$

なお，K_c の代わりに K_p を用いれば

$$K_p = p_{CO2(g)} p_{H2O(g)}$$

となり，この反応では

$$K_p = K_c (RT)^2$$

の関係がある。

　固体の量が平衡定数の式に現れないこのような考え方は，固体を含むすべての不均一系の反応に適用できる。

固体を含む不均一系では，固体の量が化学平衡に影響しないことを理解する。

例題9・4　下に記す反応のある温度での圧平衡定数は $K_p = 4.47 \times 10^4$ である。同じ温度で鉄と 1.00 atm の水蒸気を閉じた容器にいれ平衡にしたとき，生成する水素の分圧を求めよ。

$$3Fe(s) + 4H_2O(g) \rightleftharpoons Fe_3O_4(s) + 4H_2(g)$$

この反応の圧平衡定数は

$$K_p = \frac{p_{H2}^4}{p_{H2O}^4} = \left(\frac{p_{H2}}{p_{H2O}}\right)^4 = 4.47 \times 10^4$$

生成する水素の分圧を x atm とおけば

$$K_p = \left(\frac{p_{H2}}{p_{H2O}}\right)^4 = \left(\frac{x}{1.00-x}\right)^4 = 4.47 \times 10^4$$

$$\frac{x}{1.00-x} = 14.5_4$$

よって

$$x = 0.936 \text{ (atm)}$$

9−3　平衡の移動

　平衡状態にある化学種の量的な関係は，温度や圧力などの外的な条件が変わると，変化することになる。これは反応の進行度に変化が生じるためである。

これを化学平衡の移動というが,反応の進行度がどのように変わるかは,ルシャトリエにより次のようにまとめられた。

> **ルシャトリエの原理**：平衡にある反応が，圧力，濃度あるいは温度などの条件の変化を受けた場合，この変化をできる限り少なくする方向に平衡の移動が起こる。

(1) 濃度の影響

たとえば，酢酸とエタノールから酢酸エチルが生成する反応の平衡時での化学種の濃度の関係を，例題 9・2 中で示した。この平衡定数の式を用いれば平衡移動の方向ばかりでなく，定量的にも取り扱うことができる。この例題で示したように，すでに平衡にある反応系に生成物の1つである水が加えられその濃度が大きくなれば，酢酸エチルの生成は抑えられる。つまり，平衡は左にずれることがわかる。一方，たとえばエタノールなどの反応物がさらに加えられれば，平衡はさらに反応物側にずれることになる。

(2) 圧力の影響

反応の平衡が加圧によってどちらに移動するかは，より定性的には次のようにいうことができる。生成系の気体分子の数が反応系よりも少なければ，加圧によって平衡は右側に移動する。そうすれば圧力増加が少なくなるからである。逆に反応系の分子数のほうが少なければ，加圧することによって平衡は左に移動する。たとえば，窒素と水素からアンモニアが生成する反応

$$\frac{1}{2} N_2 (g) + \frac{3}{2} H_2 (g) \rightleftharpoons NH_3 (g)$$

では，反応系の方が分子数が多いので加圧によって平衡は右に移動する。

また，高温でのヨウ化水素 HI の解離反応

$$2HI (g) \rightleftharpoons H_2 (g) + I_2 (g)$$

では，気体分子数は反応式の左と右で同じなので，平衡は圧力の影響を受けない。

(3) 温度の影響

反応をより高い温度で行えば，多量の生成物が得られるとは限らない。その反応が発熱反応であるか吸熱反応であるかによるのである。仮に吸熱反応ならば，加熱によって平衡は生成物側に移動し，より多量の生成物が得られる。これは，反応が進行することで吸熱を促進し，それにより加熱という条件を緩和しているのである。逆に，発熱反応ならば，加熱によって平衡は反応物側に移動し生成物は少なくなる。

ルシャトリエの原理に基づき，平衡移動の方向を定性的に理解する。

例題9・5 次の気体状態の反応が平衡にある。（ ）内に示すように条件を変化させると，平衡はどちらに移動するか。

(1) $N_2 + O_2 \rightleftharpoons 2NO$　　$\varDelta H > 0$　　（一定温度で加圧する）
(2) $N_2 + 3H_2 \rightleftharpoons 2NH_3$　　$\varDelta H < 0$　　（一定温度でアンモニアを加える）
(3) $2SO_2 + O_2 \rightleftharpoons 2SO_3$　　$\varDelta H < 0$　　（一定温度で加圧する）
(4) $2NO + O_2 \rightleftharpoons 2NO_2$　　$\varDelta H < 0$　　（一定温度で減圧する）
(5) $3O_2 \rightleftharpoons 2O_3$　　$\varDelta H > 0$　　（定圧で加熱する）

(1) 反応は吸熱反応だが，定温で加圧するので温度の影響はない。また，反応の前後で分子数に変化がないので，加圧しても平衡の移動は起こらない。
(2) アンモニアの濃度を減少させる方向に平衡は移動する（←）。
(3) 反応系よりも生成系の方が分子は少ない。加えられた圧力が減少する方向，つまり分子数の少ない生成系に平衡は移動する（→）。
(4) 生成系よりも反応系の方が分子は多い。減じられた圧力が回復する方向，つまり分子数の多い反応系に平衡は移動する（←）。
(5) 反応は吸熱反応である。加えられた熱が減じる方向，つまり反応が進む方向に平衡は移動する（→）。

平衡移動の方向を定量的に理解する。

例題9・6 下記の四酸化二窒素の解離反応を密閉容器中で行い，ある温

度で平衡に到達させた。このときの解離度は 0.10 であった。温度を一定に保ち，容積を半分にしたときの解離度を求めよ。

$$N_2O_4 \text{ (g)} \rightleftharpoons 2NO_2 \text{ (g)}$$

解離度が 0.10 なので，1.00 mol の N_2O_4 のうち 0.10 mol が解離したとする。また，初めの密閉容器の容積を V とすれば，濃度平衡定数 K_c は

$$K_c = \frac{\left(\dfrac{2 \times 0.10}{V}\right)^2}{\dfrac{1.00 - 0.10}{V}} = \frac{0.040}{0.90 V}$$

で表される。容積が半分 (0.5 V) のときの平衡定数は温度が一定なので上記と同じになる。したがって，そのときの解離度を α とすれば，

$$K_c = \frac{\left(\dfrac{2\,\alpha}{0.5V}\right)^2}{\dfrac{1.00 - \alpha}{0.5V}} = \frac{0.040}{0.90V}$$

$$1.8\,\alpha^2 + 0.01\,\alpha - 0.01 = 0$$

これを解けば

$$\alpha = 0.072 \quad \text{または} \quad -0.077$$

負値は有り得ないので，解離度は 0.072 となる。

　初めの密閉容器の容積を半分にすることで，全圧は高くなる。ルシャトリエの原理によれば，分子数の少ない反応系の方向に平衡は移動することが予想できる。解離度が 0.10 から 0.072 になることから，平衡は反応系側に移動していることがわかる。

9－4　イオンを含む平衡　―溶解度積―

　これまでに述べた化学平衡の考え方は，イオンを含む反応における平衡にも広く適用できる。塩が水に溶けてイオンが生成する水和反応にも平衡現象が起こっている。塩はあるところまで溶けて，そこで飽和し，それ以上は溶けない。そのときの飽和溶液の濃度を，この塩の溶解度という。この飽和溶液と溶けて

いない固体の塩とは平衡状態にある。たとえば固体の AgCl (s) の溶解は次のように表すことができる。

$$\mathrm{AgCl\,(s)} \rightleftharpoons \mathrm{Ag^+\,(aq)} + \mathrm{Cl^-\,(aq)}$$

このような溶解平衡も平衡定数で定量的に扱うことができる。9-2 節で述べたように，固体である AgCl (s) の化学平衡に及ぼす効果は，その量に関係なく一定である。したがって，溶解平衡の場合でも，その平衡定数はイオンのモル濃度だけで次のように表すことができる。

$$K_{sp} = [\mathrm{Ag^+}][\mathrm{Cl^-}] \tag{9.5}$$

ここでの平衡定数は K_{sp} と表し，溶解度積とよぶ。

同様に，一般式 $\mathrm{M_xA_y}$ （溶解して $\mathrm{M^{m+}}$ と $\mathrm{A^{n-}}$ が生成する）で表される塩の溶解反応は

$$\mathrm{M_xA_y\,(s)} \rightleftharpoons x\mathrm{M^{m+}\,(aq)} + y\mathrm{A^{n-}\,(aq)}$$

で表され，溶解度積は

$$K_{sp} = [\mathrm{M^{m+}}]^x [\mathrm{A^{n-}}]^y$$

となる。

溶解度と溶解度積の間にはどのような関係があるのだろうか。たとえば AgCl の場合，その溶解度を s とおけば，生成する $\mathrm{Ag^+}$ と $\mathrm{Cl^-}$ の濃度も s となる。したがって，(9.5) 式から

$$K_{sp} = [\mathrm{Ag^+}][\mathrm{Cl^-}] = \mathrm{s} \times \mathrm{s} = \mathrm{s}^2$$

また，次の平衡式で表される $\mathrm{PbCl_2}$ の場合には，その溶解度を同様に s とすれば，$\mathrm{Pb^{2+}}$ の濃度は s であるが $\mathrm{Cl^-}$ の濃度は 2s となる。よって，溶解度積は

$$\mathrm{PbCl_2\,(s)} \rightleftharpoons \mathrm{Pb^{2+}\,(aq)} + 2\mathrm{Cl^-\,(aq)}$$

$$K_{sp} = [\mathrm{Pb^{2+}}][\mathrm{Cl^-}]^2 = \mathrm{s} \times (2\mathrm{s})^2 = 4\mathrm{s}^3$$

で表される。

ルシャトリエの原理は，イオンを含む平衡でも同じように適用できる。たとえば，AgCl が溶解平衡にある状態に，$\mathrm{AgNO_3}$ や NaCl を加えると AgCl の固体が増えてくる。これは，$\mathrm{AgNO_3}$ や NaCl が溶解して $\mathrm{Ag^+}$ や $\mathrm{Cl^-}$ が生成し，これらのイオンにより平衡が左に移動するためである。このように，共通のイオンが存在することで難溶性の塩がさらに溶けにくくなることを共通イオン効果という。

塩の溶解度と溶解度積の関係を理解する。

例題9・7 クロム酸銀の25℃における溶解度は，8.0×10^{-5} mol dm^{-3} である。クロム酸銀の溶解度積を求めよ。

クロム酸銀の溶解平衡は

$$\mathrm{Ag_2CrO_4\,(s) \rightleftharpoons 2Ag^+\,(aq) + CrO_4^{2-}\,(aq)}$$

となる。このとき，溶解度積 K_{sp} は溶解度 s と次の関係にある。

$$K_{sp} = [\mathrm{Ag^+}]^2[\mathrm{CrO_4^{2-}}] = (2s)^2 \times s = 4s^3$$

$s = 8.0 \times 10^{-5}$ mol dm^{-3} を代入すれば

$$K_{sp} = 4s^3 = 4 \times (8.0 \times 10^{-5}\,\mathrm{mol\,dm^{-3}})^3 = 2.0 \times 10^{-12}\,\mathrm{mol^3\,dm^{-9}}$$

共通イオン効果がルシャトリエの原理に基づくことを理解する。

例題9・8 前問の例題9・7に関連して次の問いに答えよ。クロム酸銀の飽和水溶液 1.0 dm^3 に何 mol の硝酸銀を加えたときに，半量のクロム酸銀が沈殿するのか。

例題9・7から，飽和のクロム酸銀水溶液の溶解度は 8.0×10^{-5} mol dm^{-3} であり，クロム酸銀の溶解度積は $K_{sp} = 2.0 \times 10^{-12}$ mol^3 dm^{-9} となる。加える硝酸銀の溶解性は高く，次の溶解反応により，すべて溶解し等量の Ag$^+$ が生成する。

$$\mathrm{AgNO_3\,(s) \longrightarrow Ag^+\,(aq) + NO_3^-\,(aq)}$$

Ag$^+$の共通イオン効果から，クロム酸銀の溶解平衡は反応系側に移動し，クロム酸銀が沈殿することになる。加える硝酸銀の物質量を x mol とし，新たなクロム酸銀の溶解度を s' とおけば，Ag$^+$ の濃度は 2s' に x mol を加えたものになる。したがって

$$K_{sp} = [\mathrm{Ag^+}]^2[\mathrm{CrO_4^{2-}}] = (2s' + x)^2 \times s' = 2.0 \times 10^{-12}$$

s' は，半量のクロム酸銀が沈殿することから，4.0×10^{-5} mol dm^{-3} となる。よって，

$$(2 \times 4.0 \times 10^{-5} + x)^2 \times 4.0 \times 10^{-5} = 2.0 \times 10^{-12}$$

これを解いて

x = 1.4×10^{-4} (mol)

9-5 平衡定数とギブズの自由エネルギー

8章において,反応のギブズの自由エネルギー変化ΔGと反応の平衡状態とは大きな関係があることを述べた。実際には,標準自由エネルギー変化$\Delta G°$と平衡定数との間に

$$\Delta G° = -RT \ln K_p \quad \text{(気体反応)} \tag{9.6}$$

$$\Delta G° = -RT \ln K_c \quad \text{(溶液反応)} \tag{9.7}$$

の関係がある。すでに述べたように,標準自由エネルギー変化$\Delta G°$は反応物と生成物の標準生成自由エネルギーから求めることができる。したがって,求めた$\Delta G°$の値から(9.6)式,(9.7)式を使って,平衡についての情報を得ることができる。

標準自由エネルギー変化$\Delta G°$を標準生成自由エネルギーから得,さらに,反応の平衡定数を求める。

例題9・9 反応 $CO(g) + 1/2\ O_2(g) \rightleftharpoons CO_2(g)$ の25℃でのギブズの標準自由エネルギー変化を求めよ。さらに,この温度での圧平衡定数K_pを求めよ。ただし,25℃でのCO(g)とCO$_2$(g)の標準生成自由エネルギーは,それぞれ$-137\ \text{kJ mol}^{-1}$および$-394\ \text{kJ mol}^{-1}$とする。

反応の標準自由エネルギー変化$\Delta G°$は,生成物の標準生成自由エネルギーの総和から反応物の標準生成自由エネルギーの総和を引いたものになる。したがって

$$\Delta G° = -394 \times 1 - \left(-137 \times 1 + 0 \times \frac{1}{2}\right) = -257\ \text{kJ}$$

$\Delta G° = -RT \ln K_p$ より

$$\ln K_p = -\Delta G°/RT = \frac{257 \times 10^3\ \text{J}}{(8.314\ \text{J K}^{-1}\ \text{mol}^{-1})(298.15\ \text{K})(1\ \text{mol})}$$

$$= 103._6$$

$$K_p = e^{103.6} = 9.84 \times 10^{44}$$

平衡定数はギブズの自由エネルギー変化とは (9.6) 式から

$$\ln K_\mathrm{p} = \frac{-\Delta G^\circ}{RT}$$

の関係がある。一方，ギブズの標準自由エネルギー変化と標準エンタルピー変化および標準エントロピー変化とは，(8.6) 式から

$$\Delta G^\circ = \Delta H^\circ - T\Delta S^\circ$$

の関係がある。ここで標準エンタルピー変化および標準エントロピー変化は，考えている温度範囲では一定と仮定すると，2つの式から

$$\ln K_\mathrm{p} = \frac{-\Delta G^\circ}{RT} = \frac{-\Delta H^\circ}{RT} + \frac{\Delta S^\circ}{R}$$

となる。別の温度 T' では

$$\Delta G^\circ = \Delta H^\circ - T'\Delta S^\circ$$

であるから，この温度での平衡定数を K_p' とすれば，同様に

$$\ln K_\mathrm{p}' = \frac{-\Delta G^\circ}{RT'} = \frac{-\Delta H^\circ}{RT'} + \frac{\Delta S^\circ}{R}$$

となる。両者の差をとれば

$$\ln K_\mathrm{p} - \ln K_\mathrm{p}' = -\frac{\Delta H^\circ}{R}\left(\frac{1}{T} - \frac{1}{T'}\right)$$

すなわち

$$\ln \frac{K_\mathrm{p}}{K_\mathrm{p}'} = -\frac{\Delta H^\circ}{R}\left(\frac{1}{T} - \frac{1}{T'}\right) \tag{9.8}$$

が得られる。この式はファントホッフの定圧平衡式とよばれる。

いま $T' > T$ のとき，(9.8) 式の右辺の $(1/T - 1/T')$ 項は正となるので，ΔH° が正ならば右辺は負となる。これは $K_\mathrm{p}' > K_\mathrm{p}$ を表している。すなわち，ΔH° が正，つまり反応が吸熱反応のときには，温度が高くなると平衡は生成物の側に移動することを意味している。一方，反応が発熱反応（ΔH° が負）のときには $K_\mathrm{p}' < K_\mathrm{p}$ となり，温度が高くなると平衡は反応物の側に移動することがわかる。これらの結果は，ルシャトリエの原理から予想されるものと同じである。

平衡移動に及ぼす温度の効果をファントホッフの定圧平衡式から定量的に理解する．

> **例題9・10** 反応 $2NO_2(g) \rightleftharpoons N_2O_4(g)$ の圧平衡定数は 360 K で $K_p = 0.102\ \mathrm{atm}^{-1}$ である．この反応の標準反応エンタルピーを $\Delta H° = 45.0\ \mathrm{kJ\ mol}^{-1}$ とすれば，540 K での圧平衡定数はいくらか．

(9.8) 式から，540 K での圧平衡定数を $K_p{'}$ とすれば

$$\ln \frac{0.102}{K_p{'}} = -\frac{45.0 \times 10^3\ \mathrm{J\ mol}^{-1}}{8.314\ \mathrm{J\ K}^{-1}\ \mathrm{mol}^{-1}}\left(\frac{1}{360\ \mathrm{K}} - \frac{1}{540\ \mathrm{K}}\right) = -5.01_1$$

$$\frac{0.102}{K_p{'}} = e^{-5.011} = 0.00666_4$$

したがって

$$K_p{'} = \frac{0.102}{0.00666_4} = 15.3\ (\mathrm{atm}^{-1})$$

標準反応エンタルピーは $\Delta H° = 45.0\ \mathrm{kJ\ mol}^{-1} > 0$ より，この反応は吸熱反応である．ルシャトリエの原理から，吸熱反応の場合には，高温に（加熱）すれば，平衡は生成物側に移動すると予想できる．この問題では，高温にすれば圧平衡定数は $15.3\ \mathrm{atm}^{-1}$ と大きくなることから，実際に平衡は生成物側に移動することがわかる．

9-6 相の間の平衡

2つ以上の相が接していて，それぞれの相に物質が溶けている状態もまた動的平衡にある．これは分布平衡にあるという．分布平衡も化学平衡に密接に関わっており，平衡時のモル濃度には化学平衡と同様に定量的な関係がある．

(1) **ヘンリーの法則**

ある気体 B とそれが溶媒に溶解している状態との間の平衡について考えよう．ここでは，その気体は溶解するだけで溶媒とは反応しない場合を考える．溶媒に溶解している気体のモル濃度 [B] とそれと平衡にある気体の分圧 p_B と

の間には，平衡時には化学平衡と同じように次の比例関係がある。

$$\frac{p_B}{[B]} = K$$

これは，次のヘンリーの法則としてまとめられたものと同じである。

> ヘンリーの法則：単位質量の溶媒に溶ける気体の質量 M_B は，その分圧 p_B に比例する。

また，ヘンリーの法則は，「気体の分圧は，溶液中のその気体の濃度に比例する」と言い換えることができ，次の式で表す。

$$p_B = K_H x_B \tag{9.9}$$

ここで x_B は溶けている気体のモル分率で，K_H は平衡定数のひとつでヘンリー定数といい，気体によっても溶媒によっても異なる値をとる。

ヘンリーの法則から水に溶けている酸素の質量を求める。

例題9・11 空気は体積百分率で 21.0% の酸素と 79.0% の窒素からなるとして，20℃，1 atm (101325 Pa) のもとで空気で飽和された 1 dm³ の水に溶ける酸素の質量を求めよ。ただし，この温度での水に対する酸素のヘンリー定数は $K_H = 3.93 \times 10^9$ Pa とし，水の密度を 1.00 g cm⁻³ とする。

空気の全圧は 101325 Pa であることから，酸素の分圧は

$$101325 \text{ Pa} \times 0.210 = 2.12_7 \times 10^4 \text{ Pa}$$

(9.9) 式より，溶けている酸素のモル分率 x_B は

$$x_B = \frac{p_B}{K_H} = \frac{2.12_7 \times 10^4 \text{ Pa}}{3.93 \times 10^9 \text{ Pa}} = 5.41_2 \times 10^{-6}$$

したがって，酸素の物質量を n_{O2} とすれば，水のモル質量が 18.0 g mol⁻¹ より

$$5.41_2 \times 10^{-6} = \frac{n_{O2}}{n_{O2} + \dfrac{1000 \text{ g}}{18.0 \text{ g mol}^{-1}}}$$

これを解けば

$$n_{O2} = 3.00_6 \times 10^{-4} \text{ mol}$$

この値に酸素のモル質量 32.0 g mol^{-1} をかけることで酸素の質量を求めることができる。したがって

$$3.00_6 \times 10^{-4} \text{ mol} \times 32.0 \text{ g mol}^{-1} = 9.61_9 \times 10^{-3} \text{ g} = 9.62 \times 10^{-3} \text{ g}$$

(2) 分配の法則

接しているが互いに混合しない2種類の溶媒に，ある物質が溶けている場合にも動的な平衡が成り立つ。このときは分配平衡にあるという。いま，2種類の溶媒をそれぞれ溶媒1と溶媒2とし，平衡時にそれぞれの溶媒に溶けている溶質 B のモル濃度を $[\text{B}]_1$, $[\text{B}]_2$ とすれば

$$\frac{[\text{B}]_1}{[\text{B}]_2} = K_{\text{dist}} \tag{9.10}$$

の関係が成立する。ここでの平衡定数 K_{dist} を特に分配係数という。

分配の法則から抽出されるフェノールの割合を求める。

例題9・12 フェノールを含む水溶液を，その半分の体積のクロロホルムと一緒に振り混ぜることによって，フェノールを水溶液からクロロホルム側に抽出した。抽出されたフェノールの割合はいくらか。このときのフェノールの分配係数 K_{dist} は 3.5 であり，クロロホルムによく溶ける。

フェノールの全物質量を n とし，抽出されたフェノールの割合を α とおく。また，水の体積を V とおけば，クロロホルムによく溶けることにより，この平衡は次のように表すことができる。

$$K_{\text{dist}} = \frac{[\text{フェノール}]_{\text{クロロホルム}}}{[\text{フェノール}]_{\text{水}}}$$

$$= \frac{\dfrac{n\alpha}{0.5V}}{\dfrac{n(1-\alpha)}{V}} = \frac{\alpha}{0.5(1-\alpha)} = 3.5$$

したがって

$$\alpha = 0.63_6 = 0.64$$

章末問題

9・1 次の酸化鉄(II)の還元反応が平衡にあるとき，(a)〜(c)のように条件を変化すると平衡はどちらに移動するか，あるいは移動しないか。ただし，この反応の 700°C における反応エンタルピーは，$\Delta H° = 16.2 \text{ kJ mol}^{-1}$ である。

$$\text{FeO (s)} + \text{H}_2 \text{(g)} \rightleftharpoons \text{Fe (s)} + \text{H}_2\text{O (g)}$$

(a) 一定温度で加圧する。
(b) 一定温度で水素を加える。
(c) 定圧で 800°C まで加熱する。

9・2 ヨウ化水素は $2\text{HI (g)} \rightleftharpoons \text{H}_2 \text{(g)} + \text{I}_2 \text{(g)}$ のように一部解離して平衡に達し，水素とヨウ素を生成する。800 K におけるこの反応の解離度は 0.247 であった。次の問いに答えよ。ただし，この反応の標準反応エンタルピーは $\Delta H° = 5.17 \text{ kJ mol}^{-1}$ で，問題としている温度範囲では一定とする。

(a) この反応の 800 K での濃度平衡定数を求めよ。
(b) この反応の 1200 K での解離度を求めよ。

9・3 0.10 mol dm^{-3} の 2,4-ペンタンジオンの水溶液を高速液体クロマトグラフィーで測定したところ，25°C において 25%がエノール体（下式の右辺の化合物）に互変異性していることがわかった。下記のケト-エノール互変異性平衡反応の濃度平衡定数および標準自由エネルギー変化 $\Delta G°$ を求めよ。

$$\text{CH}_3\text{COCH}_2\text{COCH}_3 \rightleftharpoons \text{CH}_3(\text{OH})\text{C}=\text{CHCOCH}_3$$

9・4 炭素と水蒸気からなる混合物を 1000°C まで加熱したところ次の平衡状態となった。この平衡反応の圧平衡定数が $K_\text{p} = 47 \text{ atm}$ と見積もられた。次の問いに答えよ。

$$\text{C (s)} + \text{H}_2\text{O (g)} \rightleftharpoons \text{H}_2 \text{(g)} + \text{CO (g)}$$

(a) 全圧が 1 atm のときの水素の分圧を求めよ。
(b) 全圧が 10 atm のときの水素の分圧を求めよ。

9・5 ヨウ素を含む水溶液を，その 20 分の 1 の体積の四塩化炭素と一緒に撹拌して，ヨウ素を水溶液から抽出した。水溶液側に残るヨウ素の割合を求めよ。また，同じヨウ素を含む水溶液を，40 分の 1 の体積の四塩化炭素で 2 回抽出した後に水溶液側に残るヨウ素の割合はいくらか。ただし，分配係数 K_{dist} は 0.012 で，四塩化炭素側によく分配する。

9・6 スキューバダイビングなどにより高圧環境下で体内に溶け込んでいた窒素が，急浮上などによる急速な圧力低下により気泡化することで減圧症になることがある。深い海で 10 atm の圧縮空気（窒素のモル分率を 0.80 とする）に接触して窒素が飽和状態になった水 4.5 kg が 1 atm の空気下に戻ったときに気泡化する窒素の体積を 20℃，1 atm のもとで求めよ。ただし，温度は一定とし，この温度での窒素のヘンリー定数を $K_H = 7.7 \times 10^9$ Pa とする。

10章 酸と塩基

酸性雨・アルカリ性食品・中性洗剤など，酸性，アルカリ性（塩基性），中性という言葉は私たちの生活に身近なものである。この章では酸・塩基の種類や性質，緩衝作用などについて理解を深めよう。

10－1 酸と塩基

食酢やレモンの果汁を口にふくむとすっぱい味がする。また，これらを青色リトマス紙につけると赤く変色する。このような性質を酸性という。食酢には酢酸 CH_3COOH，レモンにはクエン酸 $C_3H_4(OH)(COOH)_3$ が含まれるためである。逆に，水酸化ナトリウム NaOH やアンモニア NH_3 の水溶液のように，赤色リトマス紙を青く変える性質を塩基性（あるいはアルカリ性）という。まず，酸・塩基を科学的な言葉で記述することから始めよう。

10－1－1 酸と塩基の定義
（1）アレニウスの定義

1887年 Arrhenius は，酸（acid）とは水中で解離して水素イオン H^+（プロトンともいう：水素原子から電子が失われてできる水素陽イオンのこと）を生じる物質であり，塩基とは水中で解離して水酸化物イオン OH^- を生じる物質であると定義した。たとえば，HCl は水中で次のように H^+ を生じるので酸である。

$$HCl \longrightarrow H^+ + Cl^-$$

一方，水酸化ナトリウム NaOH は水中で OH^- を生じるので塩基である。

$$NaOH \longrightarrow Na^+ + OH^-$$

しかし，アレニウスの定義は水溶液に限定され，また，分子内に OH を持たないアンモニア NH_3 が塩基性を示す事実を説明できないため，より一般化された次のブレンステッド－ローリーの定義が提案された。

アレニウスの定義による酸と塩基を理解する。

例題10・1 次の化合物を水に溶かしたとき,どのように解離するかの式を書き,化合物が酸か塩基かを示せ。
(a) 硝酸 (b) 水酸化カルシウム (c) リン酸 (d) 水酸化バリウム

(a) $HNO_3 \longrightarrow H^+ + NO_3^-$ H^+を生じるので酸
(b) $Ca(OH)_2 \longrightarrow Ca^{2+} + 2\,OH^-$ OH^-を生じるので塩基
(c) $H_3PO_4 \longrightarrow H^+ + H_2PO_4^-$ H^+を生じるので酸
(d) $Ba(OH)_2 \longrightarrow Ba^{2+} + 2\,OH^-$ OH^-を生じるので塩基

(2) ブレンステッド-ローリーの定義

1923年 Brønsted と Lowry は水素イオン H^+ だけに注目し,酸とは他の物質に H^+ を与えることのできる物質であり,塩基とは H^+ を受け取ることのできる物質であると定義した。たとえば,HCl は水中で水に H^+ を与え,オキソニウムイオン H_3O^+ と塩化物イオン Cl^- になる。したがって,H^+ を与える HCl は酸であり,H^+ を受けとる H_2O は塩基である。

$$HCl + H_2O \rightleftharpoons H_3O^+ + Cl^-$$
　　酸　　　塩基

一方,アンモニアは水から H^+ を受け取っているので塩基,水はアンモニアに H^+ を与えているので酸である。

$$NH_3 + H_2O \rightleftharpoons NH_4^+ + OH^-$$
　　塩基　　　酸

したがって,ブレンステッド-ローリーの定義によれば,H_2O は相手により酸にも塩基にもなる。

ブレンステッド-ローリーの定義は水溶液以外にも適用できる。気体の塩化水素とアンモニアが反応すると,塩化アンモニウム $NH_4^+Cl^-$ の白煙を生じる。この反応では,HCl が NH_3 に H^+ を与えているので,HCl は酸,NH_3 は HCl からの H^+ を受けとっているので塩基である。

$$HCl + NH_3 \longrightarrow NH_4^+Cl^-$$
　　酸　　塩基

ブレンステッド–ローリーの定義による酸と塩基を理解する。

> **例題10・2** ブレンステッド-ローリーの定義によると，次の反応で水は酸，塩基のどちらの働きをしているか。
> (a) $HSO_4^- + H_2O \rightleftharpoons H_3O^+ + SO_4^{2-}$
> (b) $(CH_3)_2NH + H_2O \rightleftharpoons (CH_3)_2NH_2^+ + OH^-$
> (c) $NH_4^+ + H_2O \rightleftharpoons H_3O^+ + NH_3$
>
> (a) H^+を受け取っているので塩基   (b) H^+を与えているので酸
> (c) H^+を受け取っているので塩基

(3) 共役酸–塩基対

ブレンステッド–ローリーの定義によれば，水にH^+を与えるCH_3COOHは酸であり，H^+を受けとるH_2Oは塩基である。左向きの反応を考えると，H_3O^+はCH_3COO^-にH^+を与えるので酸，CH_3COO^-はH^+を受けとるので塩基である。

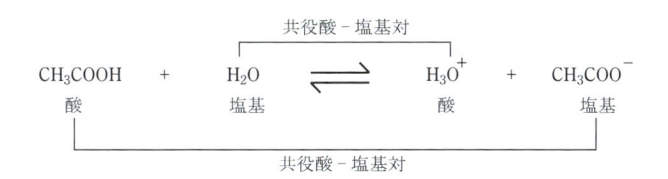

$$CH_3COOH + H_2O \rightleftharpoons H_3O^+ + CH_3COO^-$$
酸 　　　　　塩基 　　　　　　酸 　　　　塩基

（共役酸–塩基対）

CH_3COOHとCH_3COO^-，H_2OとH_3O^+のように，プロトンH^+が1個だけ異なる化学種を共役酸–塩基対という。したがって，CH_3COOHは塩基であるCH_3COO^-の共役酸，CH_3COO^-は酸であるCH_3COOHの共役塩基である。また，H_2Oは酸H_3O^+の共役塩基，H_3O^+は塩基H_2Oの共役酸である。

アンモニアが水に溶けると，OH^-とNH_4^+が生じる。NH_4^+は塩基NH_3の共役酸，OH^-は酸H_2Oの共役塩基である。

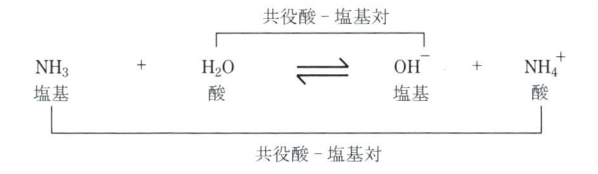

$$NH_3 + H_2O \rightleftharpoons OH^- + NH_4^+$$
塩基 　　　酸 　　　　　塩基 　　　酸

（共役酸–塩基対）

共役酸-塩基対を理解する。

例題10・3 次の反応における共役酸-塩基対はどれか。
(a) $HClO + H_2O \rightleftharpoons H_3O^+ + ClO^-$
(b) $HF + NH_3 \rightleftharpoons NH_4^+ + F^-$

プロトンが1個だけ異なる化学種の組を共役酸-塩基対という。

(a) $\underset{酸}{HClO} + \underset{塩基}{H_2O} \rightleftharpoons \underset{酸}{H_3O^+} + \underset{塩基}{ClO^-}$

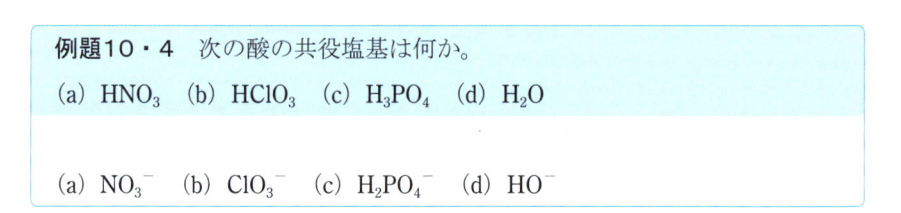

上の組：共役酸-塩基対（$HClO$ と ClO^-、H_2O と H_3O^+）

(b) $\underset{酸}{HF} + \underset{塩基}{NH_3} \rightleftharpoons \underset{酸}{NH_4^+} + \underset{塩基}{F^-}$

上の組：共役酸-塩基対（HF と F^-、NH_3 と NH_4^+）

例題10・4 次の酸の共役塩基は何か。
(a) HNO_3 (b) $HClO_3$ (c) H_3PO_4 (d) H_2O

(a) NO_3^- (b) ClO_3^- (c) $H_2PO_4^-$ (d) HO^-

例題10・5 次の塩基の共役酸は何か。
(a) OH^- (b) HPO_4^{2-} (c) CO_3^{2-} (d) H_2O

(a) H_2O (b) $H_2PO_4^-$ (c) HCO_3^- (d) H_3O^+

10−1−2 酸と塩基の価数

酸分子中に含まれ，解離して水素イオン H^+ になることができる水素原子の数を酸の価数という。たとえば，塩酸 HCl や硝酸 HNO_3 は1個の水素イオンを放出するので1価の酸（一塩基酸ともよぶ）である。また，硫酸 H_2SO_4 は

次のように解離して2個のH⁺を放出するので,2価の酸(二塩基酸)である。

$$H_2SO_4 \longrightarrow H^+ + HSO_4^-$$
$$HSO_4^- \rightleftharpoons H^+ + SO_4^{2-}$$

　一方,塩基では,組成式に含まれる水酸化物イオンOH⁻の数,あるいは受け取ることのできるH⁺の数を塩基の価数という。たとえば,水酸化ナトリウムNaOHは1価の塩基(一酸塩基ともよぶ),水酸化カルシウムCa(OH)₂は2価の塩基(二酸塩基)である。

酸と塩基の価数を理解する

例題10・6 次の化合物は何価の酸あるいは塩基か。
(a) H_3PO_4　(b) NH_3　(c) $Ba(OH)_2$　(d) シュウ酸 $(COOH)_2$

(a) H⁺を3つ放出するので3価の酸　
$$H_3PO_4 \rightleftharpoons H^+ + H_2PO_4^-$$
$$H_2PO_4^- \rightleftharpoons H^+ + HPO_4^{2-}$$
$$HPO_4^{2-} \rightleftharpoons H^+ + PO_4^{3-}$$

(b) 1個のH⁺を受け入れることができるので,1価の塩基
$$NH_3 + H^+ \rightleftharpoons NH_4^+$$

(c) 2価の塩基　$Ba(OH)_2 \longrightarrow Ba^{2+} + 2\,OH^-$

(d) 2価の酸　
$$HOOC-COOH \rightleftharpoons H^+ + HOOC-COO^-$$
$$HOOC-COO^- \rightleftharpoons H^+ + {}^-OOC-COO^-$$

10−1−3 酸・塩基の強さ

　酸や塩基の強さをどのように表したらよいだろうか。解離度と平衡定数から考えてみよう。

(1) 解離度と酸・塩基の強さ

　酸や塩基のような電解質が水に溶けたとき,H⁺やOH⁻を生じやすいほど酸や塩基は強いといえる。そこで,次の式で表される解離度 α の大きさ(0 < α ≦ 1)で,酸や塩基の強さを比較することができる。

$$解離度\,\alpha = \frac{(解離した電解質の物質量)}{(溶解した電解質の物質量)} \tag{10.1}$$

解離度が1に近い酸・塩基を強酸・強塩基といい，1より著しく小さい酸・塩基を弱酸・弱塩基という（表10・1）。

たとえば，25℃，0.10 mol dm^{-3}の塩酸と酢酸の解離度を比較すると，塩酸は0.94，酢酸は0.016である。すなわち，水溶液中でほぼ完全に解離する塩酸は強酸であり，わずかに解離している酢酸は弱酸である。一般には，強酸・強塩基の解離度は1とみなしてよい。

表10・1　酸・塩基の分類

	1価	2価	3価
強　酸	HCl, HBr, HNO$_3$, HClO$_4$	H$_2$SO$_4$	
弱　酸	CH$_3$COOH, HIO$_3$	(COOH)$_2$, H$_2$CO$_3$	H$_3$PO$_4$
強塩基	NaOH, KOH, LiOH	Ca(OH)$_2$, Ba(OH)$_2$	
弱塩基	NH$_3$	Mg(OH)$_2$	Al(OH)$_3$, Fe(OH)$_3$

解離度を理解する

例題10・7 25℃において，0.010 mol dm^{-3}の酢酸の解離度は0.042である。解離して生成したH$^+$の濃度と解離していない酢酸の濃度を求めよ。

解離して生成したH$^+$の濃度は

$$[H^+] = 0.010 \times 0.042 = 4.2 \times 10^{-4} \text{ mol dm}^{-3}$$

一方，解離していない酢酸の濃度は

$$[CH_3COOH] = 0.010 - 4.2 \times 10^{-4} = 9.58 \times 10^{-3} \text{ mol dm}^{-3}$$

(2) 平衡定数と弱酸・弱塩基の強さ

塩酸や硝酸などの強酸は，水中でほぼ完全に解離している。しかし，酢酸やリン酸などの弱酸では，解離して生じたイオンと解離していない分子とが存在し（例題10・7），これらの間に化学平衡が成り立つ。弱酸HAの解離は次のように表すことができる。

$$HA + H_2O \rightleftharpoons H_3O^+ + A^-$$

化学平衡の法則により，この過程の平衡定数K_{eq}はそれぞれの化学種のモル濃度（mol dm^{-3}）を用いて

$$K_{eq} = \frac{[\mathrm{H_3O^+}][\mathrm{A^-}]}{[\mathrm{HA}][\mathrm{H_2O}]} \tag{10.2}$$

と表せる。ここで，溶媒である $\mathrm{H_2O}$ は溶質 HA に比べて大過剰存在するので，$\mathrm{H_2O}$ の一部がオキソニウムイオンに変化しても濃度変化はほとんどなく一定と考えることができる。そこで，$K_{eq}[\mathrm{H_2O}]$ を K_a と置き，この K_a を酸解離定数という。

$$K_{eq}[\mathrm{H_2O}] = K_a = \frac{[\mathrm{H_3O^+}][\mathrm{A^-}]}{[\mathrm{HA}]} \tag{10.3}$$

K_a の値は，一般に小さいので対数で表す。

$$\mathrm{p}K_a = -\log K_a \tag{10.4}$$

25℃での酢酸の K_a の値は 1.8×10^{-5} であり，極めて小さい。すなわち，式

表 10・2　各種酸の解離定数（25℃）

酸	化学式	共役塩基	K_a	pK_a
塩　酸	HCl	Cl$^-$	10^7	-7
硫　酸	$\mathrm{H_2SO_4}$	$\mathrm{HSO_4^-}$	10^2	-2
オキソニウムイオン	$\mathrm{H_3O^+}$	$\mathrm{H_2O}$	1	0
シュウ酸	$\mathrm{(COOH)_2}$	COO$^-$ | COOH	5.9×10^{-2}	1.23
硫酸水素イオン	$\mathrm{HSO_4^-}$	$\mathrm{SO_4^{2-}}$	1.2×10^{-2}	1.92
リン酸	$\mathrm{H_3PO_4}$	$\mathrm{H_2PO_4^-}$	7.3×10^{-3}	2.14
フッ化水素酸	HF	F$^-$	6.5×10^{-4}	3.19
ギ　酸	HCOOH	HCOO$^-$	1.8×10^{-4}	3.75
乳　酸	$\mathrm{CH_3CH(OH)COOH}$	$\mathrm{CH_3CH(OH)COO^-}$	1.4×10^{-4}	3.85
酢　酸	$\mathrm{CH_3COOH}$	$\mathrm{CH_3COO^-}$	1.8×10^{-5}	4.75
炭　酸	$\mathrm{H_2CO_3}$	$\mathrm{HCO_3^-}$	4.3×10^{-7}	6.37
リン酸二水素イオン	$\mathrm{H_2PO_4^-}$	$\mathrm{HPO_4^{2-}}$	6.3×10^{-8}	7.20
グリシン	$\mathrm{NH_3^+CH_2COO^-}$	$\mathrm{NH_2CH_2COO^-}$	1.7×10^{-10}	9.78
フェノール	$\mathrm{C_6H_5OH}$	$\mathrm{C_6H_5O^-}$	1.3×10^{-10}	9.89
炭酸水素イオン	$\mathrm{HCO_3^-}$	$\mathrm{CO_3^{2-}}$	4.7×10^{-11}	10.33
リン酸水素イオン	$\mathrm{HPO_4^{2-}}$	$\mathrm{PO_4^{3-}}$	4.0×10^{-13}	12.40

(10.3) の分子が分母にくらべ極めて小さいことを示している。これは酢酸が水溶液中でほんのわずかしか H_2O に H^+ を与えていない,すなわち平衡はほとんど左に片寄っていることを意味している。一般に,$K_a < 1$ の酸を弱酸という。表10・2にいくつかの弱酸の K_a と pK_a の値を示した。強い酸ほど H^+ を放出しやすいので,平衡は右に片寄り K_a は大きい。すなわち pK_a は小さい。逆に弱い酸ほど K_a は小さく,pK_a は大きい。化合物の構造により,弱酸の強さにも大きな違いがあることがわかる。

酸解離定数と水素イオン濃度との関係を理解する。

例題10・8 25℃における $0.010\ \mathrm{mol\ dm^{-3}}$ の酢酸水溶液中に存在する水素イオン濃度を求めよ。ただし,25℃における酢酸の K_a は 1.8×10^{-5} である。

平衡に達するまでの濃度変化を x とすると,平衡における濃度は,次の表のように表わせる。

	$CH_3COOH + H_2O \rightleftharpoons$	H_3O^+	$+ CH_3COO^-$
初濃度	0.010	0	0
平衡に達するまでの濃度変化	$-x$	$+x$	$+x$
平衡濃度	$0.010 - x$	x	x

$$K_a = 1.8 \times 10^{-5} = \frac{[H_3O^+][CH_3COO^-]}{[CH_3COOH]} = \frac{x \times x}{(0.010 - x)}$$

変形すると,$x^2 + 1.8 \times 10^{-5} x - 1.8 \times 10^{-5} \times 0.010 = 0$
という二次方程式が得られる。この解は

$$x = (-1.8 \times 10^{-5} \pm \sqrt{(1.8 \times 10^{-5})^2 + 4 \times 1.8 \times 10^{-5} \times 0.010})/2$$
$$= 4.2 \times 10^{-4} \quad \text{あるいは} \quad -4.3 \times 10^{-4}$$

水素イオン濃度 x(H_3O^+ は通常水素イオン H^+ として表わす)は,正の値であるので $4.2 \times 10^{-4}\ \mathrm{mol\ dm^{-3}}$ である。

この x の値は,酢酸初濃度 $0.010\ \mathrm{mol\ dm^{-3}}$ に比べ無視できるほど小さいので,$(0.010 - x) \approx 0.010$ と近似してもよい。

$$K_\mathrm{a} = \frac{x \times x}{(0.010 - x)} \approx \frac{x^2}{0.010}$$

したがって,$x^2 = 1.8 \times 10^{-5} \times 0.010$,すなわち $x = 4.2 \times 10^{-4}$ mol dm^{-3} となり,上記の二次方程式を使った計算値と一致する。この酢酸水溶液の解離度 α を求めると,$\alpha = 4.2 \times 10^{-4} / 0.010 = 0.042$ となる(例題10.7参照)。一般に,K_a 値の誤差を考慮すると,解離度が 0.05 以下である場合には,このように近似を使って計算してよい。

K_a と pK_a の値から,弱酸の強さを比較する。

例題10・9 次の物質を強い酸から順に並べよ。
シュウ酸 ($pK_\mathrm{a} = 1.23$),ギ酸 ($K_\mathrm{a} = 1.8 \times 10^{-4}$),炭酸 ($pK_\mathrm{a} = 6.37$)

pK_a と K_a の値が与えられているので,どちらか統一して議論する。ギ酸の pK_a を求めると,$-\log(1.8 \times 10^{-4}) = 3.75$。$pK_\mathrm{a}$ が小さいほど強い酸であるので,シュウ酸が最も強い酸であり,次いでギ酸,炭酸の順に弱くなる。

アンモニアやアミン(RNH_2 と表す)は水中で H^+ を受け取り塩基性を示す。これら弱塩基の強さも弱酸と同様に考えることができ,以下のように塩基解離定数 K_b を導ける。

$$RNH_2 + H_2O \rightleftharpoons RNH_3^+ + OH^-$$

$$K_\mathrm{eq} = \frac{[RNH_3^+][OH^-]}{[RNH_2][H_2O]}$$

$$K_\mathrm{eq}[H_2O] = K_\mathrm{b} = \frac{[RNH_3^+][OH^-]}{[RNH_2]} \tag{10.5}$$

$$pK_\mathrm{b} = -\log K_\mathrm{b} \tag{10.6}$$

塩基性の強い塩基ほど H^+ を受け入れやすく,平衡は右に片寄っており K_b は大きい。したがって pK_b は小さい。逆に,塩基性の弱い塩基ほど K_b は小さく,pK_b が大きい。表10・3にいくつかの塩基の K_b と pK_b の値を示した。

弱酸や弱塩基の解離定数を実験的に求める方法は,10−4−3 で述べる。

表 10・3 塩基解離定数（25℃）

塩 基	化学式	K_b	pK_b
メチルアミン	CH_3NH_2	3.6×10^{-4}	3.44
アンモニア	NH_3	1.8×10^{-5}	4.75
ヒドロキシルアミン	NH_2OH	1.1×10^{-8}	7.97
ピリジン	(ピリジン環)N	1.8×10^{-9}	8.75
アニリン	(ベンゼン環)-NH_2	4.3×10^{-10}	9.37
尿 素	H_2NCNH_2 (C=O)	1.3×10^{-14}	13.90

K_b と pK_b の値から，弱塩基の強さを比較する。

例題10・10 アニリン $C_6H_5NH_2$ ($K_b = 4.3 \times 10^{-10}$) とメチルアミン ($pK_b = 3.44$) では，どちらの塩基性が強いのか。

アニリンの pK_b を求めると，$-\log(4.3 \times 10^{-10}) = 9.37$。$pK_b$ が小さいほど強い塩基であるので，メチルアミンの方がアニリンより塩基性が強い。

10-2 酸・塩基・塩の水溶液のpH

水中で H^+ を放出しやすい酸ほど強い酸，一方，H^+ を受け取りやすい塩基ほど強い塩基である。これら水溶液の酸性や塩基性の度合いの尺度としてpHを用いることができる。水は酸としても塩基としても働くので，まず水の解離から考えよう。

10-2-1 水のイオン積と水溶液のpH

(1) 水の解離と水のイオン積

純粋な水は，極めてわずかであるが，次のように解離している。

$$H_2O + H_2O \rightleftharpoons H_3O^+ + OH^-$$

この平衡定数は次のように表される。

$$K_{eq} = \frac{[H_3O^+][OH^-]}{[H_2O]^2}$$

ここで，水はわずかしか解離しないので，[H_2O] はほぼ一定と考えてよい。したがって，$K_{eq}[H_2O]^2$ を K_w とおき，これを水のイオン積という。

$$K_{eq}[H_2O]^2 = K_w = [H_3O^+][OH^-] = [H^+][OH^-] \tag{10.7}$$

(オキソニウムイオン H_3O^+ を通常簡単に H^+ と表す。)

25℃における純水中の H^+ の濃度は，1.0×10^{-7} mol dm^{-3} と実験的に求められている。H^+ と OH^- の濃度は等しいので

$$K_w = (1.0 \times 10^{-7}) \times (1.0 \times 10^{-7}) = 1.0 \times 10^{-14} \tag{10.8}$$

である。

酸や塩基が溶けた水溶液でも，温度が一定であれば K_w は一定に保たれる。すなわち，水に HCl を加えれば，[H^+] は増加し，[OH^-] が減少して，K_w は一定に保たれる。逆に，水に塩基を加えれば [OH^-] が増加し [H^+] が減少する。したがって，水溶液の酸性と塩基性の度合いを水素イオン濃度 [H^+] を尺度として表すことができる。

水のイオン積を理解する。

例題10・11 水素イオン濃度 1.5×10^{-2} mol dm^{-3} の水溶液がある。25℃におけるこの水溶液の水酸化物イオン濃度を求めよ。

水のイオン積の関係から

$$[OH^-] = \frac{K_w}{[H^+]} = \frac{1.0 \times 10^{-14}}{1.5 \times 10^{-2}} = 6.7 \times 10^{-13} \text{ mol dm}^{-3}$$

(2) pH と酸性・中性・塩基性

水素イオン濃度は，広い範囲で変化するので，次式のように水素イオンのモル濃度について，10 を底とする対数をとり，これに負の符号をつけた pH（ピーエイチ）という数値で表すほうが便利である。

$$\text{pH} = -\log[H^+] \tag{10.9}^*$$

---

* [H^+] は mol dm^{-3} の単位を伴っている。このような次元をもつ量の対数をとるのは適切でないので，正確な定義は単位を加えて次のように書く方がよい。

$$\text{pH} = -\log\left(\frac{[H^+]}{\text{mol dm}^{-3}}\right)$$

純水のように，[H$^+$] と [OH$^-$] の値が等しい水溶液を中性という．

$$[H^+] = [OH^-] = 1.0 \times 10^{-7} \,\text{mol dm}^{-3}$$

$$pH = -\log(1.0 \times 10^{-7}) = 7$$

したがって，中性の pH は 7 である．

そこで，25℃での水溶液の pH を次のように区別する．

  酸性溶液 [H$^+$] $> 1.0 \times 10^{-7}$ mol dm^{-3}，pH < 7
  中性溶液 [H$^+$] $= 1.0 \times 10^{-7}$ mol dm^{-3}，pH $= 7$
  塩基性溶液 [H$^+$] $< 1.0 \times 10^{-7}$ mol dm^{-3}，pH > 7

また，水のイオン積の式である (10.7) 式の両辺の対数をとり，負の符号をつければ

$$-\log K_\text{w} = -\log[H^+] - \log[OH^-]$$

ここで，$-\log K_\text{w} = pK_\text{w}$，$-\log[OH^-] = pOH$ と表わすと

$$pK_\text{w} = pH + pOH = 14 \tag{10.10}$$

となり，水酸化物イオン濃度 [OH$^-$] がわかれば，pH の値を求めることもできる．身近な物質の pH を図 10・1 に示した．

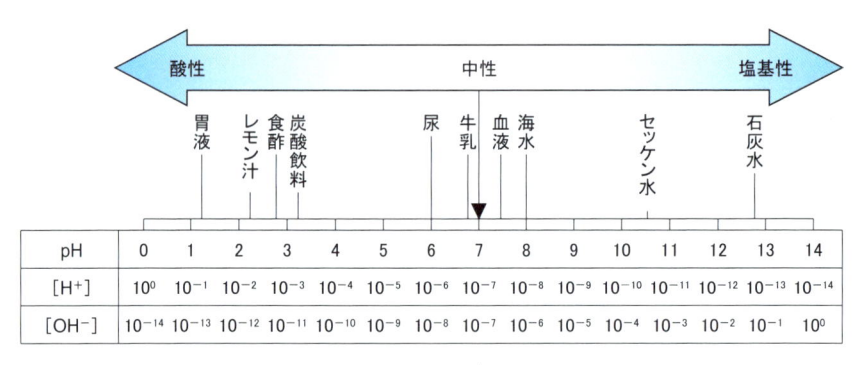

pH	0	1	2	3	4	5	6	7	8	9	10	11	12	13	14
[H$^+$]	10^0	10^{-1}	10^{-2}	10^{-3}	10^{-4}	10^{-5}	10^{-6}	10^{-7}	10^{-8}	10^{-9}	10^{-10}	10^{-11}	10^{-12}	10^{-13}	10^{-14}
[OH$^-$]	10^{-14}	10^{-13}	10^{-12}	10^{-11}	10^{-10}	10^{-9}	10^{-8}	10^{-7}	10^{-6}	10^{-5}	10^{-4}	10^{-3}	10^{-2}	10^{-1}	10^0

図 10・1 pH と [H$^+$]，[OH$^-$]

酸性・塩基性・中性の定義を理解する．

例題10・12 次の溶液は，酸性・塩基性・中性のいずれか．
(a) [H$^+$] $= 1.5 \times 10^{-6}$ mol dm^{-3} (b) [H$^+$] $= 2.4 \times 10^{-9}$ mol dm^{-3}
(c) [OH$^-$] $= 7.0 \times 10^{-3}$ mol dm^{-3} (d) [OH$^-$] $= 4.2 \times 10^{-12}$ mol dm^{-3}

(a) $[H^+] > 1.0 \times 10^{-7}$ mol dm^{-3} であるので,酸性
(b) $[H^+] < 1.0 \times 10^{-7}$ mol dm^{-3} であるので,塩基性
(c) $[H^+] = 1.0 \times 10^{-14} / (7.0 \times 10^{-3}) = 1.4 \times 10^{-12}$ mol dm^{-3}
　　$[H^+] < 1.0 \times 10^{-7}$ mol dm^{-3} であるので,塩基性
(d) $[H^+] = 1.0 \times 10^{-14} / (4.2 \times 10^{-12}) = 2.4 \times 10^{-3}$ mol dm^{-3}
　　$[H^+] > 1.0 \times 10^{-7}$ mol dm^{-3} であるので,酸性

[H$^+$],[OH$^-$] と pH の関係を理解する。

例題10・13 次の水溶液の酸性度について答えよ。
(a) 水素イオン濃度が 3.5×10^{-3} mol dm^{-3} の水溶液の pH を求めよ。
(b) 水酸化物イオン濃度が 7.0×10^{-3} mol dm^{-3} の水溶液の pH を求めよ。
(c) pH = 2.50 の水溶液の水素イオン濃度を求めよ。

(a) $pH = -\log[H^+] = -\log(3.5 \times 10^{-3}) = 2.46$
(b) $pOH = -\log[OH^-] = -\log(7.0 \times 10^{-3}) = 2.15$
　　$pH = 14 - 2.15 = 11.85$
(c) $[H^+] = 10^{-pH} = 10^{-2.50} = 3.2 \times 10^{-3}$ mol dm^{-3}

(3) pH 指示薬

　pH 変化にともない色が鋭敏に変化する色素を用いると,色の変化からおおよその pH 値を知ることができる。このような試薬を pH 指示薬という。たとえば,ブロモチモールブルーは,pH が 6.0～7.6 で黄色から青色に変化する。また,フェノールフタレインは pH 8.2～9.8 で無色から赤色に変化し,メチルオレンジは pH 3.1～4.4 で橙色から黄色に変化する(図 10・2)。

　簡単な pH 判定用試験紙として,色素をろ紙にしみこませたリトマス紙が知られている。青色紙は酸性溶液で赤く,赤色紙は塩基性で青色に変化する。また,数種類の指示薬を混合して紙にしみこませた万能試験紙は,pH 1～14 の範囲で色変化を起こすので,pH の概略値を知るのに便利である。精度のよい pH を測定するには pH メータを用いる。

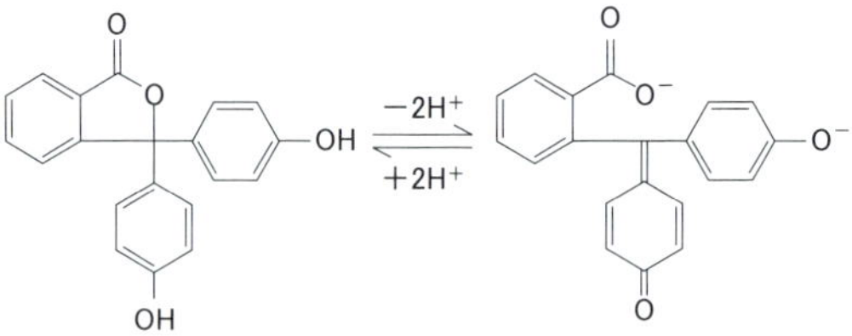

酸性（無色）　　塩基性（赤色）

フェノールフタレイン

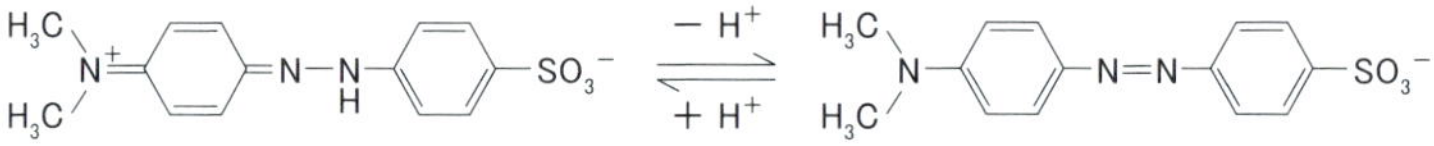

酸性（赤色）　　メチルオレンジ　　塩基性（黄色）

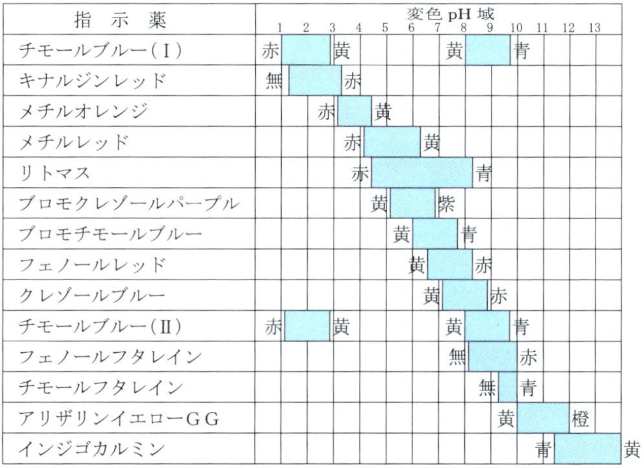

図 10・2　指示薬と変色域

10−2−2　強酸・強塩基水溶液の pH

(1) 強酸水溶液の pH

強酸は，ほぼ完全に解離し，加えた酸と同じ濃度の H^+ を生じる。したがって，濃度が C_A mol dm^{-3} の強酸の pH は

$$pH = -\log[H^+] = -\log C_A \qquad (10.11)$$

である。

(2) 強塩基水溶液の pH

強塩基も水溶液中で完全に解離して,塩基と同じ濃度の OH^- を与えるので,C_B mol dm^{-3} の強塩基の pOH は

$$pOH = -\log[OH^-] = -\log C_B$$

となる。ここで,$pK_w = pH + pOH = 14$ (10.10)式であるので,

$$pH = 14 - pOH = 14 + \log C_B \tag{10.12}$$

強酸・強塩基水溶液の pH を求めることができる。

> **例題10・14** 25℃における,次の水溶液の pH はいくらか。
> (a) 0.030 mol dm^{-3} の硝酸水溶液
> (b) 0.015 mol dm^{-3} の $Ca(OH)_2$ 水溶液
> (c) 0.10 mol dm^{-3} の塩酸水溶液を 10 倍に薄めた水溶液
> (d) pH 5 の塩酸を 10 倍に薄めた水溶液

(a) 硝酸は強酸であるので,ほぼ完全に解離している。したがって,$[H^+]$ 濃度は硝酸の初濃度に等しい。

$$pH = -\log(3.0 \times 10^{-2}) = 1.52$$

(b) $Ca(OH)_2 \longrightarrow Ca^{2+} + 2OH^-$

のように $2OH^-$ を生じるので,$pOH = -\log[OH^-] = -\log(2 \times 1.5 \times 10^{-2}) = 1.52$

$$pH = 14 - 1.52 = 12.48$$

(c) 10 倍に薄めると濃度は,0.010 mol dm^{-3}

$$pH = -\log(1.0 \times 10^{-2}) = 2.00$$

0.10 mol dm^{-3} の塩酸水溶液の pH は 1.00 であるので,10 倍に薄めると pH は 1 大きくなる。

(d) pH 5 の水素イオン濃度 $[H^+] = 10^{-pH} = 10^{-5}$ これを 10 倍に薄めると,水素イオン濃度 $[H^+] = 10^{-6}$ となり,pH = 6 である。

10-2-3 弱酸・弱塩基水溶液の pH

(1) 弱酸水溶液の pH

弱酸水溶液の pH を求めるには,水素イオン濃度を求めることが必要である。弱酸 HA の濃度を C_A mol dm^{-3},平衡に達するまでの濃度変化を x とすると,解離平衡における濃度は次の表のように表せる。

	HA	⇌	H$^+$	+ A$^-$
初濃度	C_A		0	0
平衡までの濃度変化	$-x$		$+x$	$+x$
平衡濃度	$C_A - x$		x	x

よって,酸解離定数 K_a は

$$K_a = \frac{[H^+][A^-]}{[HA]} = \frac{x \times x}{(C_A - x)} \tag{10.13}$$

と表せる。弱酸 HA の初濃度 C_A に比べ,水素イオン濃度 x が無視できるほど小さい場合には,$(C_A - x) \approx C_A$ とすることができ(例題 10・8 参照)

$$K_a = \frac{x^2}{C_A}$$

したがって,水素イオン濃度 x は

$$x = [H^+] = (K_a \times C_A)^{1/2} \tag{10.14}$$

両辺の対数をとると

$$\log[H^+] = \frac{1}{2}\log(K_a \times C_A) = \frac{1}{2}\log K_a + \frac{1}{2}\log C_A$$

$$-\log[H^+] = -\frac{1}{2}\log K_a - \frac{1}{2}\log C_A$$

よって

$$pH = -\log[H^+] = \frac{1}{2}pK_a - \frac{1}{2}\log C_A \tag{10.15}$$

したがって,弱酸水溶液の濃度と pK_a がわかれば,その水溶液の pH を求めることができる。ただし,$(C_A - x) \approx C_A$ とすることができるかどうかの確認を忘れてはならない。

たとえば,0.010 mol dm^{-3} の酢酸($K_a = 1.8 \times 10^{-5}$)水溶液の pH は,近似

を用いると

$$[H^+] = x = (K_a \times C_A)^{1/2} = (1.8 \times 10^{-5} \times 0.010)^{1/2} = 4.2 \times 10^{-4}$$

したがって，解離度 $\alpha = (4.2 \times 10^{-4}) / 0.010 = 4.2 \times 10^{-2}$ である．解離度 α が 0.05 以内であるので，$(C_A - x) \approx C_A$ と近似してよいことになる．よって，pH は

$$pH = -\log[H^+] = -\log(4.2 \times 10^{-4}) = 3.38$$

$(C_A - x) \approx C_A$ の近似の妥当性を考慮して，弱酸水溶液の pH を求める．

例題10・15 $0.10\ \mathrm{mol\ dm^{-3}}$ のフッ化水素酸 HF 水溶液の pH を求めよ．ただし，フッ化水素酸の酸解離定数を $K_a = 6.5 \times 10^{-4}$ とする．

解離平衡における濃度は，表のように表わされる．

	HF	$\rightleftharpoons$	H^+	+	F^-
初濃度	0.10		0		0
平衡までの濃度変化	$-x$		$+x$		$+x$
平衡濃度	$0.10 - x$		x		x

よって，酸解離定数 K_a は

$$K_a = \frac{[H^+][F^-]}{[HF]} = \frac{x \times x}{0.10 - x}$$

$0.10 - x \approx 0.10$ と近似すると，水素イオン濃度 x は

$$x = (K_a \times 0.10)^{1/2} = \{(6.5 \times 10^{-4}) \times 0.10\}^{1/2} = 8.1 \times 10^{-3}$$

$(C_A - x) \approx C_A$ の近似の妥当性を考慮するため解離度 α を求めると $\alpha = (8.1 \times 10^{-3}) / 0.10 = 0.081$ となる．解離度が 0.05 以上であるので，近似を使って計算できない（この x の値 0.0081 は，初濃度 0.10 と比べ無視できない）．したがって，二次方程式を解くことが必要である．

$$x^2 + K_a x - K_a \times 0.10 = x^2 + (6.5 \times 10^{-4})x - 6.5 \times 10^{-4} \times 0.10 = 0$$
$$x = \{-6.5 \times 10^{-4} \pm \sqrt{(6.5 \times 10^{-4})^2 + 4 \times 6.5 \times 10^{-4} \times 0.10}\}/2$$
$$= +7.7 \times 10^{-3} \quad \text{あるいは} \quad -8.4 \times 10^{-3}$$

よって，$x = 7.7 \times 10^{-3}$，$pH = -\log(7.7 \times 10^{-3}) = 2.11$

(2) 弱塩基水溶液の pH

濃度 C_B mol dm^{-3} の弱塩基の pH を求めてみよう。平衡までの濃度変化を x とすると、平衡における濃度は次の表のように表わせる。

	B	+	H$_2$O	$\rightleftharpoons$	BH$^+$	+	OH$^-$
初濃度	C_B				0		0
平衡までの濃度変化	$-x$				$+x$		$+x$
平衡濃度	$C_B - x$				x		x

よって、塩基解離定数 K_b は

$$K_b = \frac{[\text{BH}^+][\text{OH}^-]}{[\text{B}]} = \frac{x \times x}{(C_B - x)} \tag{10.16}$$

と表せる。弱酸の場合と同様に、弱塩基の初濃度 C_B に比べ、水酸化物イオン濃度 x が無視できるほど小さい場合には、$(C_B - x) \approx C_B$ とすることができ、

$$K_b = \frac{x^2}{C_B}$$

よって、$x = [\text{OH}^-] = (K_b C_B)^{1/2}$ \hfill (10.17)

両辺の対数をとると

$$\log[\text{OH}^-] = \frac{1}{2}\log K_b + \frac{1}{2}\log C_B$$

$$-\log[\text{OH}^-] = -\frac{1}{2}\log K_b - \frac{1}{2}\log C_B$$

よって

$$\text{pOH} = \frac{1}{2}\text{p}K_b - \frac{1}{2}\log C_B \tag{10.18}$$

したがって

$$\text{pH} = \text{p}K_W - \text{pOH} = \text{p}K_W - \frac{1}{2}\text{p}K_b + \frac{1}{2}\log C_B \tag{10.19}$$

よって、弱塩基水溶液の濃度と pK_b がわかれば、その水溶液の pH を求めることができる。

($C_B - x$) ≈ C_B の近似の妥当性を考慮して，弱塩基水溶液の pH を求める。

> **例題10・16** 0.015 mol dm^{-3} のアンモニア水溶液の pH を求めよ。ただし，アンモニアの塩基解離定数を $K_b = 1.8 \times 10^{-5}$ とする。
>
> 平衡における濃度は次の表のように表わせる。
>
> | | NH$_3$ + H$_2$O ⇌ | NH$_4^+$ + | OH$^-$ |
> |---|---|---|---|
> | 初期濃度 | 0.015 | 0 | 0 |
> | 平衡までの濃度変化 | $-x$ | $+x$ | $+x$ |
> | 平衡濃度 | $0.015 - x$ | x | x |
>
> よって，塩基解離定数 K_b は
>
> $$K_b = \frac{[\text{NH}_4^+][\text{OH}^-]}{[\text{NH}_3]} = \frac{x \times x}{(0.015 - x)}$$
>
> $(0.015 - x) \approx 0.015$ と近似すると，水酸化物イオン濃度 x は
>
> $$x = (K_b \times 0.015)^{1/2} = (1.8 \times 10^{-5} \times 0.015)^{1/2} = 5.2 \times 10^{-4}$$
>
> ($C_A - x$) ≈ C_A の近似の妥当性を考慮するため解離度 α を求めると
>
> $\alpha = (5.2 \times 10^{-4}) / 0.015 = 0.035$ となる。解離度が 0.05 以下であるので，近似を使って計算してよい。
>
> $$\text{pOH} = -\log[\text{OH}^-] = -\log(5.2 \times 10^{-4}) = 3.28$$
> $$\text{pH} = pK_W - \text{pOH} = 14 - 3.28 = 10.72$$

(3) 共役酸－塩基の解離定数の関係

酸と塩基の強さは K_a, K_b あるいは pK_a, pK_b で表されることを学んだ。共役酸－塩基対の酸解離定数 K_a と塩基解離定数 K_b の間には，それらの積が水のイオン積に等しいという関係がある。

たとえば，塩基 NH$_3$ とその共役酸 NH$_4^+$ について考えよう。NH$_3$ の塩基解離平衡式は

$$\text{NH}_3 + \text{H}_2\text{O} \rightleftharpoons \text{NH}_4^+ + \text{OH}^-$$

であるので，この塩基解離定数 K_b は

$$K_b = \frac{[\text{NH}_4^+][\text{OH}^-]}{[\text{NH}_3]}$$

一方，その共役酸では，NH$_4^+$ + H$_2$O ⇌ NH$_3$ + H$_3$O$^+$

$$K_a = \frac{[NH_3][H_3O^+]}{[NH_4^+]}$$

よって

$$K_a \times K_b = \frac{[NH_3][H_3O^+]}{[NH_4^+]} \times \frac{[NH_4^+][OH^-]}{[NH_3]} = [H_3O^+][OH^-] = K_w$$

このように,共役酸−塩基対については,次式が成立する.

$$K_a \times K_b = K_w \tag{10.20}$$

さらに,両辺の対数をとると

$$\log K_a + \log K_b = \log K_w$$
$$-\log K_a - \log K_b = -\log K_w$$

すなわち,

$$pK_a + pK_b = pK_w \tag{10.21}$$

したがって,酸あるいは塩基の解離定数がわかれば,それらの共役塩基あるいは共役酸の解離定数を求めることができる.

共役酸−塩基対の酸解離定数 K_a,塩基解離定数 K_b と水のイオン積の関係を理解する.

例題10・17 次の共役酸−塩基対について答えよ.
(a) ヨウ素酸 HIO_3 の K_a は,1.7×10^{-1} である.ヨウ素酸の共役塩基の pK_b を求めよ.
(b) アンモニアの pK_b は,4.75 である.アンモニアの共役酸の K_a を求めよ.

(a) 共役塩基である IO_3^- の塩基解離定数は $K_b = K_w / K_a = 1.0 \times 10^{-14} / (1.7 \times 10^{-1}) = 5.9 \times 10^{-14}$

$$pK_b = -\log K_b = -\log(5.9 \times 10^{-14}) = 13.23$$

(b) 共役酸であるアンモニウムイオン (NH_4^+) の pK_a は

$$pK_a = pK_w - pK_b = 14 - 4.75 = 9.25$$

よって,$K_a = 10^{-pK_a} = 10^{-9.25} = 5.6 \times 10^{-10}$

また，式 (10.20) の関係は，強酸ほど，その共役塩基は弱くなり，逆に強塩基ほど，その共役酸が弱くなることを示している。すなわち，HCl は H^+ を水に与えやすく強酸である。一方，その共役塩基である Cl^- は水から H^+ をうばって HCl になりにくいので極めて弱い塩基といえる。また，酢酸は水に H^+ を与えにくく弱酸であるが，共役塩基 CH_3COO^- は水から H^+ をうばいやすいので強塩基である。つまり CH_3COO^- は Cl^- より強い塩基であるといえる。

共役酸-塩基の強さの関係を理解する。

例題10・18 フッ化水素酸 HF，フェノール C_6H_5OH の K_a は，それぞれ 6.5×10^{-4}, 1.3×10^{-10} である。それぞれの共役塩基のうち，塩基性の強いのはどれか。

酸として強いのは，K_a が大きなフッ化水素酸である。よって，それぞれの共役塩基であるフッ化物イオン F^-，フェノキシドイオン $C_6H_5O^-$ のうち塩基性の強いのは，フェノキシドイオンである。

10−2−4 塩の水溶液の pH

酸と塩基との中和反応でイオン化合物である塩が生成する（10−4−1 参照）。塩の水溶液の pH は，塩を構成している陽イオンと陰イオンの種類により，中性，塩基性あるいは酸性を示す。

強酸 HCl と強塩基 NaOH から生成した塩 NaCl は，水溶液中で Na^+ と Cl^- に完全に解離している。強酸である HCl の共役塩基である Cl^- は，きわめて弱い塩基であり，水から H^+ を奪いにくいので，OH^- を生じない。一方，Na^+ も OH^- と反応しにくいので，H^+ を生成しない。したがって，水溶液中の H^+ 濃度は変化せず，純水と同じであるため，NaCl 水溶液の pH は 7 である。同様に硫酸ナトリウム Na_2SO_4，硝酸カルシウム $Ca(NO_3)_2$ など，強酸と強塩基から生成した塩の水溶液はいずれも中性である。

一方，弱酸 CH_3COOH と強塩基 NaOH から生じた塩である酢酸ナトリウム CH_3COONa 水溶液は塩基性を示す。これは弱酸の共役塩基 CH_3COO^- が強い塩基であるためである。一方，弱塩基 NH_3 と強酸 HCl から塩じた塩である塩化

アンモニウム NH_4Cl 水溶液は，弱塩基の共役酸 NH_4^+ が強い酸であるため酸性を示す．

塩の水溶液の pH を予測する．

例題10・19 次の塩の水溶液を中性，塩基性，酸性のいずれかに分類せよ．
(a) KF (b) $NaNO_3$ (c) NH_4NO_3

(a) 強塩基 KOH と弱酸 HF との塩である．弱酸 HF の共役塩基 F^- は塩基としてはたらくので，水溶液は塩基性を示す．
(b) 強塩基 NaOH と強酸 HNO_3 との塩であるので，中性を示す．
(c) 弱塩基 NH_3 と強酸 HNO_3 との塩である．強酸 HNO_3 の共役塩基 NO_3^- はきわめて弱い塩基であるが，弱塩基 NH_3 の共役酸 NH_4^+ は酸としてはたらくので，水溶液は酸性を示す．

(1) 弱酸と強塩基から生成した塩の水溶液の pH

弱酸と強塩基から生成した塩は，水に溶けて弱い塩基性を示す．酢酸ナトリウムの場合を考えてみよう．酢酸ナトリウムは強電解質であり，完全に解離して CH_3COO^- と Na^+ を生じる．

$$CH_3COONa \longrightarrow CH_3COO^- + Na^+$$

生じた CH_3COO^- は，弱酸の共役塩基であり塩基としてはたらき，水から H^+ を引き抜き CH_3COOH と OH^- を生じる．このように塩を構成するイオンの一部が水と反応して，元の弱酸（あるいは弱塩基）と OH^-（あるいは H^+）を生成する反応を塩の加水分解という．

$$CH_3COO^- + H_2O \rightleftharpoons CH_3COOH + OH^-$$

この反応で生じた CH_3COOH の解離度は小さいので，H^+ を放出しにくい．一方，加水分解によって水酸化物イオン濃度が増加するため，酢酸ナトリウム水溶液は塩基性を示す．したがって，弱酸と強塩基からなる塩の水溶液の pH を求めるには，弱塩基水溶液の pH を求める式（10.19）を利用すればよい．なお，(10・19) 式での pK_b は，酢酸の共役塩基の pK_b であるので，式 (10.21) により酢酸の pK_a から pK_b を求める．

このことを塩の加水分解の平衡定数 K_h から、さらに考えよう。酢酸ナトリウムの濃度を C_s mol dm^{-3} とすると、平衡での濃度は次のように与えられる。

	CH$_3$COO$^-$ + H$_2$O ⇌ CH$_3$COOH + OH$^-$
平衡濃度	$C_s - x$　　　　　　　　　　x　　　　x

加水分解の平衡定数 K_h は

$$K_h = \frac{[CH_3COOH][OH^-]}{[CH_3COO^-]} = K_b = \frac{x \times x}{(C_s - x)} \tag{10.22}$$

したがって、弱酸 CH$_3$COOH の共役塩基 CH$_3$COO$^-$ の塩基解離定数に等しいことがわかる。ここで、$(C_s - x) \approx C_s$ とすれば

$$K_b = \frac{x^2}{C_s}$$

よって

$$x = [OH^-] = (K_b \times C_s)^{1/2}$$

両辺の対数をとり、負号をつけると

$$-\log[OH^-] = -\frac{1}{2}\log K_b - \frac{1}{2}\log C_s$$

すなわち

$$pOH = \frac{1}{2}pK_b - \frac{1}{2}\log C_s$$

(10.10) 式と (10.21) 式も合わせて考えれば

$$pH = pK_W - pOH = pK_W - \frac{1}{2}pK_b + \frac{1}{2}\log C_s \tag{10.23}$$

$$= \frac{1}{2}pK_W + \frac{1}{2}pK_a + \frac{1}{2}\log C_s \tag{10.24}$$

が導ける。(10.23) 式は、弱塩基の pH を求める式 (10.19) と同じ式である。また、(10.24) 式から弱酸の pK_a がわかれば、弱酸と強塩基から生成した塩の水溶液の pH を求めることができる。さらに、弱酸の pK_a が大きければ、すなわち共役塩基の塩基性が大きいほど、弱酸と強塩基から生成した塩の水溶液の pH が大きいことがわかる。

弱酸と強塩基から生成した塩の水溶液の pH を求める。

例題10・20 $0.010 \text{ mol dm}^{-3}$ の酢酸ナトリウム水溶液の pH を求めよ。ただし，酢酸の酸解離定数を $K_a = 1.8 \times 10^{-5}$ とする。

平衡時の濃度は次のように与えられる。

	CH_3COO^-	$+$	H_2O	$\rightleftharpoons$	CH_3COOH	$+$	OH^-
平衡濃度	$0.010 - x$				x		x

加水分解の平衡定数 K_h は

$$K_h = \frac{[CH_3COOH][OH^-]}{[CH_3COO^-]} = K_b = \frac{x^2}{0.010 - x} = \frac{x^2}{0.010}$$

ここで，$K_a \times K_b = K_w$ より酢酸の共役塩基の K_b を求める。$K_b = K_w/K_a = 1.0 \times 10^{-14}/(1.8 \times 10^{-5}) = 5.6 \times 10^{-10}$

よって，$x^2 = K_b \times 0.010 = 5.6 \times 10^{-10} \times 0.010 = 5.6 \times 10^{-12}$

$x = [OH^-] = (5.6 \times 10^{-12})^{1/2} = 2.4 \times 10^{-6}$

$[H^+] = K_w/[OH^-] = 1.0 \times 10^{-14}/(2.4 \times 10^{-6}) = 4.2 \times 10^{-9}$

よって，$pH = -\log(4.2 \times 10^{-9}) = 8.38$

あるいは，(10.24) 式を利用する。酢酸の $pK_a = -\log(1.8 \times 10^{-5}) = 4.75$ であるので

$$pH = \frac{1}{2}pK_w + \frac{1}{2}pK_a + \frac{1}{2}\log C_S = \frac{1}{2}(14 + 4.75 + \log 0.010) = 8.38$$

このように，弱酸と強塩基から生成した酢酸ナトリウム水溶液は塩基性を示す。

(2) 弱塩基と強酸から生成した塩の水溶液の pH

弱塩基と強酸から生成した塩は，水に溶けて弱い酸性を示す。塩化アンモニウムの場合を考えてみよう。

$$NH_4^+Cl^- \longrightarrow NH_4^+ + Cl^-$$

強酸である HCl の共役塩基である Cl^- は極めて弱い塩基であり，加水分解を起こさない。一方，弱塩基 NH_3 の共役酸 NH_4^+ は加水分解する。すなわち，NH_4^+ は酸としてはたらき，H^+ を水に与え H_3O^+ を生じるので，水溶液は酸性

を示す.

$$NH_4^+ + H_2O \rightleftharpoons NH_3 + H_3O^+$$

したがって，弱塩基と強酸から生成した塩の水溶液のpHを求めるには，弱酸のpHを求める式 (10.15) を利用すればよい．この場合のpK_aは，酸であるNH_4^+の酸解離定数である.

これを弱酸と強塩基から生成した塩の場合と同様に，塩の加水分解の平衡定数K_hから考えてみよう．塩化アンモニウムの濃度をC_sとすると，平衡時の濃度は次のようになる．

	NH_4^+	+	H_2O	$\rightleftharpoons$	NH_3	+	H_3O^+
平衡濃度	$C_s - x$				x		x

加水分解の平衡定数K_hは

$$K_h = \frac{[NH_3][H_3O^+]}{[NH_4^+]} = K_a = \frac{x \times x}{(C_s - x)} \quad (10.25)$$

と表され，共役酸の酸解離定数に等しい．すなわち，NH_4Cl水溶液は，NH_3の共役酸の水溶液とみなすことができる．

ここで，$(C_s - x) \approx C_s$とすれば，$K_a = x^2/C_s$
よって，$x^2 = K_a \times C_s$

$$x = [H^+] = (K_a \times C_s)^{1/2}$$

したがって，両辺の対数をとり，負号をつけると

$$pH = -\log[H^+] = \frac{1}{2}pK_a - \frac{1}{2}\log C_s$$

(10.21) 式から

$$pH = \frac{1}{2}(pK_w - pK_b) - \frac{1}{2}\log C_s = \frac{1}{2}pK_w - \frac{1}{2}pK_b - \frac{1}{2}\log C_s \quad (10.26)$$

弱塩基と強酸から生成した塩の水溶液pHを求める．

例題10・21 0.25 mol dm^{-3}のNH_4Cl水溶液のpHを求めよ．ただし，アンモニアの塩基解離定数を$K_b = 1.8 \times 10^{-5}$とする．

平衡時の濃度は次のようになる。

	NH_4^+ + H_2O $\rightleftharpoons$ NH_3 + H_3O^+
平衡濃度	0.25 − x x x

加水分解の平衡定数 K_h は

$$K_h = \frac{[NH_3][H_3O^+]}{[NH_4^+]} = K_a = \frac{x^2}{(0.25-x)} = \frac{x^2}{0.25}$$

ここで，共役塩基であるアンモニアの K_b と NH_4^+ の K_a とは，$K_a \times K_b = K_W$ の関係があることから

$$K_a = \frac{K_w}{K_b} = \frac{1.0 \times 10^{-14}}{1.8 \times 10^{-5}} = 5.6 \times 10^{-10}$$

よって，$x^2 = K_a \times 0.25 = 5.6 \times 10^{-10} \times 0.25 = 1.4 \times 10^{-10}$

$x = [H^+] = (1.4 \times 10^{-10})^{1/2} = 1.2 \times 10^{-5}$

$pH = -\log[H^+] = -\log(1.2 \times 10^{-5}) = 4.92$

となり，この水溶液は酸性である。

あるいは，(10.26) 式を用いる。アンモニアの $pK_b = -\log K_b = -\log(1.8 \times 10^{-5}) = 4.75$ であるので

$$pH = \frac{1}{2}pK_W - \frac{1}{2}pK_b - \frac{1}{2}\log C_s$$

$$= \frac{1}{2}(14 - 4.75 - \log 0.25) = 4.93$$

10−3 緩 衝 液

10−3−1 緩衝作用

　弱酸とその共役塩基の塩を等量含む水溶液や，弱塩基とその共役酸の塩を等量含む水溶液は，少量の酸や塩基を加えても pH があまり変化しない。このような水溶液を緩衝液とよび，その作用を緩衝作用という。ヒトの体液の pH は，浸透圧の保持や酵素の働きを保つよう，緩衝作用により厳密にコントロールされている。

　酢酸と酢酸ナトリウムを含む水溶液を例に，なぜこのような緩衝作用が起こるのかを考えてみよう。

酢酸は弱酸であり，以下の解離平衡にある。

$$CH_3COOH \rightleftharpoons CH_3COO^- + H^+ \tag{10.27}$$

一方，酢酸ナトリウムは水中で完全に解離している。

$$CH_3COONa \longrightarrow CH_3COO^- + Na^+ \tag{10.28}$$

多量に存在している CH_3COO^- のため，(10.27) 式の平衡は著しく左側に片寄っている。この緩衝液に少量の酸を加えると，H^+ は CH_3COO^- と反応して CH_3COOH となる。

$$CH_3COO^- + H^+ \longrightarrow CH_3COOH \tag{10.29}$$

したがって，溶液中の水素イオン濃度は増加せず pH は減少しない。一方，同じ緩衝液に少量の塩基を加えると，OH^- は大量に存在する CH_3COOH と反応して CH_3COO^- と H_2O になる。

$$CH_3COOH + OH^- \longrightarrow H_2O + CH_3COO^- \tag{10.30}$$

したがって，溶液中の水酸化物イオン濃度は増加せず pH は大きくならない。

このように，緩衝液は少量の酸や塩基を添加しても，pH の変化を抑える作用を示す。

緩衝液について理解する。

例題10・22 次の化合物の組み合わせの水溶液のうち，緩衝作用を示すのはどれか。

(a) HF と NaF (b) NaOH と NaCl (c) NaH_2PO_4 と Na_2HPO_4

(a) 弱酸 HF とその共役塩基の塩 NaF の組合せであるので，緩衝作用を示す。

(b) NaOH は強塩基であり，NaCl は強酸と強塩基の塩である。したがって，緩衝作用を示さない。

(c) この水溶液中には $H_2PO_4^-$ と HPO_4^{2-} が存在する。次の式からわかるように，HPO_4^{2-} は酸 $H_2PO_4^-$ の共役塩基の塩である。

$$H_2PO_4^- \rightleftharpoons H^+ + HPO_4^{2-}$$

したがって，緩衝作用を示す。

10-3-2　緩衝液のpHとヘンダーソン-ハッセルバルヒの式

酢酸と酢酸ナトリウムを含む水溶液を例に，緩衝液のpHを求めてみよう。混合水溶液には，酢酸および酢酸イオンが存在しているので，次の平衡が成立する。

$$CH_3COOH \rightleftharpoons CH_3COO^- + H^+ \tag{10.31}$$

この酸解離定数K_aは次のように表せる。

$$K_a = \frac{[CH_3COO^-][H^+]}{[CH_3COOH]}$$

これを変形すると

$$[H^+] = K_a \frac{[CH_3COOH]}{[CH_3COO^-]}$$

両辺の対数をとり，負号をつけると

$$-\log[H^+] = -\log K_a - \log \frac{[CH_3COOH]}{[CH_3COO^-]}$$

したがって

$$pH = pK_a - \log \frac{[CH_3COOH]}{[CH_3COO^-]} \tag{10.32}$$

あるいは

$$pH = pK_a + \log \frac{[CH_3COO^-]}{[CH_3COOH]} \tag{10.33}$$

これをヘンダーソン-ハッセルバルヒの式という。一般式では次のように表せる。

$$pH = pK_a + \log \frac{[共役塩基]}{[酸]} \tag{10.34}$$

酢酸と酢酸ナトリウム混合水溶液中では，多量に存在する酢酸イオンのため，(10.31)式の平衡は著しく左に片寄っている。したがって，(10.33)式の酢酸の濃度は，最初に加えた酢酸の濃度に等しいと考えてよい。一方，酢酸の解離が抑えられているので，酢酸イオンの濃度は，最初に加えた酢酸ナトリウムの濃度に等しいとみなしてよい。

　式(10.34)からわかるように，緩衝液のpHは，酸とその共役塩基の濃度比

で決定される。したがって，緩衝液に水を加えて希釈しても酸と共役塩基の濃度比は変化しないので，pH は変わらない。

特定の pH 値をもつ緩衝液を調整するためには，その pH に近い pK_a をもつ弱酸を選び，その共役塩基との濃度比を調整すればよい。たとえば，pH 7 付近の緩衝液を調整するには，pK_a が 7.20 であるリン酸二水素イオン $H_2PO_4^-$ とその共役塩基であるリン酸一水素イオン HPO_4^{2-} を用いればよい。実際には，酸と共役塩基との濃度比が 1 のとき，緩衝作用が大きいことがわかっている。一般的な緩衝液を表 10.4 に示した。

表 10・4 　一般的な緩衝液

成　　　分	有効 pH 範囲
グリシンとグリシン塩酸塩	1.0 〜 3.7
フタル酸とフタル酸水素カリウム	2.2 〜 3.8
酢酸と酢酸ナトリウム	3.7 〜 5.6
クエン酸二ナトリウムとクエン酸三ナトリウム	5.0 〜 6.3
リン酸二水素カリウムとリン酸水素二カリウム	5.8 〜 8.0
ホウ酸と水酸化ナトリウム	6.8 〜 9.2
ホウ酸ナトリウムと水酸化ナトリウム	9.2 〜 11.0
リン酸水素二ナトリウムとリン酸三ナトリウム	11.0 〜 12.0

ヘンダーソン-ハッセルバルヒの式を用いて緩衝液の pH を求める（Ⅰ）。

例題10・23　$0.200 \text{ mol dm}^{-3}$ の酢酸と $0.250 \text{ mol dm}^{-3}$ の酢酸ナトリウムからなる緩衝液の pH を求めよ。

ヘンダーソン–ハッセルバルヒの式（10.33）を用いて

$$\text{pH} = 4.75 + \log \frac{0.250}{0.200} = 4.75 + 0.10 = 4.85$$

ヘンダーソン-ハッセルバルヒの式を用いて緩衝液の pH を求める（Ⅱ）.

例題10・24 0.200 mol dm^{-3} のアンモニアと 0.250 mol dm^{-3} の塩化アンモニウムからなる緩衝液の pH を求めよ.

（10.34）式では，pK_a の値が必要である．そこで酸である NH_4^+ の pK_a を表 10・3 のアンモニアの pK_b から求める．

$$pK_a = pK_w - pK_b = 14 - 4.75 = 9.25$$

$$pH = pK_a + \log \frac{[NH_3]}{[NH_4^+]} = 9.25 + \log \frac{0.200}{0.250} = 9.25 - 0.10 = 9.15$$

10−4 中和反応

10−4−1 中和滴定

塩酸と水酸化ナトリウム水溶液を混合すると，塩化ナトリウムと水が生成する．

$$HCl + NaOH \longrightarrow NaCl + H_2O$$

HCl，NaOH，NaCl はいずれも完全に解離しているので，この式は次のように書くこともできる．

$$H^+ + Cl^- + Na^+ + OH^- \longrightarrow Na^+ + Cl^- + H_2O$$

ここで，両辺での共通項を省略すると

$$H^+ + OH^- \longrightarrow H_2O$$

このように，酸と塩基を混合すると，酸から生じる H^+ と塩基から生じる OH^- が反応して H_2O となり，酸と塩基の両方の性質が失われる反応を中和反応，または中和という．

濃度 C_A mol dm^{-3}，体積 V_A cm^3 の価数 n_A の酸と，濃度 C_B mol dm^{-3}，体積 V_B cm^3 の価数 n_B の塩基とが反応して中和したとすると，次の関係が成立する．

$$n_A \times C_A \times \frac{V_A}{1000} = n_B \times C_B \times \frac{V_B}{1000} \tag{10.35}$$

したがって，一定体積の濃度不明の塩基あるいは酸の溶液に濃度のわかっている酸あるいは塩基を加え，完全に中和するのに要した体積を量ると（10.35）式より酸あるいは塩基の濃度を求めることができる．この操作を中和滴定という．

ここでは，強酸と強塩基の滴定，弱酸と強塩基の滴定，強酸と弱塩基の滴定について，定量的に考えてみよう。

中和滴定での濃度の求め方を理解する。

例題10・25 濃度不明の硫酸水溶液 20.0 cm^3 を中和するのに，0.100 mol dm^{-3} の水酸化ナトリウム水溶液を 15.0 cm^3 要した。硫酸水溶液の濃度を求めよ。

中和したときには (10.35) 式の関係が成り立つ。硫酸水溶液の濃度を C_A mol dm^{-3} とすると，硫酸は2価の酸であるので

$$2 \times C_A \times \frac{20.0}{1000} = 1 \times 0.100 \times \frac{15.0}{1000}$$

よって，硫酸水溶液の濃度 C_A は，3.75×10^{-2} mol dm^{-3}

10−4−2 強酸と強塩基の滴定

0.100 mol dm^{-3} の塩酸水溶液 10.0 cm^3 に 0.100 mol dm^{-3} の水酸化ナトリウム水溶液を少しずつ滴下していき，溶液の pH を pH メータで測定すると，滴定量と溶液の pH の関係を示す滴定曲線が得られる（図 10・3）。水酸化ナトリウ

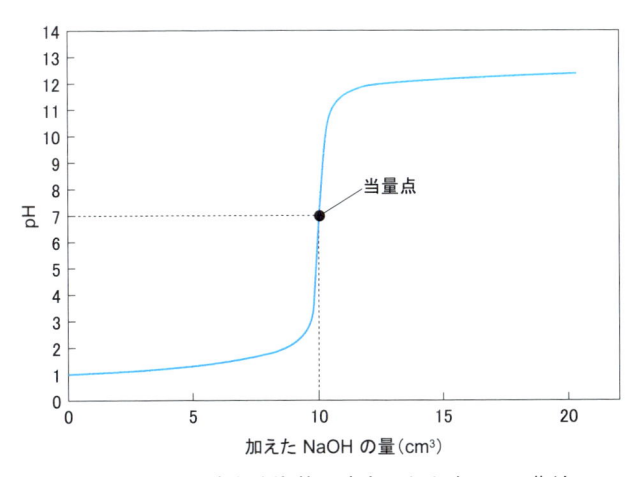

図 10・3　強酸を強塩基で滴定したときの pH 曲線

ム水溶液 10.0 cm³ を滴下したところで HCl は完全に中和されるので,ここを当量点あるいは中和点という。Na^+ と Cl^- は加水分解しないので,当量点での pH は 7 である。当量点付近以外では pH は徐々に変化するが,当量点付近で pH が 3 から 10 へと著しく変化する。したがって,この付近で色が敏感に変化する指示薬をあらかじめ溶液に加えておけば,色の変化から当量点を知ることができる。この場合,pH = 7 で色が変わるブロモチモールブルー(pH 6.0 以下で黄色,pH 7.6 以上で青色)がよい。しかし,当量点での pH 変化が大きいので,フェノールフタレイン(pH 8.2 以下で無色,pH 9.8 以上で赤色)やメチルオレンジ(pH 3.1 以下で橙色,pH 4.4 以上で黄色)も利用できる。

中和滴定における途中段階での pH の求め方を理解する(Ⅰ)。

例題10・26 0.100 mol dm⁻³ の塩酸水溶液 10.0 cm³ に 0.100 mol dm⁻³ の水酸化ナトリウム水溶液を 9.0 cm³ 加えた溶液の pH を求めよ。

最初の塩酸水溶液中 10.0 cm³ に存在する HCl の物質量は

$$0.100 \times \frac{10.0}{1000} = 1.00 \times 10^{-3} \text{ mol}$$

加えた NaOH の物質量は

$$0.100 \times \frac{9.0}{1000} = 0.90 \times 10^{-3} \text{ mol}$$

残っている HCl の物質量は,$1.00 \times 10^{-3} - 0.90 \times 10^{-3} = 0.10 \times 10^{-3}$ mol
溶液の全体積は 19.0 cm³ となっているので,この溶液の水素イオン濃度は

$$[H^+] = 0.10 \times 10^{-3} \times \frac{1000}{19} = 5.3 \times 10^{-3} \text{ mol dm}^{-3}$$

よって,pH $= -\log(5.3 \times 10^{-3}) = 2.28$

当量点は水酸化ナトリウム水溶液を 10.0 cm³ 加えたところである。水酸化ナトリウム水溶液をさらに 1.0 cm³ 加えると pH は 2.28 から 7 に急激に増加する。

中和滴定における途中段階での pH の求め方を理解する（Ⅱ）。

例題10・27 $0.100 \text{ mol dm}^{-3}$ の塩酸水溶液 10.0 cm^3 に $0.100 \text{ mol dm}^{-3}$ の水酸化ナトリウム水溶液を 12.0 cm^3 加えた溶液の pH を求めよ。

加えた NaOH の物質量は

$$0.100 \times \frac{12.0}{1000} = 1.20 \times 10^{-3} \text{ mol}$$

HCl の最初の物質量は

$$0.100 \times \frac{10.0}{1000} = 1.00 \times 10^{-3} \text{ mol}$$

したがって，過剰な OH^- の物質量は

$$1.20 \times 10^{-3} - 1.00 \times 10^{-3} = 0.20 \times 10^{-3} \text{ mol}$$

溶液の全体積は 22.0 cm^3 となっているので，この溶液の水酸化物イオン濃度は

$$[OH^-] = 0.20 \times 10^{-3} \times \frac{1000}{22.0} = 9.1 \times 10^{-3} \text{ mol dm}^{-3}$$

$$[H^+] = \frac{K_w}{[OH^-]} = \frac{1.0 \times 10^{-14}}{9.1 \times 10^{-3}} = 1.1 \times 10^{-12}$$

よって，$\text{pH} = -\log(1.1 \times 10^{-12}) = 11.96$

当量点より，2.0 cm^3 過剰に水酸化ナトリウム水溶液を加えると pH は 7 から 11.96 に増加する。

10－4－3 弱酸と強塩基の滴定

弱酸である酢酸を強塩基である水酸化ナトリウムで滴定した場合をみてみよう。

$$CH_3COOH + NaOH \longrightarrow CH_3COONa + H_2O$$

$0.100 \text{ mol dm}^{-3}$ の酢酸水溶液 10.0 cm^3 を強塩基である $0.100 \text{ mol dm}^{-3}$ の水酸化ナトリウム水溶液で滴定したときの滴定曲線を図 10・4 に示した。強酸－強塩基の滴定の場合と滴定曲線の様子が異なることに注意しよう。強酸を滴定した場合より，はじめの pH の増加は大きいが，その後 pH は緩やかに増加する。これは緩衝作用のためである。当量点付近の pH の変化も強酸を強塩基で滴定

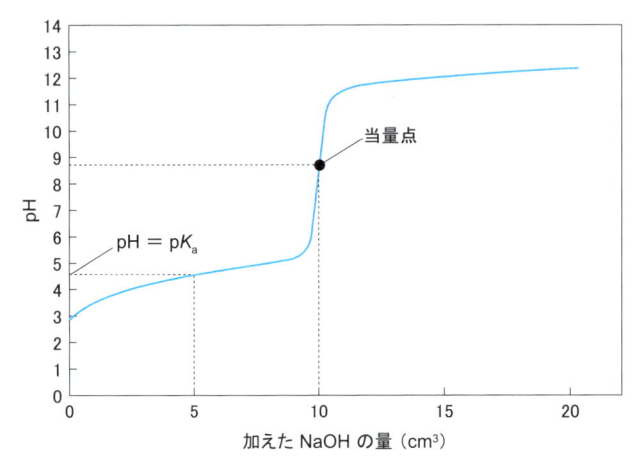

図10・4 弱酸を強塩基で滴定したときのpH曲線

した場合にくらべて小さく，6 から 10 へと変化している．当量点の pH は，酢酸イオンの加水分解により，7 ではなく，やや塩基性側に偏っている．したがって，指示薬としてメチルオレンジは利用できず，フェノールフタレイン（変色域 pH 8.2～9.8）を使用すればよい．

また，当量点の中間点すなわち，酸を半分だけ中和した点では，[共役塩基] = [酸] であり，ヘンダーソン-ハッセルバルヒの式 (10.34) より，pH = pK_a となる．したがって，滴定曲線より当量点の中間点の pH がわかれば，弱酸の pK_a すなわち K_a 値を求めることができる．

当量点を越えると，過剰な水酸化物イオンの濃度で pH が決まるため，滴定曲線は，強酸と強塩基の場合と同じになる．

当量点の中間点における pH と弱酸の pKa の関係を理解する．

例題10・28 $0.100\ \mathrm{mol\ dm^{-3}}$ の酢酸水溶液 $10.0\ \mathrm{cm^3}$ を $0.100\ \mathrm{mol\ dm^{-3}}$ の水酸化ナトリウム水溶液で滴定した．当量点の中間点となるには，水酸化ナトリウム水溶液を何 $\mathrm{cm^3}$ 加えればよいか．また，このときの pH はいくつか．ただし，酢酸の pK_a を 4.75 とする．

当量点は，$10.0\ \mathrm{cm^3}$ を滴下したときであるので，当量点の中間点は $5.0\ \mathrm{cm^3}$ 加えたときである．このとき

$$[\text{CH}_3\text{COO}^-] = 0.100 \times \frac{5.0}{1000} \times \frac{1000}{(10.0 + 5.0)} = 0.033 \text{ mol dm}^{-3}$$

$$[\text{CH}_3\text{COOH}] = 0.100 \times \frac{(10.0 - 5.0)}{1000} \times \frac{1000}{(10.0 + 5.0)} = 0.033 \text{ mol dm}^{-3}$$

したがって，$[\text{CH}_3\text{COO}^-] = [\text{CH}_3\text{COOH}]$

よって，ヘンダーソン−ハッセルバルヒの式（10.33）より

$$\text{pH} = \text{p}K_\text{a} + \log \frac{[\text{CH}_3\text{COO}^-]}{[\text{CH}_3\text{COOH}]} = 4.75 + \log 1 = 4.75$$

すなわち，当量点の中間点における pH は，弱酸の pK_a に等しい（例題10・23 も参照）。

中和滴定における当量点での pH の求め方を理解する。

例題10・29 $0.100 \text{ mol dm}^{-3}$ の酢酸水溶液 10.0 cm^3 を $0.100 \text{ mol dm}^{-3}$ の水酸化ナトリウム水溶液で滴定したときの当量点の pH を求めよ。ただし，酢酸の pK_a を 4.75 とする。

当量点では，酢酸はすべて酢酸ナトリウムに変化している。生成した CH_3COONa の加水分解により，溶液は中性ではなく塩基性となる。したがって，例題 10・20 と同様の方法で pH を求めることができる。ただし，当量点では，溶液の全量は 20.0 cm^3 であり，CH_3COO^- の濃度は $0.050 \text{ mol dm}^{-3}$ となる。したがって（10・24）式より

$$\text{pH} = \frac{1}{2} \text{p}K_\text{w} + \frac{1}{2} \text{p}K_\text{a} + \frac{1}{2} \log C_\text{S}$$

$$= 7 + \frac{1}{2} \times 4.75 + \frac{1}{2} \log 0.050 = 8.72$$

中和滴定における途中段階での pH の求め方を理解する（I）。

例題10・30 $0.100 \text{ mol dm}^{-3}$ の酢酸水溶液 10.0 cm^3 に $0.100 \text{ mol dm}^{-3}$ の水酸化ナトリウム水溶液 9.0 cm^3 加えたときの pH を求めよ。ただし，酢酸の pK_a を 4.75 とする。

酢酸の最初の物質量は $\quad 0.100 \times \dfrac{10.0}{1000} = 1.00 \times 10^{-3}$ mol

加えた NaOH の物質量は $\quad 0.100 \times \dfrac{9.0}{1000} = 0.90 \times 10^{-3}$ mol

残っている酢酸の物質量は $\quad 1.00 \times 10^{-3} - 0.90 \times 10^{-3} = 0.10 \times 10^{-3}$ mol
生成した酢酸ナトリウムの物質量は 0.90×10^{-3} mol
酢酸と酢酸ナトリウムが存在しているので，緩衝液となっている。そこで，ヘンダーソン・ハッセルバルヒの式を使えばよい。溶液の全量は，19.0 cm³ になっているので

酢酸の濃度は $0.10 \times 10^{-3} \times \dfrac{1000}{19.0}$ mol dm^{-3}

酢酸ナトリウムの濃度は $0.90 \times 10^{-3} \times \dfrac{1000}{19.0}$ mol dm^{-3}

$$\begin{aligned}\mathrm{pH} &= \mathrm{p}K_\mathrm{a} + \log\dfrac{[\mathrm{CH_3COO^-}]}{[\mathrm{CH_3COOH}]} \\ &= 4.75 + \log\left\{(0.90\times 10^{-3}\times\dfrac{1000}{19.0})/(0.10\times 10^{-3}\times\dfrac{1000}{19.0})\right\} = 5.70\end{aligned}$$

この pH を例題 10・26 の結果と比較してみよう。

中和滴定での途中段階での pH の求め方を理解する（Ⅱ）。

例題10・31 0.100 mol dm^{-3} の酢酸水溶液 10.0 cm³ に 0.100 mol dm^{-3} の水酸化ナトリウム水溶液 12.0 cm³ 加えたときの pH を求めよ。ただし，酢酸の pK_a を 4.75 とする。

当量点を過ぎると，強塩基が過剰となるので，塩基の濃度から pH を計算すればよい。加えた NaOH の物質量は

$$0.100 \times \dfrac{12.0}{1000} = 1.20 \times 10^{-3}\text{ mol}$$

最初の酢酸の物質量は

$$0.1 \times \frac{10.0}{1000} = 1.00 \times 10^{-3} \text{ mol}$$

したがって，酢酸はすべて酢酸ナトリウムになっている．しかし，CH_3COO^- より，OH^- のほうが強塩基であるので，CH_3COO^- の加水分解は無視してよい．過剰な OH^- の物質量は

$$1.20 \times 10^{-3} - 1.00 \times 10^{-3} = 0.20 \times 10^{-3} \text{ mol}$$

溶液の全体積は 22.0 cm³ となっているので，この溶液の水酸化物イオン濃度は

$$[OH^-] = 0.20 \times 10^{-3} \times \frac{1000}{22.0} = 9.1 \times 10^{-3} \text{ mol dm}^{-3}$$

$$[H^+] = \frac{K_w}{[OH^-]} = \frac{1.0 \times 10^{-14}}{9.1 \times 10^{-3}} = 1.1 \times 10^{-12} \text{ mol dm}^{-3}$$

よって，pH $= -\log (1.1 \times 10^{-12}) = 11.96$ (pH は例題 10・27 と同じになる)

10-4-4 弱塩基と強酸の滴定

0.100 mol dm⁻³ のアンモニア水溶液 10.0 cm³ を 0.100 mol dm⁻³ の塩酸水溶液で滴定したときの滴定曲線を図 10・5 に示した．

$$HCl + NH_3 \longrightarrow NH_4^+Cl^-$$

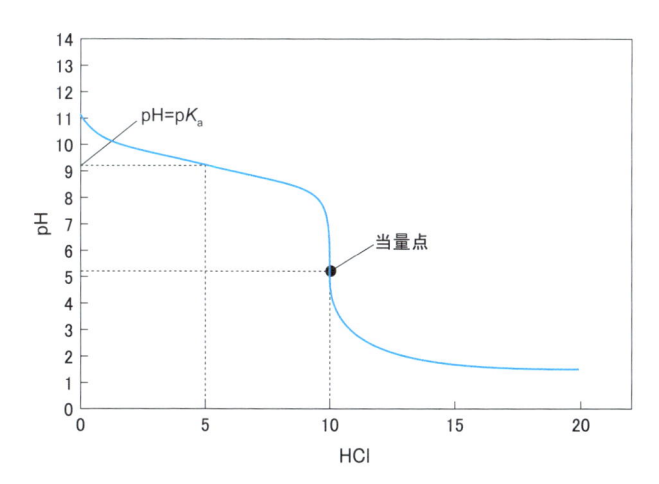

図 10・5 弱塩基を強酸で滴定したときの pH 曲線

当量点付近での pH の変化量は強酸－強塩基による滴定の場合にくらべ小さい。NH_4^+ の加水分解のため，当量点は pH が 7 より小さい。したがって，指示薬としてフェノールフタレインは利用できず，メチルレッド（変色域 pH 4.8 ～ 6.0）を使用すればよい。

中和滴定における当量点での pH の求め方を理解する。

例題10・32 $0.100\ mol\ dm^{-3}$ のアンモニア水溶液 $10.0\ cm^3$ を $0.100\ mol\ dm^{-3}$ の塩酸水溶液で滴定したときの当量点の pH を求めよ。ただし，アンモニアの塩基解離定数を $K_b = 1.8 \times 10^{-5}$ とする。

当量点は，塩酸水溶液を $10.0\ cm^3$ 滴下したときであり，アンモニアはすべて $NH_4^+Cl^-$ になっている。また，その濃度は $0.050\ mol\ dm^{-3}$ となる。生成した $NH_4^+Cl^-$ の加水分解が起こっているので，わずかに酸性となり，pH は 7 より小さくなる。

$$NH_4^+ + H_2O \rightleftharpoons NH_3 + H_3O^+$$

pH の求め方は例題 10・21 と同じである。したがって

$$pH = \frac{1}{2} pK_W - \frac{1}{2} pK_b - \frac{1}{2} \log C_s$$

$$= \frac{1}{2}(14 - 4.75 - \log 0.050) = 5.28$$

中和滴定における途中段階での pH の求め方を理解する（Ⅰ）。

例題10・33 $0.100\ mol\ dm^{-3}$ のアンモニア水溶液 $10.0\ cm^3$ に $0.100\ mol\ dm^{-3}$ の塩酸水溶液 $9.0\ cm^3$ を加えたときの pH を求めよ。ただし，アンモニアの pK_b を 4.75 とする。

最初のアンモニアの物質量は　　$0.100 \times \dfrac{10}{1000} = 1.00 \times 10^{-3}\ mol$

加えた HCl の物質量は　　$0.100 \times \dfrac{9.0}{1000} = 0.90 \times 10^{-3}\ mol$

残っているアンモニアの物質量は $1.00 \times 10^{-3} - 0.90 \times 10^{-3} = 0.10 \times 10^{-3}$ mol

生成した塩化アンモニウムの物質量は 0.90×10^{-3} mol

アンモニアと塩化アンモニウムが存在しているので，緩衝液となっている。したがって，ヘンダーソン - ハッセルバルヒの式（10.34）を使う。

$$\mathrm{pH} = \mathrm{p}K_\mathrm{a} + \log \frac{[\mathrm{NH}_3]}{[\mathrm{NH}_4^+]}$$

ただし，ここでの $\mathrm{p}K_\mathrm{a}$ はアンモニアの共役酸となる NH_4^+ の $\mathrm{p}K_\mathrm{a}$ であることに注意が必要である。その値は（10.21）式より $\mathrm{p}K_\mathrm{a} = 14 - \mathrm{p}K_\mathrm{b} = 9.25$ となる。全量は，$19.0 \mathrm{~cm}^3$ になっているので

$[\mathrm{NH}_3]$ の濃度は $0.10 \times 10^{-3} \times \dfrac{1000}{19.0}$ mol dm^{-3}

$[\mathrm{NH}_4^+]$ の濃度は $0.90 \times 10^{-3} \times \dfrac{1000}{19.0}$ mol dm^{-3}

$$\mathrm{pH} = \mathrm{p}K_\mathrm{a} + \log \frac{[\mathrm{NH}_3]}{[\mathrm{NH}_4^+]}$$

$$= 9.25 + \log \left\{ \frac{(0.10 \times 10^{-3} \times \frac{1000}{19.0})}{(0.90 \times 10^{-3} \times \frac{1000}{19.0})} \right\} = 8.30$$

中和滴定における途中段階での pH の求め方を理解する（Ⅱ）。

例題10・34 0.100 mol dm^{-3} のアンモニア水溶液 $10.0 \mathrm{~cm}^3$ に 0.100 mol dm^{-3} の塩酸水溶液 $12.0 \mathrm{~cm}^3$ を加えたときの pH を求めよ。

当量点をすぎると，強酸が過剰となるので，酸の濃度から pH を計算すればよい。加えた HCl の物質量は

$$0.100 \times \frac{12.0}{1000} = 1.20 \times 10^{-3} \text{ mol}$$

NH$_3$ の最初の物質量は

$$0.100 \times \frac{10.0}{1000} = 1.00 \times 10^{-3} \text{ mol}$$

したがって，アンモニアはすべて塩化アンモニウムになっている。NH$_4^+$ より，H$^+$ のほうが強酸であるので，NH$_4^+$ の加水分解は無視してよい。過剰な H$^+$ の物質量は

$$1.20 \times 10^{-3} - 1.00 \times 10^{-3} = 0.20 \times 10^{-3} \text{ mol}$$

溶液の全体積は 22.0 cm^3 となっているので，この溶液の水素イオン濃度は

$$[\text{H}^+] = 0.20 \times 10^{-3} \times \frac{1000}{22.0} = 9.1 \times 10^{-3} \text{ mol dm}^{-3}$$

よって，pH $= -\log(9.1 \times 10^{-3}) = 2.04$

章末問題

10・1 ブレンステッド–ローリーの定義により，次の化学種が酸として働くか塩基として働くかに分類せよ。

(a) HSO$_4^-$ (b) SO$_4^{2-}$ (c) NH$_4^+$ (d) H$_2$O

10・2 次の化学種が水中で解離するときの反応式を書き，共役酸–塩基対を示せ。

(a) HClO$_4$ (b) HCO$_3^-$

10・3 次の酸あるいは塩基の強さを比較せよ。

(a) シアン化水素酸 HCN（共役塩基の K_b 2.0 × 10^{-5}），フッ化水素酸 HF（K_a 3.5 × 10^{-4}），安息香酸 C$_6$H$_5$COOH（pK_a 4.19），次亜塩素酸 HClO（共役塩基の pK_b 6.47）

(b) ジメチルアミン (CH$_3$)$_2$NH（K_b 5.4 × 10^{-4}），ピリジン C$_6$H$_5$N（共役酸の pK_a 5.25），ニコチン C$_{10}$H$_{14}$N$_2$（pK_b 5.98），尿素 CO(NH$_2$)$_2$（共役酸の K_a 7.9 × 10^{-1}）

10・4 次の水溶液を酸性の強い順にならべよ。

[H$^+$] = 2.5 × 10^{-5} mol dm^{-3}, [OH$^-$] = 2.5 × 10^{-12} mol dm^{-3}, pOH = 5.4, pH = 5.4

10・5 pH 3.0 の炭酸飲料の H_3O^+ (H^+) および OH^- 濃度を求めよ

10・6 0.10 mol dm^{-3} の酢酸水溶液における CH_3COOH, CH_3COO^-, H^+, OH^- のモル濃度を求めよ。ただし，酢酸の K_a を 1.8×10^{-5} とする。

10・7 次の水溶液の pH を求めよ。
(a) 0.050 mol dm^{-3} ギ酸（K_a 1.8×10^{-4}）
(b) 0.050 mol dm^{-3} アニリン（K_b 4.3×10^{-10}）
(c) 0.050 mol dm^{-3} 安息香酸ナトリウム（安息香酸の K_a 6.5×10^{-5}）

10・8 酢酸と酢酸ナトリウムを用いて，pH 5.00 の緩衝液を調整するには，どのようにしたらよいか。

10・9 0.010 mol dm^{-3} の酢酸と 0.010 mol dm^{-3} の酢酸ナトリウムを含む緩衝液 100 cm^3 がある。この溶液に 0.10 mol dm^{-3} の塩酸水溶液を 4.0 cm^3 加えたときの pH はいくらか。また，0.10 mol dm^{-3} の水酸化ナトリウム水溶液 4.0 cm^3 加えたときの pH はいくらか。ただし，酢酸の pK_a を 4.75 とする。

10・10 0.020 mol dm^{-3} の酢酸ナトリウム水溶液 100 cm^3 に 0.10 mol dm^{-3} の塩酸水溶液を加え，pH = 5.0 の溶液を調製するには，塩酸を何 cm^3 加えればよいか。ただし，酢酸の pK_a を 4.75 とする。

10・11 0.15 mol dm^{-3} の酢酸水溶液 25.0 cm^3 を 0.20 mol dm^{-3} の水酸化ナトリウム水溶液で滴定した。酢酸の pK_a を 4.75 として次の pH を求めよ。
(a) 滴定前の pH
(b) NaOH 水溶液を 5.0 cm^3 だけ加えたときの pH

11章　電気化学 —化学エネルギーと電気エネルギー—

　ある種の反応では，化学種の間で電子の授受が行われている。この場合には，化学種の間を移動する電子を反応系から取り出すことにより，電気エネルギーとして利用できる。化学種の間での電子の授受は酸化，還元とよばれ基本的な反応形式の1つである。本章では，酸化と還元およびその応用となる電池について述べ，さらに電池の電位と反応の熱力学的な諸性質との関わりについてまとめる。

11-1　酸化と還元

　酸化と還元は，化学種の間の電子の授受に注目して次のように定義される。
　　酸化：ある化学種から電子を取り去ること
　　還元：ある化学種に電子を与えること
1つの反応で電子を与える化学種があれば，当然その電子を受け取る化学種もある。たとえば，次の反応では

$$Zn + 2AgNO_3 \longrightarrow 2Ag + Zn(NO_3)_2$$

亜鉛 Zn は 2 個の電子を与え，硝酸銀 $AgNO_3$ の中の銀イオン Ag^+ がその電子を受け取っている。したがって，Zn は Ag^+ を還元するといえるし，また，Ag^+ は Zn に還元されるともいえる。一方，Ag^+ が Zn を酸化するといえるし，また，Zn は Ag^+ に酸化されるともいえる。このように酸化と還元は同時に起こるので，このような反応を酸化還元反応という。また，他の化学種を酸化する化学種を酸化剤，還元するものを還元剤という。同じ化学種でも反応する相手によって酸化剤ばかりではなく還元剤としてはたらく場合がある。たとえば，過酸化水素は，次の反応（1）では酸化剤としての役割を果たしているが，化学種が過マンガン酸カリウムのようにより強い酸化剤との反応（2）では，還元剤としてはたらいている。

（1）　$2Fe^{2+} + H_2O_2 + 2H^+ \longrightarrow 2Fe^{3+} + 2H_2O$

（2）　$2MnO_4^- + 5H_2O_2 + 6H^+ \longrightarrow 2Mn^{2+} + 5O_2 + 8H_2O$

酸化還元反応での電子の授受は，酸化数の変化を考えると大変わかりやすい。原子の酸化数は次の規則に従って決められる。

（ⅰ）単体中の原子の酸化数はすべて 0。

　　　例；Zn，F_2，P_4，S_8 におけるすべての原子の酸化数は 0

（ⅱ）単原子イオンの酸化数はその電荷に等しい。

　　　例；Na^+（+1），Al^{3+}（+3），Cl^-（−1），S^{2-}（−2）

（ⅲ）中性化合物中の原子の酸化数の総和は 0，多原子イオンに対してはその和はイオンの電荷に等しい。

　　　例：Fe_2O_3 の酸化数の総和は 0：$+3 \times 2 + (-2) \times 3 = 0$
　　　　　MnO_4^- の酸化数の総和は−1：$+7 + (-2) \times 4 = -1$

（ⅳ）下に記した主要な例外のほかは，H 原子は常に酸化数は+1 であり，O 原子は常に−2 である。

　　（a）規則（ⅰ）で記したように，単体中の原子の酸化数は 0 である。
　　（b）金属水素化物中の H 原子の酸化数は−1 とする。例：NaH，CaH_2
　　（c）過酸化物中の O 原子の酸化数は−1 とする。例：H_2O_2，Na_2O_2
　　（d）OF_2 の酸素原子の酸化数は+2 とする。

化合物中の原子の酸化数を規則に従って求める。

例題11・1 次の化合物中の塩素原子 Cl あるいはクロム原子 Cr の酸化数を求めよ。
（a）NaClO（次亜塩素酸ナトリウム）（b）$NaClO_2$（亜塩素酸ナトリウム）
（c）$NaClO_3$（塩素酸ナトリウム）（d）$NaClO_4$（過塩素酸ナトリウム）
（e）CrO_4^{2-}（クロム酸イオン）（f）$Cr_2O_7^{2-}$（二クロム酸イオン）

（a）〜（d）の化合物では，Na は Na^+ となっているのでその酸化数は+1。Cl あるいは Cr の酸化数を x とおけば

（a）	NaClO	$+1 + x + (-2) = 0$	$x = +1$
（b）	$NaClO_2$	$+1 + x + (-2) \times 2 = 0$	$x = +3$
（c）	$NaClO_3$	$+1 + x + (-2) \times 3 = 0$	$x = +5$
（d）	$NaClO_4$	$+1 + x + (-2) \times 4 = 0$	$x = +7$

(e) CrO_4^{2-} $x + (-2) \times 4 = -2$ $x = +6$
(f) $Cr_2O_7^{2-}$ $x \times 2 + (-2) \times 7 = -2$ $x = +6$

化学反応式で，化合物中の原子の酸化数の変化から電子の授受を理解し，酸化剤（還元剤）を定める．

例題11・2 次の反応の中で，酸化剤としての役割を果たす化学種は何か．
(a) $2SO_2 + O_2 \longrightarrow 2SO_3$
(b) $SO_2 + 2H_2S \longrightarrow 3S + 2H_2O$
(c) $2Ag + 2H_2SO_4 \longrightarrow Ag_2SO_4 + 2H_2O + SO_2$

化学反応式の中で酸化数が変化する原子とその酸化数は次のようになる．
(a) $2\underline{S}O_2 + \underline{O}_2 \longrightarrow 2\underline{S}O_3$
    $(+4)\ (-2)\ (0)\ \ \ \ \ (+6)(-2)$
(b) $\underline{S}O_2 + 2H_2\underline{S} \longrightarrow 3\underline{S} + 2H_2O$
    $(+4)\ \ \ \ (-2)\ \ \ \ \ \ (0)$
(c) $2\underline{Ag} + 2H_2\underline{S}O_4 \longrightarrow \underline{Ag}_2\underline{S}O_4 + 2H_2O + \underline{S}O_2$
    $(0)\ \ \ \ \ (+6)\ \ \ \ \ \ (+1)(+6)\ \ \ \ \ \ (+4)$

相手の化学種から電子を取り去るものが酸化剤となる．
(a) O_2 が SO_2 の S から電子を奪い，O の酸化数は 0 から −2 となる．したがって，O_2 が酸化剤．
(b) SO_2 と H_2S の S は，いずれも酸化数 0 の S となる．電子を奪い 0 となるのは，SO_2 の中の S．したがって，SO_2 が酸化剤．
(c) H_2SO_4 の 1 つが酸化剤としてはたらき，Ag から電子を奪い，S の酸化数が +6 から +4 に変化する．

11−2 化学電池

硫酸銅の水溶液に金属の亜鉛粉末を直接加えれば，ただちに下記の酸化還元反応が起こり，大きな発熱が観測される．

$$Zn(s) + CuSO_4(aq) \longrightarrow ZnSO_4(aq) + Cu(s) \tag{11.1}$$

一方，この反応は次の 2 つの反応（半反応）によって起こると考えることがで

きる。

$$Zn \longrightarrow Zn^{2+} + 2e^- \quad (Znの酸化)$$
$$Cu^{2+} + 2e^- \longrightarrow Cu \quad (Cu^{2+}の還元)$$

これらの反応を，図11・1のように外部回路でつなげた2カ所で行えば，亜鉛の電極から電子が取り出され，亜鉛は Zn^{2+} になって溶液中に溶け出る。一方，電子は外部回路を通って銅電極に入り，そこで電極周辺にある Cu^{2+} を還元する。還元された Cu 原子が銅電極に析出する。この電子の流れから電気的なエネルギーを取り出すことができる。このように，化学反応から電気エネルギーを得ていることから化学電池とよばれ，特に上記の Zn と Cu^{2+} の反応を利用したものをダニエル電池という。図11・1で示されるように，化学電池は2つの半電池から構成されている。

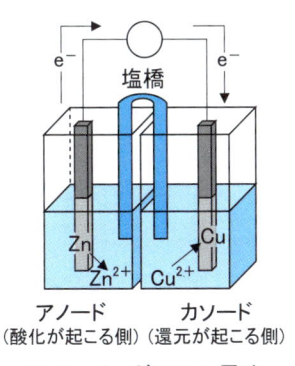

図11・1　ダニエル電池

ダニエル電池では，負電荷をもつ電子が亜鉛電極から銅電極に向かっていることから，銅電極の方が亜鉛電極よりも相対的に正の電位にあることがわかる。この両電極間の電位差を，この電池の起電力という。起電力 E は，右側の電極電位から左側の電極電位を差し引いた値で表す。

$$E（起電力）= E_R（右側の電極電位）- E_L（左側の電極電位）$$

上のダニエル電池の溶液の濃度がともに $1\ mol\ dm^{-3}$ のとき，起電力は $E = +1.10\ V$ である。このように起電力が正の符号をもつとき，右側の電極電位は左よりも高く，電子は左から右に移動する。高い電位をもつ電極で還元が起こり，低い電位の電極では酸化が起こる。いま，還元が起こる電極をカソード，酸化

が起こる方をアノードという。

電池の構造は電池図を用いて表す。たとえば，図 11・1 のダニエル電池を，電池図を使って表せば次のように書くことができる。

$$Zn(s) \mid ZnSO_4 (aq) \parallel CuSO_4 (aq) \mid Cu$$

以上のように，2 つの半電池の電極電位がわかれば，化学電池の起電力はただちに求めることができる。溶液の濃度を $1\ mol\ dm^{-3}$ にしたときの半電池の電極電位を標準電極電位とよび，右側の標準電極電位から左側の標準電極電位を引いた値が標準起電力となる。標準電極電位の値は標準起電力から求める。すなわち，基準となる電極を電池の左側に置き，その電位を 0 とおくことで電池の標準起電力の値がそのまま他方の電極の標準電極電位となる。このための基準として標準水素電極を用いる。これは白金を電極とした次の反応に基づいている。

$$2H^+(aq) + 2e^- \rightleftharpoons H_2(g)$$

電位は，水素イオン濃度が $1\ mol\ dm^{-3}$ で，気体水素は標準状態（指定された温度，通常は 25°C で 1 atm）にあるものである。

$$E°(標準起電力) = E_R° (右側の標準電極電位) - E_L° (標準水素電極)$$
$$= E_R° (右側の標準電極電位) - 0$$
$$= E_R° (右側の標準電極電位)$$

標準電極電位の値を表 11・1 にまとめた。

標準電極電位の値が大きいほど（たとえば，$Ce^{4+} + e^- \longrightarrow Ce^{3+}\ \ E° = +1.61\ V$）表 11・1 に示されている電極反応の右方向へ進む反応が起こりやすい。逆に，その値が小さいほど（たとえば，$Li^+ + e^- \longrightarrow Li\ \ E° = -3.045\ V$）左方向に進む反応が起こりやすい。この左方向への反応は金属のイオン化反応に等しい。金属のイオン化傾向の大小の順序を示すイオン化列は，この標準電極電位の小さいものから大きい順にならべたものである。

Li＞K＞Ca＞Na＞Zn＞Fe＞Cd＞Su＞Pb＞(H_2)＞Cu＞Hg＞Ag

イオン化列で前にある金属ほどイオンになりやすく，還元力が強い。

11章 電気化学 —化学エネルギーと電気エネルギー—

表11・1　25℃での標準電極電位 ($E°$ / V)

電極系	電極反応	$E°$/V
Li/Li$^+$	Li$^+$ + e$^-$ ⟶ Li	-3.045
K/K$^+$	K$^+$ + e$^-$ ⟶ K	-2.925
Rb/Rb$^+$	Rb$^+$ + e$^-$ ⟶ Rb	-2.925
Cs/Cs$^+$	Cs$^+$ + e$^-$ ⟶ Cs	-2.923
Ba/Ba^{2+}	Ba^{2+} + 2e$^-$ ⟶ Ba	-2.906
Ca/Ca^{2+}	Ca^{2+} + 2e$^-$ ⟶ Ca	-2.866
Na/Na$^+$	Na$^+$ + e$^-$ ⟶ Na	-2.714
Ce/Ce^{3+}	Ce^{3+} + 3e$^-$ ⟶ Ce	-2.483
Eu/Eu^{3+}	Eu^{3+} + 3e$^-$ ⟶ Eu	-2.407
Mg/Mg^{2+}	Mg^{2+} + 2e$^-$ ⟶ Mg	-2.363
Al/Al^{3+}	Al^{3+} + 3e$^-$ ⟶ Al	-1.662
Mn/Mn^{2+}	Mn^{2+} + 2e$^-$ ⟶ Mn	-1.180
Zn/Zn^{2+}	Zn^{2+} + 2e$^-$ ⟶ Zn	-0.7628
Cr/Cr^{3+}	Cr^{3+} + 3e$^-$ ⟶ Cr	-0.744
Fe/Fe^{2+}	Fe^{2+} + 2e$^-$ ⟶ Fe	-0.4402
Cd/Cd^{2+}	Cd^{2+} + 2e$^-$ ⟶ Cd	-0.403
Pb/PbBr$_2$/Br$^-$	PbBr$_2$ + 2e$^-$ ⟶ Pb + 2Br$^-$	-0.284
Pb/PbCl$_2$/Cl$^-$	PbCl$_2$ + 2e$^-$ ⟶ Pb + 2Cl$^-$	-0.268
Ag/AgI/I$^-$	AgI + e$^-$ ⟶ Ag + I$^-$	-0.1518
Sn/Sn^{2+}	Sn^{2+} + 2e$^-$ ⟶ Sn	-0.136
Pb/Pb^{2+}	Pb^{2+} + 2e$^-$ ⟶ Pb	-0.126
Fe/Fe^{3+}	Fe^{3+} + 3e$^-$ ⟶ Fe	-0.036
D$_2$/D$^+$ [a]	2D$^+$ + 2e$^-$ ⟶ D$_2$	-0.0034
H$_2$/H$^+$	2H$^+$ + 2e$^-$ ⟶ H$_2$	0
Ag/AgBr/Br$^-$	AgBr + e$^-$ ⟶ Ag + Br$^-$	0.0713
Ag/AgCl/Cl$^-$	AgCl + e$^-$ ⟶ Ag + Cl$^-$	0.2222
Hg/Hg$_2$Cl$_2$/Cl$^-$	Hg$_2$Cl$_2$ + 2e$^-$ ⟶ 2Hg + 2Cl$^-$	0.2682
Cu/Cu^{2+}	Cu^{2+} + 2e$^-$ ⟶ Cu	0.337
[Fe(CN)$_6$]$^{4-}$/[Fe(CN)$_6$]$^{3-}$	[Fe(CN)$_6$]$^{3-}$ + e$^-$ ⟶ [Fe(CN)$_6$]$^{4-}$	0.356
Cu/Cu$^+$	Cu$^+$ + e$^-$ ⟶ Cu	0.521
I$_2$/I$^-$	I$_2$ + 2e$^-$ ⟶ 2I$^-$	0.5355
I$_3^-$/3I$^-$	I$_3^-$ + 2e$^-$ ⟶ 3I$^-$	0.536
Fe^{2+}/Fe^{3+}	Fe^{3+} + e$^-$ ⟶ Fe^{2+}	0.771
Hg/Hg$_2^{2+}$	Hg$_2^{2+}$ + 2e$^-$ ⟶ 2Hg	0.788
Ag/Ag$^+$	Ag$^+$ + e$^-$ ⟶ Ag	0.7991
Hg$_2^{2+}$/Hg^{2+}	2Hg^{2+} + 2e$^-$ ⟶ Hg$_2^{2+}$	0.920
Cl$_2$/Cl$^-$	Cl$_2$ + 2e$^-$ ⟶ 2Cl$^-$	1.359
Ce^{3+}/Ce^{4+}	Ce^{4+} + e$^-$ ⟶ Ce^{3+}	1.61
F$_2$/F$^-$	F$_2$ + 2e$^-$ ⟶ 2F$^-$	2.87

a）Dは重水素（$^2_1$H）を表す。

2つの電極反応からなる電池の標準起電力を求め，同時に電子の流れを理解する。

> **例題11・3** 2つの電極反応からなる電池 (1) および (2) のアノードとなる金属を求めよ。ただし，どちらの電解質の濃度も $1\ \mathrm{mol\ dm^{-3}}$ とし，温度は25℃とする。
>
> 電池 (1) $\mathrm{AgCl} + \mathrm{e}^- \longrightarrow \mathrm{Ag} + \mathrm{Cl}^-$ 　　　$\mathrm{Cu}^{2+} + 2\mathrm{e}^- \longrightarrow \mathrm{Cu}$
>
> 電池 (2) $\mathrm{Hg_2Cl_2} + 2\mathrm{e}^- \longrightarrow 2\mathrm{Hg} + 2\mathrm{Cl}^-$ 　　$\mathrm{Mg}^{2+} + 2\mathrm{e}^- \longrightarrow \mathrm{Mg}$

(1) 電池図を $\mathrm{Ag}|\mathrm{AgCl}|\mathrm{Cl}^- \parallel \mathrm{Cu}^{2+}|\mathrm{Cu}$ とおくと，表11・1から標準起電力は，標準起電力 = $E_\mathrm{R}°$ (右側の標準電極電位) $- E_\mathrm{L}°$ (左側の標準電極電位)
$$= 0.337 - 0.2222 = 0.114_8 = 0.115\ \mathrm{V}$$
となる。値が正になることから，電子は電池の左から右に移動することがわかる。よって，アノードとなる金属は Ag。

(2) 電池図を　$\mathrm{Mg}|\mathrm{Mg}^{2+} \parallel \mathrm{Cl}^-|\mathrm{Hg_2Cl_2}|\mathrm{Hg}$　とおくと
標準起電力 = $E_\mathrm{R}°$ (右側の標準電極電位) $- E_\mathrm{L}°$ (左側の標準電極電位)
$$= 0.2682\ \mathrm{V} - (-2.363\ \mathrm{V}) = 2.631_2\ \mathrm{V} = 2.631\ \mathrm{V}$$
となる。したがって，電子は電池の左から右に移動することになり，アノードとなる金属は Mg。

反応式から酸化・還元の組合せを理解し，標準電極電位の値から標準起電力を求め，電子の流れを理解する。

> **例題11・4** 次の反応を基にした電池では，カソードとなる金属はどれか。ただし，どちらの電解質の濃度も $1\ \mathrm{mol\ dm^{-3}}$ とし，温度は25℃とする。
>
> $\mathrm{Pb(NO_3)_2(aq)} + \mathrm{Zn(s)} \longrightarrow \mathrm{Pb(s)} + \mathrm{Zn(NO_3)_2(aq)}$

反応式から，電極系は $\mathrm{Zn}/\mathrm{Zn}^{2+}$ と $\mathrm{Pb}/\mathrm{Pb}^{2+}$ となる。それぞれの標準電極電位は，表11・1から，$\mathrm{Zn}/\mathrm{Zn}^{2+}$ が $-0.7628\ \mathrm{V}$，$\mathrm{Pb}/\mathrm{Pb}^{2+}$ が $-0.126\ \mathrm{V}$ である。したがって，電池図として $\mathrm{Zn}|\mathrm{Zn}^{2+} \parallel \mathrm{Pb}^{2+}|\mathrm{Pb}$ を考えると，その標準起電力 $E°$ は
$$E° = -0.126 - (-0.7628) = 0.6368$$
となる。値が正になることから，電子は電池の左から右に移動することが

わかり，カソードとなる金属は Pb である。

標準電極電位の値から電子の流れを理解し，酸化還元反応を決定する。

例題11・5 漏洩するフッ素ガスを検出するために，ヨウ化カリウム水溶液を浸した紙を近づけることがある。その理由は何か。

フッ素とヨウ素の 25℃ での標準電極電位は，表 11・1 から

$I_2 + 2e^- \longrightarrow 2I^- \quad E° = 0.5355 \text{ V}$

$F_2 + 2e^- \longrightarrow 2F^- \quad E° = 2.87 \text{ V}$

両者の差をとれば

$E° = 2.87 - 0.5355 = 2.33 \text{ V}$

となり，フッ素側に電子が移動する，つまり，フッ素の酸化力の方が強いことがわかる。したがって，実際に起る酸化還元反応は

$2KI + F_2 \longrightarrow 2KF + I_2$

となり，紙の上には生成するヨウ素の紫色に似た色が残る。

11-3 起電力と平衡

電池の起電力は，それぞれの半電池の溶液の濃度に依存する。ダニエル電池の場合には，その起電力 E は $\ln\{[Zn^{2+}]/[Cu^{2+}]\}$ に比例し，次のネルンストの式によって表される*。

$$E = E° - \frac{RT}{2F} \ln \frac{[Zn^{2+}]}{[Cu^{2+}]} \tag{11.2}$$

ここで，R は気体定数，T は絶対温度，F はファラデー定数，$E°$ は標準起電力である。

電池の起電力 E が 0 の状態は，酸化還元反応はそれ以上進まず，反応が平衡に達したときである。このとき (11.2) 式は

$$0 = E° - \frac{RT}{2F} \ln \frac{[Zn^{2+}]}{[Cu^{2+}]}$$

---

* イオンの濃度はモル濃度ではなく活量 a で表すべきであるが，ここでは，活量はモル濃度で近似できるものとして扱う。

となる.この式にあるイオンの濃度比は平衡時のものであり,(11.1)で表される反応の平衡定数 K_c である.したがって

$$E° = \frac{RT}{2F} \ln K_c$$

となり,電池の標準起電力と電池反応の平衡定数との関係を表している.

イオンの濃度が関与する一般的な電池反応を

  aA (aq) $\longrightarrow$ bB (aq)

とおく.この反応では z 個の電子がやりとりされているとすれば,この電池の起電力は次のネルンストの式で与えられる.

$$E = E° - \frac{RT}{zF} \ln \frac{[B]^b}{[A]^a}$$

したがって,平衡定数との関係を表わす式は次のようになる.

$$E° = \frac{RT}{zF} \ln K_c \tag{11.3}$$

電解質の濃度によって,電池の起電力が変わることを理解する.

例題11・6 溶液中の金属イオンの濃度がいずれも 1 mol dm^{-3} で,ともに 1 dm^3 の溶液からなるダニエル電池がある.温度は25℃として,次の場合の電池の起電力を求めよ.
(a) このダニエル電池の起電力.
(b) この電池から $1.5\,F$ の電気量が消費されたときの電池の起電力.

(a) はじめの状態は,金属イオンの濃度がいずれも 1 mol dm^{-3} であることから,起電力は標準起電力となる.電池図を Zn|Zn^{2+}‖Cu^{2+}|Cu とおくと,表11・1から標準起電力 $E°$ は

  $E° = 0.337 - (-0.7628) = 1.099_8 \text{ V}$

(b) $1.5\,F$ の電気量が消費されたときには,Zn^{2+} は 0.75 mol 増加し,逆に Cu^{2+} は 0.75 mol 減少する.溶液の体積は変化しないとすれば,それぞれの金属イオンの濃度は,$[Zn^{2+}] = 1.75 \text{ mol dm}^{-3}$,$[Cu^{2+}] = 0.25 \text{ mol dm}^{-3}$ となる.ネルンストの式 (11.2) から,1 J = 1 C V を使って

$$E = E° - \frac{RT}{2F} \ln \frac{[\text{Zn}^{2+}]}{[\text{Cu}^{2+}]}$$

$$= 1.099_8 \text{ V} - \frac{(8.314 \text{ J K}^{-1} \text{ mol}^{-1})(298.15 \text{ K})}{2 \times (96485 \text{ C mol}^{-1})} \times \ln \frac{1.75}{0.25}$$

$$= 1.074_8 \text{ V} = 1.075 \text{ V}$$

反応式から標準起電力を求め,その値を基に,電池反応の平衡定数を求める.

例題11・7 次の反応の25℃における平衡定数を,標準起電力から求めよ

$$\text{Mn(s)} + \text{Zn}^{2+} \rightleftharpoons \text{Mn}^{2+} + \text{Zn(s)}$$

電池図として $\text{Mn}|\text{Mn}^{2+} \| \text{Zn}^{2+}|\text{Zn}$ を考える.それぞれの電極の標準電極電位は,表11・1から,Zn/Zn^{2+} が -0.7628 V,Mn/Mn^{2+} が -1.180 V である.したがって,標準起電力 $E°$ は,

$$E° = -0.7628 - (-1.180) = 0.417_2 \text{ V}$$

この反応では関わる電子数は $z = 2$ であるから,平衡定数は (11.3) 式から,$1 \text{ J} = 1 \text{ C V}$ を使って

$$\ln K_c = \frac{zFE°}{RT}$$

$$= \frac{2 \times (96485 \text{ C mol}^{-1})(0.417_2 \text{ V})}{(8.314 \text{ J K}^{-1} \text{ mol}^{-1})(298.15 \text{ K})} = 32.4_7$$

したがって

$$K_c = e^{32.47} = 1.26 \times 10^{14}$$

両極が同じ電極反応である場合でも,それぞれの電解質溶液の濃度が異なるだけで起電力が生じる電池がある.これを電解質濃淡電池という.たとえば,Cu/Cu^{2+} の電極反応では

アノード,酸化:$\text{Cu} \longrightarrow \text{Cu}^{2+}(a \text{ mol dm}^{-3}) + 2\text{e}^-$

カソード,還元:$\text{Cu}^{2+}(b \text{ mol dm}^{-3}) + 2\text{e}^- \longrightarrow \text{Cu}$

全体として:$\text{Cu}^{2+}(b \text{ mol dm}^{-3}) \longrightarrow \text{Cu}^{2+}(a \text{ mol dm}^{-3})$

ともに 1 mol dm^{-3} のときには濃度に差はなく電流は流れない.つまり,標準

起電力は $E° = 0$ である。したがって，ネルンストの式より

$$E = -\frac{RT}{2F} \ln \frac{[\text{Cu}^{2+} (a \text{ mol dm}^{-3})]}{[\text{Cu}^{2+} (b \text{ mol dm}^{-3})]}$$

となり，b > a のときに起電力 E が正値となる。結局，電池内反応の進行にともない濃度の濃い方 (b mol dm^{-3}) は淡くなり，一方，濃度の淡い方 (a mol dm^{-3}) は濃くなっていく。見掛け上，Cu^{2+} は濃度の濃い方から淡い方へ移動しており，その際の自由エネルギー変化を電気エネルギーとして取り出したものとなる。

濃淡電池の起電力と電解質溶液の濃度との関係を理解する。

例題11・8 Cu / Cu^{2+} の電極反応からなる濃淡電池があり，その起電力は25℃で 0.0296 V であった。濃い溶液の濃度が 1.0 mol dm^{-3} のとき，淡い溶液の濃度を求めよ。

起電力 E は

$$E = -\frac{RT}{2F} \ln \frac{[\text{Cu}^{2+} (\text{淡い溶液の濃度})]}{[\text{Cu}^{2+} (\text{濃い溶液の濃度})]}$$

で表わされる。淡い溶液の濃度を x とおけば，

$$0.0296 \text{ V} = -\frac{(8.314 \text{ J K}^{-1} \text{ mol}^{-1})(298.15 \text{ K})}{2 \times (96485 \text{ C mol}^{-1})} \ln \frac{x}{1.0 \text{ mol dm}^{-3}}$$

したがって

$$\ln \frac{x}{1.0 \text{ mol dm}^{-3}} = \frac{-2 \times (0.0296 \text{ V})(96485 \text{ C mol}^{-1})}{(8.314 \text{ J K}^{-1} \text{ mol}^{-1})(298.15 \text{ K})} = -2.30_4$$

$$\frac{x}{1.0 \text{ mol dm}^{-3}} = e^{-2.304} = 0.0998_5$$

よって

$$x = 0.10 \text{ mol dm}^{-3}$$

11-4 起電力とギブズの自由エネルギー変化

平衡定数とギブズの自由エネルギー変化との間の関係は，(9.7) 式から

$$\triangle G° = -RT \ln K_c$$

であり，また，標準起電力との関係は (11.3) 式となり，次のようになる。

$$E° = \frac{RT}{zF} \ln K_c$$

これら2つの式から

$$\triangle G° = -zFE° \tag{11.4}$$

が導かれる。つまり，標準起電力の情報が得られれば，もとになる電池反応の平衡定数ばかりではなく，ギブズの標準自由エネルギー変化をも知ることができる。また，ギブズの自由エネルギー変化が，この反応から取り出せる電気的な仕事の最大値に等しいことを考えれば，これらの式の有効性が再認識できる。

標準起電力の値から電池反応の平衡定数およびギブズの自由エネルギー変化を求める。

例題11・9 次の電池反応に基づく電池の標準起電力から，この反応の25℃におけるギブズの自由エネルギー変化および平衡定数を求めよ。

$$Hg_2Cl_2 + Cd \rightleftharpoons 2Hg + Cd^{2+} + 2Cl^-$$

反応式から，電池図として $Cd|Cd^{2+} \| Cl^-|Hg_2Cl_2|Hg$ を考える。表11・1から標準起電力 $E°$ は

$$E° = 0.2682 - (-0.403) = 0.671_2 \text{ V}$$

この反応では関わる電子数は $z = 2$ であるから，平衡定数は (11.3) 式から，$1\text{ J} = 1\text{ C V}$ を使って

$$\ln K_c = \frac{zFE°}{RT} = \frac{2FE°}{RT} = \frac{2\times(96485 \text{ C mol}^{-1})(0.671_2 \text{ V})}{(8.314 \text{ J K}^{-1}\text{ mol}^{-1})(298.15 \text{ K})} = 52.2_5$$

したがって

$$K_c = e^{52.25} = 4.92 \times 10^{22}$$

また，ギブズの自由エネルギー変化は (11.4) 式から，

$$\triangle G° = -zFE° = -2\times(96485 \text{ C mol}^{-1})(0.671_2 \text{ V}) = -1.30 \times 10^5 \text{ CV mol}^{-1}$$
$$= -1.30 \times 10^5 \text{ J mol}^{-1}$$

ギブズの自由エネルギー変化と標準起電力との関係を燃料電池に応用する。

例題11・10 燃料電池の電池反応は，水素の燃焼反応であり，次の通りである。燃料電池の25℃での標準起電力を求めよ。

$$H_2(g) + 1/2 O_2(g) \longrightarrow H_2O(l)$$
アノード，H_2の酸化：$H_2 \longrightarrow 2H^+ + 2e^-$
カソード，H^+の還元：$1/2 O_2 + 2H^+ + 2e^- \longrightarrow H_2O$

この電池反応のギブズの自由エネルギー変化は，水の標準生成自由エネルギーの値と同じなので

$$\Delta G° = -237 \text{ kJ mol}^{-1} \quad (25℃)$$

となる。したがって，標準起電力 $E°$ は (11.4) 式から

$$E° = \frac{-\Delta G°}{zF} = -\frac{-237 \times 10^3 \text{ J mol}^{-1}}{2 \times (96485 \text{ C mol}^{-1})} = 1.23 \text{ J C}^{-1} = 1.23 \text{ V}$$

章末問題

11・1 次の化合物中の硫黄原子Sの酸化数を求めよ。
(a) H_2S（硫化水素）(b) SO_2（二酸化硫黄）(c) $NaHSO_3$（亜硫酸水素ナトリウム）(d) Na_2SO_3（亜硫酸ナトリウム）(e) $Na_2S_2O_3$（チオ硫酸ナトリウム＝次亜硫酸ナトリウム）(f) Na_2SO_4（硫酸ナトリウム）(g) $NaHSO_4$（硫酸水素ナトリウム）

11・2 次の反応において，酸化剤としてはたらく化合種を示せ。
(a) $CuO + H_2 \longrightarrow Cu + H_2O$
(b) $Cl_2 + SO_2 + 2H_2O \longrightarrow 2HCl + H_2SO_4$
(c) $2FeSO_4 + H_2SO_4 + H_2O_2 \longrightarrow Fe_2(SO_4)_3 + 2H_2O$
(d) $2KMnO_4 + 3H_2SO_4 + 5H_2O_2 \longrightarrow 2MnSO_4 + K_2SO_4 + 8H_2O + 5O_2$
(e) $H_2O_2 + H_2SO_4 + 2KI \longrightarrow 2H_2O + K_2SO_4 + I_2$

11・3 硫酸で酸性にした過マンガン酸カリウム（$KMnO_4$）水溶液と亜硫酸ナトリウム（Na_2SO_3）水溶液とを混ぜると酸化還元反応が起こる。この反応では，MnO_4^- は Mn^{2+} に，SO_3^{2-} は SO_4^{2-} に変化する。次の問いに答えよ。

(a) 1.0 mol の $KMnO_4$ と反応する Na_2SO_3 の物質量は何 mol か。

(b) 亜硫酸ナトリウム水溶液 10.0 cm³ に，0.0200 mol dm⁻³ の過マンガン酸カリウム水溶液を少しずつ加えていくと，ちょうど 12.5 cm³ 加えたとき，かすかに赤紫色が消えずに残った。この亜硫酸ナトリウム水溶液のモル濃度を求めよ。

11・4 次の酸化還元反応に対応する電池において，カソード（(+) 極＝正極）はどちらかを示せ。ただし，どちらの電解質の濃度も 1 mol dm⁻³ とし，温度は 25℃ とする。

(a) $Sn(s) + Pb^{2+}(aq) \longrightarrow Sn^{2+}(aq) + Pb(s)$

(b) $2Fe^{2+}(aq) + Cl_2(g) \longrightarrow 2Fe^{3+}(aq) + 2Cl^-(aq)$

(c) $2Fe^{3+}(aq) + 2Hg(l) \longrightarrow 2Fe^{2+}(aq) + Hg_2^{2+}(aq)$

11・5 下記の電池反応に対応する電池がある。次の場合の 25℃ における起電力を求めよ。

$$Zn(s) + Sn^{2+}(aq) \longrightarrow Zn^{2+}(aq) + Sn(s)$$

(a) 標準起電力

(b) Sn^{2+} の濃度が 1.5 mol dm⁻³，Zn^{2+} の濃度が 0.50 mol dm⁻³ のとき

(c) Sn^{2+} の濃度が 0.50 mol dm⁻³，Zn^{2+} の濃度が 1.5 mol dm⁻³ のとき

11・6 $Ag|AgI|I^- \parallel Ag^+|Ag$ で表わされる電池図の標準起電力からヨウ化銀 AgI の溶解度積を求めよ。温度は 25℃ とする。

11・7 次の電池反応に基づく電池の標準起電力から，この電池反応のギブズの標準自由エネルギー変化および平衡定数を求めよ。温度は 25℃ とする。

$$Fe^{2+} + Ce^{4+} \longrightarrow Fe^{3+} + Ce^{3+}$$

12章　化学反応の速度

火薬の爆発やガスの燃焼は一瞬のうちに進むが，鉄は空気中でゆっくりさびて酸化鉄になる。これら化学反応の速さを扱う化学の分野を化学反応速度論という。ここでは，反応の速度がどのように表されるか，反応速度に影響を与える要因，さらに，反応速度から反応がどのように進行するかを明らかにする方法について学ぶことにする。

12-1　反応速度と反応速度式

12-1-1　反応速度

自動車の速度は，単位時間（時間，h）に自動車が移動した距離で，たとえば平均時速 60 km h^{-1} と表わされるが，化学反応の速度はどのように表したらよいだろうか。反応物 A が生成物 B に変化する反応をみてみよう。

$$A \longrightarrow B$$

A と B の濃度を一定時刻ごとに測定すると，時間とともに，反応物 A の濃度は減少し，生成物 B の濃度は増加することがわかる（図 12・1）。

生成物 B の時刻 t_1, t_2 における濃度をそれぞれ [B]$_1$, [B]$_2$ とすると，時刻 t_1

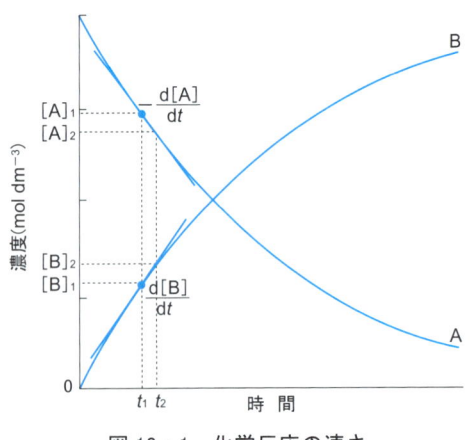

図 12・1　化学反応の速さ

から t_2 の間の B の生成速度は，変化量 Δ（デルタ）を用いると，次のように与えられる．

$$\text{B の生成速度} = \frac{[\text{B}]_2 - [\text{B}]_1}{t_2 - t_1} = \frac{\Delta[\text{B}]}{\Delta t} \tag{12.1}$$

同様に，反応物 A の消失速度は，次のように表せる．

$$\text{A の消失速度} = -\frac{[\text{A}]_2 - [\text{A}]_1}{t_2 - t_1} = -\frac{\Delta[\text{A}]}{\Delta t} \tag{12.2}$$

このように反応速度は，単位時間当たりの生成物の増加量あるいは反応物の減少量と定義される．

ここで，A の消失速度に負の符号がついていることに注意しよう．反応物 A の濃度は減少するので（$[\text{A}]_2 < [\text{A}]_1$），$\Delta[\text{A}]$ は負の値をもつ．反応速度は正の値として定義されるので，反応物の消失速度には負の符号が必要となるためである．また，時間 t の単位が秒（s），濃度の単位が mol dm^{-3} のとき，反応速度の単位は mol dm^{-3} s^{-1} となる．

しかし，これらの式は，特定の時間 Δt における平均の反応速度を表している．そこで，時刻 t から $t + \Delta t$ までの Δt を無限に小さくした場合，すなわち，ある時刻 t における瞬間速度を考える必要がある．これは，特定の時刻 t における接線の傾きに相当する．つまり，反応速度 v は次のように表される．

$$v = -\frac{d[\text{A}]}{dt} = \frac{d[\text{B}]}{dt} \tag{12.3}$$

また，反応の開始点（$t = 0$）での瞬間速度を初速度という．図 12・1 からもわかるように，反応の進行とともに反応物 A の濃度 [A] は減少するので，反応速度 v も時間とともに減少する．

もう少し複雑な，次の反応を考えてみよう．

$$2\text{A} \longrightarrow \text{B}$$

この反応では，2 mol の A が消失するごとに 1 mol の B が生成するので，A の消失速度は，B の生成速度の 2 倍である．そこで，反応速度をそろえるために，化学量論係数で割って反応速度 v を次のように表す．

$$v = -\frac{1}{2}\frac{d[\text{A}]}{dt} = \frac{d[\text{B}]}{dt} \tag{12.4}$$

一般的に，次のような反応では，

$$aA + bB \longrightarrow cC + dD$$

その反応速度 v は，次式で与えられる．

$$v = -\frac{1}{a}\frac{d[A]}{dt} = -\frac{1}{b}\frac{d[B]}{dt} = \frac{1}{c}\frac{d[C]}{dt} = \frac{1}{d}\frac{d[D]}{dt} \tag{12.5}$$

化学反応式の化学量論係数と反応速度との関係を理解する．

例題12・1 過酸化水素の消失速度が 2×10^{-3} mol dm^{-3} s^{-1} のとき，H_2O, O_2 の生成速度はいくらか．

$$2H_2O_2(l) \longrightarrow 2H_2O(l) + O_2(g)$$

化学量論係数を考えると，2 mol の H_2O_2 が消失するごとに 2 mol の H_2O と 1 mol の O_2 が生成する．反応速度 v は

$$v = -\frac{1}{2}\frac{d[H_2O_2]}{dt} = \frac{1}{2}\frac{d[H_2O]}{dt} = \frac{d[O_2]}{dt}$$

と表せる．H_2O_2 の消失速度 $-\dfrac{d[H_2O_2]}{dt} = 2 \times 10^{-3}$ mol dm^{-3} s^{-1} であるので

水の生成速度 $\dfrac{d[H_2O]}{dt} = 2 \times 10^{-3}$ mol dm^{-3} s^{-1}

酸素の生成速度 $\dfrac{d[O_2]}{dt} = \dfrac{1}{2} \times 2 \times 10^{-3}$ mol dm^{-3} s^{-1} $= 1 \times 10^{-3}$ mol dm^{-3} s^{-1}

すなわち，水の生成速度は酸素の生成速度の2倍である．

12−1−2 反応速度式

反応速度が反応物の濃度とどのような関係にあるかを，A $\longrightarrow$ B の反応についてもう一度調べてみよう．A の濃度を2倍，4倍と変化させたところ，反応速度は2倍，4倍に増加した．このことは，反応速度が反応物 A の濃度 [A] に比例することを示している．したがって，次のような式が成立する．

$$v = -\frac{d[A]}{dt} = \frac{d[B]}{dt} = k[A] \tag{12.6}$$

この式のように，反応速度と反応物の濃度の関係を表す式を反応速度式といい，比例定数 k を反応速度定数とよぶ．ある反応の反応速度定数 k は，温度によって決まり，反応物の濃度に無関係である．

反応速度式と反応速度定数は，反応の種類によって異なり，一般に，次のような反応では，

$$aA + bB \longrightarrow cC + dD$$

反応速度式は次のように表せる．

$$v = -\frac{1}{a}\frac{d[A]}{dt} = -\frac{1}{b}\frac{d[B]}{dt} = \frac{1}{c}\frac{d[C]}{dt} = \frac{1}{d}\frac{d[D]}{dt} = k[A]^\alpha[B]^\beta \quad (12.7)$$

ここで，指数 α と β を反応次数という．この場合，化合物 A について α 次，B について β 次，全体で $(\alpha + \beta)$ 次の速度式である．たとえば，$v = k[A][B]$ のとき，A について 1 次，B について 1 次で，全反応次数は 2 次となる．また，$v = k[A][B]^2$ のとき，A について 1 次，B について 2 次で，全反応次数は 3 次である．このように，反応速度は反応物の濃度の積で表され，一般に濃度が高いほど大きくなる．

反応次数を理解する．

例題12・2 $2NO(g) + O_2(g) \longrightarrow 2NO_2(g)$ の反応速度式は，$v = k[NO]^2[O_2]$ で表される．反応物それぞれの反応次数と全反応次数はいくつか．

NO について 2 次，O_2 について 1 次，全反応次数は $(2 + 1)$ の 3 次である．

反応速度式は実験によって求めることができるものであり，反応次数 α，β は化学量論式の係数から推定できないことに注意しよう．たとえば，五酸化二窒素 N_2O_5 の分解反応は，次式で表される．

$$2N_2O_5(g) \longrightarrow 4NO_2(g) + O_2(g)$$

実験から求められた反応速度式は $v = k[N_2O_5]$ であり，化学量論式の係数から推定される 2 次ではなく，1 次の反応である．すなわち，この反応では，N_2O_5 の濃度が 2 倍になると，反応速度も 2 倍になる．

反応速度式を理解する。

例題12・3 ある反応 A＋B ⟶ C について，A，Bの初濃度を変化させ，反応初速度を測定した結果，表のような結果が得られた。(a) この反応の速度式と反応次数，(b) 速度定数，(c) $[A] = 1.5 \times 10^{-1}$ mol dm^{-3} $[B] = 2.5 \times 10^{-2}$ mol dm^{-3} のときの反応速度を求めよ。

実験	初濃度 (mol dm^{-3})		初速度 (mol dm^{-3} s^{-1})
	A	B	
1	1.0×10^{-1}	1.0×10^{-1}	1.2×10^{-5}
2	1.0×10^{-1}	2.0×10^{-1}	2.4×10^{-5}
3	1.0×10^{-1}	3.0×10^{-1}	3.6×10^{-5}
4	2.0×10^{-1}	1.0×10^{-1}	4.8×10^{-5}
5	3.0×10^{-1}	1.0×10^{-1}	1.08×10^{-4}

(a) Aの濃度を一定とし，Bの濃度を2倍，3倍にすると，初速度は2倍，3倍になるので，Bの濃度について1次の反応であることがわかる。一方，Bの濃度を一定とし，Aの濃度を2倍，3倍にすると，初速度は4倍，9倍になるので，Aの濃度について2次の反応である。したがって，反応速度式は，$v = k[A]^2[B]$ と表され，全反応次数は3次である。

(b) $k = v / ([A]^2[B])$ であるので，実験1のデータを利用すると

$$k = \frac{v}{[A]^2[B]} = \frac{1.2 \times 10^{-5} \text{ mol dm}^{-3} \text{ s}^{-1}}{(1.0 \times 10^{-1} \text{ mol dm}^{-3})^2 (1.0 \times 10^{-1} \text{ mol dm}^{-3})}$$

$$= 1.2 \times 10^{-2} \text{ mol}^{-2} \text{ dm}^6 \text{ s}^{-1}$$

(c) $v = k[A]^2[B] = 1.2 \times 10^{-2} \text{ mol}^{-2} \text{ dm}^6 \text{ s}^{-1} \times (1.5 \times 10^{-1} \text{ mol dm}^{-3})^2 (2.5 \times 10^{-2} \text{ mol dm}^{-3})$

$$= 6.75 \times 10^{-6} \text{ mol dm}^{-3} \text{ s}^{-1}$$

12-2 1次反応

反応速度が反応物Aの濃度[A]の1乗に比例する反応を1次反応という。その速度式は次のように表せる。

$$v = -\frac{d[A]}{dt} = k[A] \tag{12.8}$$

ここで,反応速度 v は単位時間当たりの濃度変化 ($\mathrm{mol\ dm^{-3}\ s^{-1}}$) であるので

$$\mathrm{mol\ dm^{-3}\ s^{-1}} = k \times \mathrm{mol\ dm^{-3}}$$

したがって,1 次反応速度定数 k の単位は,$\mathrm{s^{-1}}$ である。

(12.8) 式を変形すると

$$\frac{d[A]}{[A]} = -k\,dt \tag{12.9}$$

ここで,反応開始時 ($t = 0$) から時刻 t まで(A の濃度が $[A]_0$ から $[A]$ まで)の積分を行うと

$$\int_{[A]_0}^{[A]} \frac{d[A]}{[A]} = -\int_0^t k\,dt \tag{12.10}$$

$$\ln[A] = -kt + C \quad (C:積分定数)$$

が得られる。ここで,ln は e を底とする自然対数 $\log_e$ である。$t = 0$ のとき,A の濃度は $[A]_0$ より

$$C = \ln[A]_0$$

したがって

$$\ln[A] = -kt + \ln[A]_0$$

$$\ln\frac{[A]}{[A]_0} = -kt \tag{12.11}$$

あるいは

$$\frac{[A]}{[A]_0} = e^{-kt}$$

$$[A] = [A]_0 e^{-kt} \tag{12.12}$$

このように,反応速度式の積分形により,濃度と時間の関係を表すことができる。したがって,反応物の濃度の時間変化を測定し,$\ln([A]/[A]_0)$ の値と時間 t の間に直線関係が成立すれば,その反応は 1 次反応であり,直線の傾きから速度定数 k を求めることができる(図 12・2)。また,(12.12) 式より 1 次反応での反応物の濃度 $[A]$ は,時間とともに指数関数的に減少することもわかる。

傾き = $-k$

$\ln([A]/[A]_0)$

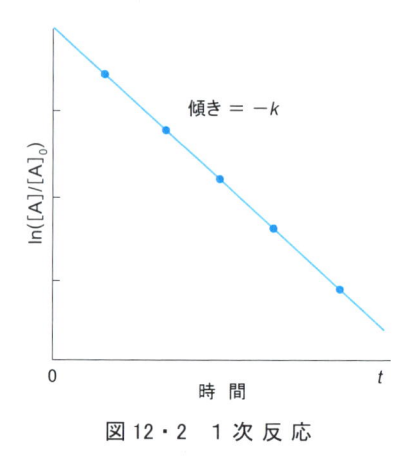

0　　　　　時　間　　　　　t

図 12・2　1 次 反 応

1次反応速度式を理解する。

例題 12・4　化合物 A を反応させたところ, A の濃度は時間の経過とともに, 下のように変化した。この反応の反応次数と速度定数を決定せよ。

時間 (t / min)	0	30.0	60.0	90.0	180.0
A の濃度 (c_A / mol dm^{-3})	1.00	0.90	0.81	0.73	0.53

(12.11) 式を書きなおせば, $\ln([A]_0/[A]) = kt$ となる。したがって, $\ln([A]_0/[A])$ を時間 t / min に対してプロットし, 直線となれば 1 次反応である。$t = 0,\ 30.0,\ 60.0,\ 90.0,\ 180.0$ のときの $\ln([A]_0/[A])$ の値は, それぞれ, 0, 0.105, 0.211, 0.315, 0.635 である。これをプロットすると直線となるので, 1 次反応であることがわかる。また, 直線の傾きから, 速度定数は　$3.5 \times 10^{-3}\ \text{min}^{-1} = 5.8 \times 10^{-5}\ \text{s}^{-1}$　と求められる。

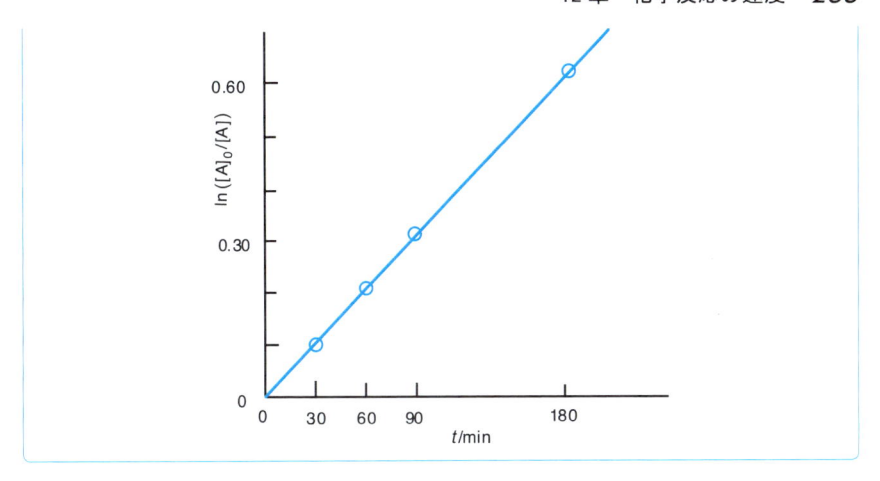

1次反応速度式を理解する。

> **例題12・5** ある1次反応 A → P の速度定数は，$6.5 \times 10^{-4}\,\text{s}^{-1}$ である。A の初濃度が $0.20\,\text{mol dm}^{-3}$ のとき，10 分後の A の濃度はいくらか。

10 分後の A の濃度を [A] とおけば，(12.11) 式より

$$\ln \frac{[A]}{[A]_0} = -kt$$

$$\ln \frac{[A]}{0.20} = -6.5 \times 10^{-4} \times 10 \times 60$$

$$\ln [A] - \ln 0.20 = -0.39 \quad \ln [A] = -2.0$$

したがって

$$[A] = e^{-2.0} = 0.14\,\text{mol dm}^{-3}$$

反応物の濃度が，初濃度 $[A]_0$ の半分に減少するまでの時間を半減期 $t_{1/2}$ という（図 12・3）。$t_{1/2}$ のときの反応物の濃度は $[A]_0/2$ であるので，(12.11) 式に代入すると

$$\ln \frac{\dfrac{[A]_0}{2}}{[A]_0} = -k\,t_{1/2}$$

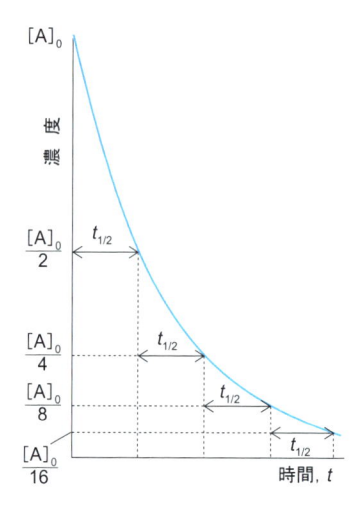

図12・3 1次反応における濃度の減少と半減期

したがって

$$t_{1/2} = \frac{\ln 2}{k} \tag{12.13}$$

(12.13) 式から,1次反応の半減期は反応物の初濃度には無関係であることがわかる.また,半減期に相当する時間が経過するごとに,Aの濃度は半分になる (図12・3).

$t_{1/2}$ が小さいほど速度定数は大きいので,半減期は反応速度を比較するのによく利用される.放射性同位体の壊変と半減期の関係は13章で学ぶ.

1次反応の半減期を理解する.

例題12・6 ある1次反応の速度定数は $2.8 \times 10^{-5}\,\mathrm{s}^{-1}$ である.反応物の濃度が初濃度の $1/2$,$1/4$ になる時間はそれぞれいくらか.

反応物の濃度が初濃度の半分になる時間が半減期である.

$$t_{1/2} = \frac{\ln 2}{k} \text{ より, } t_{1/2} = \frac{\ln 2}{2.8 \times 10^{-5}\,\mathrm{s}^{-1}} = 2.5 \times 10^{4}\,\mathrm{s}$$

$$\ln \frac{[A]_0}{\frac{[A]_0}{4}} = k\, t_{1/4} \text{ より}$$

$$\frac{\ln 4}{k} = \frac{1.39}{2.8 \times 10^{-5}\,\mathrm{s}^{-1}} = 5.0 \times 10^4\,\mathrm{s}$$

すなわち,半減期である 2.5×10^4 s 経過すると濃度は半分に,さらに 2.5×10^4 s 経過すると,濃度はその半分,1/4 になる。

12−3 2次反応

2次反応には2つのタイプがある。反応速度が1つの反応物の濃度の二乗に比例する場合と,反応速度が2種類の反応物それぞれの濃度に比例する場合である。

(1) 反応 A → P

反応速度が反応物 A の濃度の二乗に比例する場合,反応速度式は次のように表せる。

$$v = -\frac{d[A]}{dt} = k[A]^2 \tag{12.14}$$

1次反応と同様に変形して積分すると

$$\int_{[A]_0}^{[A]} \frac{d[A]}{[A]^2} = -\int_0^t k\, dt$$

$$\frac{1}{[A]} = kt + C \quad (\text{C:積分定数}) \tag{12.15}$$

$t = 0$ のとき,A の濃度を $[A]_0$ とすると,$C = 1/[A]_0$。したがって,次式のように表せる。

$$\frac{1}{[A]} = kt + \frac{1}{[A]_0} \tag{12.16}$$

任意の時刻 t における A の濃度の逆数($1/[A]$)と時間 t との間に直線関係があれば,その反応は2次反応であることがわかる。また,直線の傾きから速度定数 k(単位は $\mathrm{mol}^{-1}\,\mathrm{dm}^3\,\mathrm{s}^{-1}$)が得られる(図 12・4 (a))。

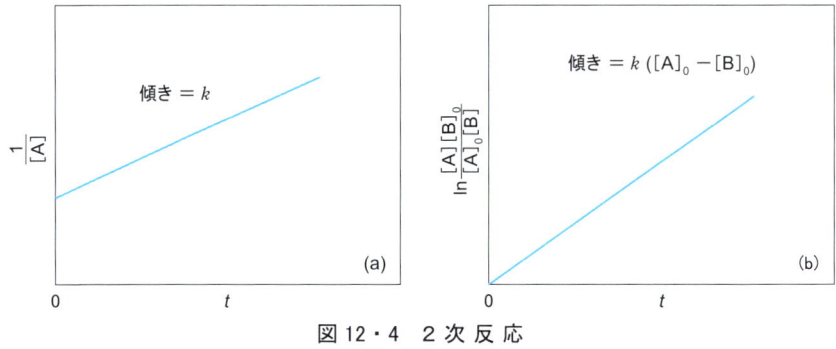

図 12・4 2 次 反 応
(a) 式 (12-16) にもとづいたプロット
(b) 式 (12-18) にもとづいたプロット

2次反応速度式を理解する。

例題12・7 ある2次反応 A → P で，反応物 A の初濃度を 0.10 mol dm^{-3} とするとき，20分後に A の 40% が反応した。(a) この反応の速度定数を求めよ。(b) 60% が反応するのに要する時間はいくらか。

(a) 40%反応したので，A は 60% 残っている。したがって，$[A] = 0.6 \times 0.10 \text{ mol dm}^{-3}$，(12.16) 式より

$$\frac{1}{0.6 \times 0.10} = k \times 20 \times 60 + \frac{1}{0.10}$$

よって

$k = 5.6 \times 10^{-3} \text{ mol}^{-1} \text{ dm}^3 \text{ s}^{-1}$

(b) 反応物 A は 40% 残っているので，(a) で求めた速度定数を用いると (12.16) 式より

$$\frac{1}{0.4 \times 0.10} = 5.6 \times 10^{-3} \times t + \frac{1}{0.10}$$

$t = 2.7 \times 10^3 \text{ s}$，すなわち 45 分

2次反応の半減期を理解する。

例題12・8 反応 A → P で反応速度が反応物 A の濃度の二乗に比例する 2 次反応の半減期を表せ。

$t_{1/2}$ のときの反応物の濃度は $[A]_0/2$ であるので，(12.16) 式より

$$\frac{1}{\dfrac{[A]_0}{2}} = kt_{1/2} + \frac{1}{[A]_0}$$

したがって，$t_{1/2} = 1/(k[A]_0)$ すなわち，2 次反応の半減期は反応物の初濃度 $[A]_0$ に逆比例する．

(2) 反応　A + B　→　P

この反応が A と B の濃度についてそれぞれ 1 次，全次数が 2 次の反応であるとき，速度式は次のように表せる．

$$-\frac{d[A]}{dt} = -\frac{d[B]}{dt} = k[A][B] \tag{12.17}$$

A と B の初濃度を $[A]_0$，$[B]_0$，時刻 t における濃度をそれぞれ $[A]$，$[B]$，さらに，x を時刻 t までに消費された量とすれば，

$$[A] = [A]_0 - x \qquad [B] = [B]_0 - x$$

したがって

$$-\frac{d[A]}{dt} = \frac{dx}{dt} = k[A][B] = k([A]_0 - x)([B]_0 - x)$$

変形すると

$$\frac{dx}{([A]_0 - x)([B]_0 - x)} = k\,dt$$

積分を行うと，次式が得られる．

$$\frac{1}{([B]_0 - [A]_0)} \ln \frac{([B]_0 - x)[A]_0}{([A]_0 - x)[B]_0} = kt$$

したがって

$$\frac{1}{([A]_0 - [B]_0)} \ln \frac{[A][B]_0}{[A]_0[B]} = kt \tag{12.18}$$

と表される．すなわち，$\ln([A][B]_0/[A]_0[B])$ を t に対してプロットしたとき，直線関係となれば，その反応は A と B についてそれぞれ一次，全次数二次の反応である（図 12・4 (b)）．

2次反応速度式を理解する。

> **例題12・9** $A + B \rightarrow C + D$ の反応速度式は，$v = k[A][B]$ と表せる。27°Cにおける速度定数は $2.0 \times 10^{-4}\ \mathrm{mol^{-1}\ dm^3\ s^{-1}}$ である。$[A] = 0.25\ \mathrm{mol\ dm^{-3}}$，$[B] = 0.14\ \mathrm{mol\ dm^{-3}}$ のときの反応速度を求めよ。

$$v = k[A][B] = (2.0 \times 10^{-4})(0.25 \times 0.14) = 7.0 \times 10^{-6}\ \mathrm{mol\ dm^{-3}\ s^{-1}}$$

12−4 反応速度の温度依存性

化学反応は，一般に温度を上げると速く進むようになる。すなわち，反応速度定数 k の値は，高温ほど大きくなる。これを理解するために，まず反応がどのように起こるのかを考えてみよう。

12−4−1 衝突理論

気相反応の衝突理論によると，分子 A と B が化学反応を起こすためには，A と B が互いに衝突する必要がある。したがって，衝突回数が多いほど反応速度は大きくなると考えられる。これらの頻度は，

　　　衝突頻度 $= Z[A][B]$

で与えられる。ここで，Z は，衝突頻度に関する定数である。しかし，衝突すれば反応するわけではなく，反応に都合のよい角度で衝突する必要がある。その衝突確率を立体因子 P とよぶ。

さらに，反応が起こるには，ある値以上のエネルギーをもった分子同士が衝突することも必要である。このような，反応を進行させるために必要な最小のエネルギーを活性化エネルギーとよぶ。反応物が活性化エネルギー以上のエネルギーを得ると，遷移状態とよばれる不安定な状態を経て，生成物に変わることができる。(図 12・5) 活性化エネルギー E_a は，反応物と遷移状態とのエネルギー差である。

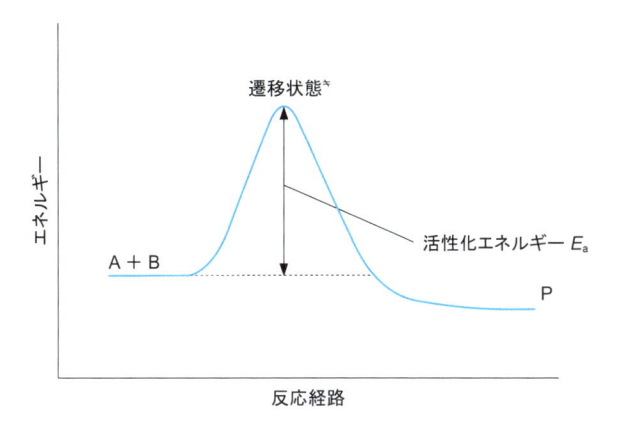

図 12・5　活性エネルギーと遷移状態理論

さて，温度を上げると図 12・6 で示したように，活性化エネルギー以上のエネルギーをもった分子の割合，すなわち，反応を起こしうる分子の割合が急激に増加する。この割合 f は

$$f = \mathrm{e}^{-\frac{E_\mathrm{a}}{RT}} \tag{12.19}$$

と表せる。以上をまとめると，反応速度は次のように表せる。

$$v = Z \times P \times \mathrm{e}^{-\frac{E_\mathrm{a}}{RT}} \times [\mathrm{A}][\mathrm{B}] \tag{12.20}$$

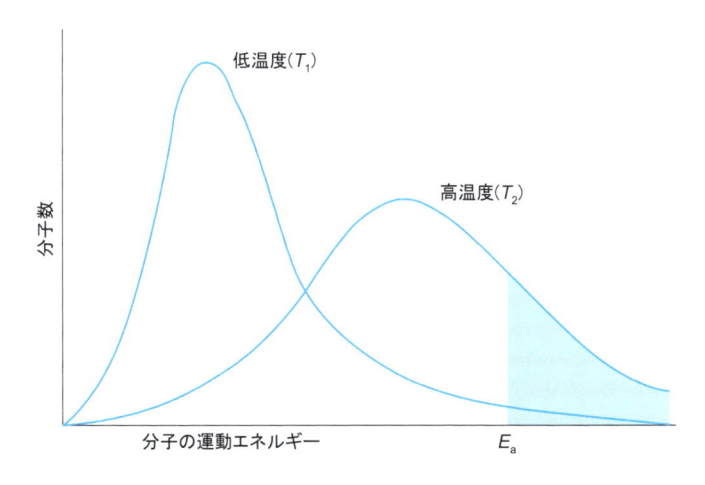

図 12・6　分子の運動エネルギーの分布

すなわち，速度定数 k は

$$k = Z \times P \times \mathrm{e}^{-\frac{E_\mathrm{a}}{RT}} \tag{12.21}$$

と与えられる。

12−4−2　アレニウスの式

1888 年 Arrhenius は速度定数と温度が次の関係にあることを見いだした。これをアレニウスの式という。

$$k = A\mathrm{e}^{-\frac{E_\mathrm{a}}{RT}} \tag{12.22}$$

ここで，E_a は活性化エネルギー（単位 kJ mol^{-1}），A は頻度因子（速度定数 k と同じ単位）とよばれ，それぞれ反応に固有な値である。また，e は自然対数の底，R は気体定数（8.314 J K^{-1} mol^{-1}），T は絶対温度である。

実験的に得られたアレニウスの式は，衝突理論で導かれた (12.21) 式と同じである。つまり，活性化エネルギーの小さな反応ほど速度定数が大きく，反応速度が大きいことを示している。

アレニウスの式 (12.22) の両辺の自然対数をとると，次のように表せる。

$$\ln k = \ln A - \frac{E_\mathrm{a}}{RT} \tag{12.23}$$

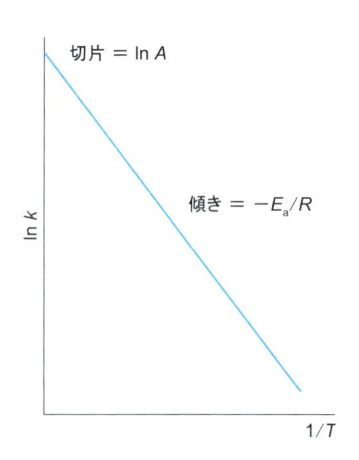

図 12・7　反応速度の温度依存性

したがって，温度を変化させて反応を行い，それぞれの温度における速度定数を求め，温度 T の逆数と $\ln k$ をプロットすれば，(12.23) 式より直線関係が得られ，直線の傾きから活性化エネルギー E_a を求めることができる（図 12・7）。

活性化エネルギーがわかっている反応では，ある温度における速度定数から，別の温度における速度定数も計算できる。すなわち，活性化エネルギー E_a，頻度因子 A の反応の温度 T_1，T_2 での速度定数をそれぞれ k_1，k_2 とすると

$$\ln k_1 = \ln A - \frac{E_a}{RT_1} \qquad \ln k_2 = \ln A - \frac{E_a}{RT_2}$$

$\ln k_1$ から $\ln k_2$ を引くと

$$\ln k_2 - \ln k_1 = \frac{E_a}{RT_1} - \frac{E_a}{RT_2}$$

$$\ln \frac{k_2}{k_1} = \frac{E_a}{R}\left(\frac{1}{T_1} - \frac{1}{T_2}\right) \tag{12.24}$$

が得られる。また，この式を用いると，異なる温度における速度定数を用いて，活性化エネルギーを求めることができる。

図 12・7 からわかるように活性化エネルギーの大きな反応では，反応温度を変化させると，反応速度は大きく変化する。逆に，活性化エネルギーの小さな反応の反応速度は，反応温度を変化させても，反応速度は少ししか変化しない。

ある温度における活性化エネルギーから別の温度の反応速度定数を求める。

例題12・10 ある1次反応の25℃における反応速度定数は，1.7×10^{-3} s^{-1} である。この反応の活性化エネルギーが $50\ \text{kJ mol}^{-1}$ であるとき，35℃における速度定数はいくらか。

35℃における速度定数を k とすると (12.24) 式より

$$\ln \frac{k}{1.7 \times 10^{-3}} = \frac{50 \times 10^3\, \text{J mol}^{-1}}{8.31\, \text{J K}^{-1}\, \text{mol}^{-1}}\left(\frac{1}{298} - \frac{1}{308}\right)$$

$$k = 3.2 \times 10^{-3}\, \text{s}^{-1}$$

となり，反応温度が10℃高くなると，速度定数はほぼ2倍になる。

異なる温度における速度定数を用いて，活性化エネルギーを計算できる。

例題12・11 温度を5℃から25℃に上げたとき，10倍の速さで進行する反応と，2倍しか変化しない反応がある。これら反応の活性化エネルギーを比較せよ。

(12.24) 式より

$$\ln 10 = \frac{E_a}{8.31}\left(\frac{1}{278} - \frac{1}{298}\right) \quad E_a = 79.2 \text{ kJ mol}^{-1}$$

また，$\ln 2 = \dfrac{E_a}{8.31}\left(\dfrac{1}{278} - \dfrac{1}{298}\right) \quad E_a = 23.8 \text{ kJ mol}^{-1}$

温度の変化により，反応速度が大きく変化する反応の活性化エネルギーは大きく，逆に反応速度が少ししか変化しない反応の活性化エネルギーは小さい。

12-5 速度式の解釈：反応機構

一般に，化学反応は素反応とよばれる1段階で完結する反応の組合せからなる。反応物から生成物にどのように変わっていくかの道筋を一連の素反応の組合せで表わしたものを反応機構という。素反応を表すときは，一般に化学種の物理的な状態を示さずに化学方程式を書く。

たとえば，一酸化二窒素の分解反応を考えよう。

$$2N_2O(g) \longrightarrow 2N_2(g) + O_2(g) \tag{12.25}$$

反応式の化学量論係数に従うとすると，N_2O について2次となるはずである。しかし，実験から得られた反応速度は，$v = k[N_2O]$ であることがわかった。この反応が次のような2つの素反応によって，段階的におこると考えると反応速度式を説明できる。

段階1 $N_2O \xrightarrow{k_1} N_2 + O$

段階2 $N_2O + O \xrightarrow{k_2} N_2 + O_2$

これら2つの素反応を足し合わせると，全反応を表す式（12.25）が与えられる。

Oは，2つの素反応には現れるが，全反応を表す式には現れない。このような化学種を反応中間体とよぶ。2つの素反応のうち，もっとも遅く，反応全体の速度を支配している素反応を律速段階という。

全反応の速度式は，その化学反応式の化学量論係数からは推定できないが，素反応の速度式は，素反応の化学量論係数から導かれる。段階1が律速段階であるとすると（$k_2 \gg k_1$），全体の反応速度 v は段階1の反応速度で決定される。

$$v = k_1[N_2O]$$

これは，実験で決定された反応速度式と同様，N_2O 濃度の1次である。したがって，提案された反応機構は，実験と矛盾せず妥当であるといえる。このような方法で，多くの反応機構が明らかにされている。

例題12・12 次の反応は2次反応速度式 $v = k[H_2][ICl]$ に従うことがわかった。

$$H_2(g) + 2\,ICl(g) \longrightarrow I_2(g) + 2HCl(g)$$

この反応機構が，次の2つの素反応からなるとき，律速段階はどこか。また，反応中間体は何か。

段階1　$H_2 + ICl \xrightarrow{k_1} HI + HCl$

段階2　$HI + ICl \xrightarrow{k_2} I_2 + HCl$

段階1が律速段階であれば，反応速度 $= k_1[H_2][ICl]$ となり，2次反応速度式に従う。反応中間体は，全体の反応式に現れない HI である。

シクロプロパンが加熱によりプロペンに異性化する反応を考えてみよう。この反応は，1次反応速度式に従うことが実験的に明らかにされている。1次の速度式で表される反応をどのように考えたらよいのだろうか。2分子間での衝突が必要であるなら，2次反応になるのではないか。

```
    H₂
    C
   / \
H₂C—CH₂  (g)  ⟶  CH₃CH=CH₂ (g)
シクロプロパン              プロペン
```

$$v = k\,[\text{シクロプロパン}] \tag{12.26}$$

　シクロプロパンを A，プロペンを P としたとき，次の 3 つの素反応から構成される反応機構を考え，反応物 A が生成物 P に変化する段階 3 が律速段階とすると，この 1 次反応速度式を説明できる．

段階 1:反応物 A どうしが衝突し，エネルギーの高い活性化状態の A* が生成する過程．
$$A + A \xrightarrow{k_1} A + A^*$$
段階 2:活性化状態の A* が，別の A と衝突し A に戻ってしまう過程．
$$A^* + A \xrightarrow{k_{-1}} A + A$$
段階 3:活性化状態の A* が，自ら分解し生成物 P を与える過程．
$$A^* \xrightarrow{k_2} P$$

　ここで，A* は素反応には現れるが，反応式には現れない化学種であるので，反応中間体である．素反応の速度式は，素反応の化学量論係数から導かれるので，段階 1 から 3 の素反応における中間体 A* に関する速度式は，それぞれ次のように表される．

$$\frac{d[A^*]}{dt} = k_1[A][A] \qquad -\frac{d[A^*]}{dt} = k_{-1}[A][A^*] \qquad -\frac{d[A^*]}{dt} = k_2[A^*] \tag{12.27}$$

　ここで，段階 3 が律速段階とすると，P の生成速度は

$$\frac{d[P]}{dt} = k_2\,[A^*] \tag{12.28}$$

となる．活性化状態の A* は反応性に富んでおり，生成しても直ちに反応してしまうので，反応している間，中間体 A* の濃度は一定で低いと仮定すれば

$$\frac{d[A^*]}{dt} = 0 \tag{12.29}$$

とすることができる。この取り扱いを定常状態の近似という。すなわち(12.28)式より

$$\frac{d[A^*]}{dt} = 0 = k_1[A]^2 - k_{-1}[A][A^*] - k_2[A^*] \tag{12.30}$$

を得ることができる。これを整理すれば，A^* の濃度を次のように表すことができる。

$$[A^*] = \frac{k_1[A]^2}{k_{-1}[A] + k_2} \tag{12.31}$$

これを (12.28) 式に代入すると，プロペンの生成速度は

$$\frac{d[P]}{dt} = k_2[A^*] = \frac{k_1 k_2 [A]^2}{k_{-1}[A] + k_2} \tag{12.32}$$

となる。

ここで，A^* が元に戻る段階 2 より A^* が生成物を与える段階 3 が遅い，すなわち，段階 3 が律速段階であるとすれば

$$k_{-1}[A][A^*] \gg k_2 [A^*] \tag{12.33}$$

つまり，$k_{-1}[A] \gg k_2$ であるので，(12.32) 式は

$$\frac{d[P]}{dt} = \frac{k_1 k_2}{k_{-1}} [A] \tag{12.34}$$

と表わすことができる。つまり，反応は [A] について 1 次であり，実験的に求められた速度式 (12.26) に一致する。

このように，いくつかの素反応からなる反応機構を考え，ある仮定のもと実験的に得られた速度式を理解できれば，その反応機構に従って反応が進んでいると解釈できる。

12－6　触媒と酵素

濃度を高くしたり，温度を上げると反応が速くなることがわかった。また，反応が起こるには反応物がエネルギーの高い遷移状態を乗り越えなければならないことも学んだ。したがって，遷移状態を乗り越えるために必要な活性化エネルギーを小さくできれば反応が速くなると考えられる。そのため，触媒が利用される。触媒を少量加えると反応物と何らかの相互作用を持ち，活性化エネ

ルギーの低い別の反応経路を進むようになる。(図 12・8) 触媒は反応速度を増加させるが，それ自身は反応で消費されない物質である。

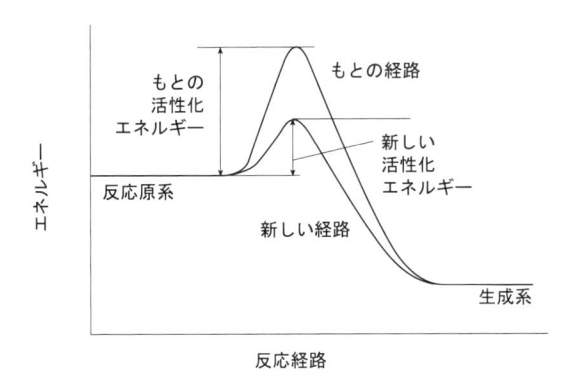

図 12・8 触媒の活性化エネルギーに及ぼす効果

反応物と同じ溶媒に溶けている（同じ相にある）触媒を均一触媒，異なる相たとえば，気相反応に用いられる固体触媒を不均一触媒という。これらの触媒反応は化学工業プロセスに多用されている。たとえば，酸触媒を用いたエチレンと水との反応により，年間何万トンものエタノールが合成されている。また，エチレンからパラジウム－銅触媒を用いてアセトアルデヒドが合成され，さらに酸化反応により，酢酸が生産されている。

$$CH_2=CH_2 + H_2O \xrightarrow{\text{触媒}: H_2SO_4} CH_3CH_2OH$$
エチレン　　　　　　　　　　　　　　　　エタノール

$$CH_2=CH_2 \xrightarrow[\text{触媒}: PdCl_2 - CuCl_2]{H_2O,\ O_2} CH_3CHO \xrightarrow[\text{触媒}: Mn^{2+}]{O_2} CH_3COOH$$
エチレン　　　　　　　　　　　アセトアルデヒド　　　　　　　酢酸

酵素はタンパク質からなる天然の触媒である。ご飯やパンの成分であるデンプンは，多数のグルコースが結合した多糖である。デンプンは，唾液に含まれるアミラーゼとよばれる酵素によって，2分子のグルコースが結合したマルトースに加水分解され，さらに，酵素マルターゼによってグルコースに分解される。これらの反応は，ヒトの体温37℃前後で効率よく進行している。

章末問題

12・1 反応 $3A + 4B \longrightarrow 2C + 6D$ における C の生成速度が $1.42 \text{ mol dm}^{-3} \text{ s}^{-1}$ であるとき，A の消失速度および D の生成速度はいくらか．

12・2 $A \longrightarrow B$ の一次反応では 10 分後に原料 A の 20% が反応した．(a) この反応の速度定数を求めよ．(b) 30 分後に残っている原料 A の割合を % で示せ．

12・3 ある一次反応の半減期は 30 分であった．反応物の初濃度が $2.50 \times 10^{-3} \text{ mol dm}^{-3}$ のとき，反応物が $0.15 \times 10^{-3} \text{ mol dm}^{-3}$ になるためには，どれだけの時間が必要か．

12・4 ある一次反応 $A \longrightarrow 2B$ において，A の初濃度が $2.5 \times 10^{-2} \text{ mol dm}^{-3}$ のとき，3 分後に B の濃度は $1.0 \times 10^{-2} \text{ mol dm}^{-3}$ となった．B の濃度が $3.0 \times 10^{-2} \text{ mol dm}^{-3}$ となるのは，反応開始から何分後か．

12・5 ある二次反応で，反応物の濃度が 40 分間に $5.6 \times 10^{-1} \text{ mol dm}^{-3}$ から $2.3 \times 10^{-1} \text{ mol dm}^{-3}$ に減少した．この反応の速度定数はいくらか．

12・6 ある反応の速度定数を測定したところ，480 K で $3.6 \times 10^{-5} \text{ mol}^{-1} \text{ dm}^3 \text{ s}^{-1}$，550 K で $1.2 \times 10^{-3} \text{ mol}^{-1} \text{ dm}^3 \text{ s}^{-1}$ であった．この反応の活性化エネルギーを求めよ．

12・7 活性化エネルギーが 50.0 kJ mol^{-1} の反応の反応温度が 20℃ から 30℃ になったとき，速度定数は何倍になるか．

12・8 一次反応の反応温度を 10 K 上げたとき，半減期は 1/2 になった．最初の反応温度は何度か．ただし，この反応の活性化エネルギーは 50.0 kJ mol^{-1} である．

12・9 次の反応の反応速度式は，実験の結果 $v = k[NO_2]^2$ であることがわかった．

$$NO_2(g) + CO(g) \longrightarrow CO_2(g) + NO(g)$$

次の 2 段階からなる反応機構が提案されている．

段階1　$NO_2 + NO_2 \longrightarrow NO + NO_3$

段階2　$NO_3 + CO \longrightarrow NO_2 + CO_2$

(a) 反応中間体は何か

(b) 律速段階はどれか

12・10　一酸化窒素 NO の酸化反応　$2NO(g) + O_2(g) \rightarrow 2NO_2(g)$ は，次のような素反応からなると考えられる．

$$NO + NO \xrightarrow{k_1} N_2O_2$$
$$N_2O_2 \xrightarrow{k_2} NO + NO$$
$$N_2O_2 + O_2 \xrightarrow{k_3} 2NO_2$$

(a) 反応中間体である N_2O_2 に定常状態の仮定を用いて，N_2O_2 の濃度を示せ．

(b) NO_2 の生成速度を示す式を求めよ．

(c) NO_2 の生成速度が，NO について 2 次の反応速度式に従うのはどのような場合か．また，その場合の速度式を示せ．

13章　放射線と放射能

　元素の中には，原子核が不安定であり，放射線を放出して他の安定な元素に変化するものがある。このような元素を放射性同位元素(ラジオアイソトープ)という。放射線は，癌の診断・治療，医療器具の滅菌などの医療分野，農作物の品種改良，ものを壊さずに内部のキズを調べる非破壊検査，さらに考古学における年代測定など，さまざまな分野で利用されている。しかし，放射能汚染の問題もある。ここでは，放射線と放射能について化学的理解を深めるための基礎を学ぼう。

13－1　同　位　体

　陽子数が同じでも，中性子数が異なるため，質量数の異なる原子がある。これら原子を互いに同位体（アイソトープ）という。同位体には，原子核が安定な安定同位体と，原子核が不安定であり放射線を放出して他の安定な元素に変化する放射性同位体がある。たとえば，陽子数が53のヨウ素には，中性子数が異なる同位体が多数存在する。天然には中性子数74の安定同位体 $^{127}_{53}\text{I}$（あるいは，ヨウ素127と表す）だけが存在する。一方，原子力災害で検出される中性子数78の $^{131}_{53}\text{I}$（ヨウ素131）は，放射性同位体である。ヨウ素131の原子核における陽子と中性子の結びつきは不安定であり，過剰のエネルギーを放射線として放出し，より安定なキセノン $^{131}_{54}\text{Xe}$ へ変化する。このように，物質が放射線を放出する性質を放射能，放射能をもつ物質を放射性物質という。また，ヨウ素127やヨウ素131のように，原子番号と質量数で決定される原子の種類を核種という。

　元素の周期表の約110種類の元素のほとんどに，放射性同位体が存在する。原子番号が83以降の元素，たとえば $_{84}\text{Po}$（ポロニウム），$_{86}\text{Rn}$（ラドン），$_{88}\text{Ra}$（ラジウム），$_{92}\text{U}$（ウラン）などは，すべて複数の放射性同位体だけからなる放射性元素である。また放射性元素は，天然に産出する $_{84}\text{Po}$，$_{90}\text{Th}$（トリウム）などの天然放射性元素と，原子番号が93より大きい超ウラン元素のよ

同位体について理解する。

> **例題13・1** セシウム $_{55}$Cs には多数の同位体が存在する。これらの中で中性子数 78 のセシウムは安定同位体である。これを元素記号で表せ。

原子番号すなわち陽子数が 55, 中性子数 78 であるので, 質量数は 55 + 78 = 133。したがって, $^{133}_{55}$Cs と表せる。

同位体を元素記号で表すことができる。

> **例題13・2** 周期表を参考にして, 次の放射性同位体の元素記号を原子番号, 質量数とともに表せ。
> (a) 質量数 40 のカリウム (b) 中性子数 147 のプルトニウム (c) キュリウム 242

(a) 周期表よりカリウムは $_{19}$K, したがって $^{40}_{19}$K (b) プルトニウムは $_{94}$Pu, 質量数＝陽子数＋中性子数＝ 94 + 147 = 241 であるので $^{241}_{94}$Pu (c) キュリウムは $_{94}$Cm。したがって, $^{242}_{96}$Cm

13−2 放射性崩壊と放射線

　放射性同位体の原子核は不安定であり, 過剰のエネルギーを放射線として放出して, より安定な別の核種に変化する。この現象を放射性崩壊あるいは放射性壊変という。放射性崩壊は, 放出される放射線の種類により α 崩壊, β 崩壊, γ 崩壊の 3 種類に分けられる。

13−2−1　α　崩　壊

　α 崩壊では, 放射性同位体の原子核から α 粒子の流れである α 線が放出される。α 粒子は, 陽子 2 個と中性子 2 個から構成されており, +2 の正電荷と質量数 4 をもっている。したがって, 中性のヘリウムから電子 2 個が奪われたヘリウムの原子核に相当するので $^{4}_{2}$He^{2+}（あるいは単に $^{4}_{2}$He）と表す。たとえば,

13章 放射線と放射能

ウランの放射性同位体であるウラン238 ($^{238}_{92}$U) が α 崩壊を起こすと，2 個の陽子が失われるため原子番号が 2 つ少ない，すなわち周期表の 2 つ左に位置するトリウム234 ($^{234}_{90}$Th) に変化する。これを核反応式で表すと次のようになる。この核反応式の両辺で，原子番号の和と質量数の和はいずれも変化しないことに注意しよう。

$$^{238}_{92}\text{U} \longrightarrow {}^{234}_{90}\text{Th} + {}^{4}_{2}\text{He}$$

α 崩壊を理解する。

例題13・3 天然に存在するトリウムには 27 種類の放射性同位体がある。このうちトリウム230 が α 崩壊したときの核反応式は次のようになる。空欄を完成せよ。

$$^{230}_{90}\text{Th} \longrightarrow \boxed{} + {}^{4}_{2}\text{He}$$

核反応式の両辺では，原子番号の和と質量数の和が変化しない。したがって，空欄の生成物の原子番号は 90 − 2 = 88，質量数は 230 − 4 = 226 である。原子番号 88 の元素は，周期表からラジウム Ra であることがわかる。

$$^{230}_{90}\text{Th} \longrightarrow {}^{226}_{88}\text{Ra} + {}^{4}_{2}\text{He}$$

α 崩壊を核反応式で表すことができる。

例題13・4 ピエール・キュリーとマリー・キュリー夫妻が 1898 年に発見したラジウム226 は，3 回 α 崩壊して鉛に変化する。これを核反応式で示せ。

ラジウム226 の原子番号は 88，質量数は 226 である。ラジウム226 が 1 回 α 崩壊すると，原子核から 2 個の陽子が失われるので，原子番号が 2 つ少ない原子番号 86，質量数 222 のラドン $^{222}_{86}$Rn に変化する。これは α 崩壊して原子番号 84，質量数 218 のポロニウム Po へ，さらに原子番号 82，

質量数 214 の鉛 $^{214}_{82}$Pb へと順に変化する。

$$^{226}_{88}\text{Ra} \longrightarrow {}^{222}_{86}\text{Rn} + {}^{4}_{2}\text{He}$$

$$^{222}_{86}\text{Rn} \longrightarrow {}^{218}_{84}\text{Po} + {}^{4}_{2}\text{He}$$

$$^{218}_{84}\text{Po} \longrightarrow {}^{214}_{82}\text{Pb} + {}^{4}_{2}\text{He}$$

原子核が崩壊することによって，どのくらいのエネルギーが放出されるのだろうか。1 個のラジウム 226 がラドン 222 へα崩壊（例題 13・4）する場合，主に 4.78×10^6 eV（エレクトロンボルト，電子ボルト；例題 13・5 参照）すなわち 4.78 MeV（メガエレクトロンボルト）のエネルギーが放出される。このように，ラジウム 226 の不安定な原子核は高エネルギーのα線を放出して安定な核種に変化する。核種によって異なるが，α崩壊では 4 ～ 8 MeV のエネルギーが放出される。

α崩壊のエネルギーをその単位とともに理解する。

例題13・5 原子や原子核に係るエネルギーの単位として，J（ジュール）は大きすぎる。そこで，1 個の電子を 1 V の電位差間で加速したとき，電子の得る運動エネルギーをエネルギーの単位として用い eV で表す。電子の電荷 e は，電気素量 $= 1.602 \times 10^{-19}$ C（クーロン）であるので，eV と J の関係は次のようになる。

$$1 \text{ eV} = 1.602 \times 10^{-19} \text{ C} \times 1 \text{ V} = 1.602 \times 10^{-19} \text{ J}$$

1 mol のメタンが燃焼したときに発生するエネルギーは 890 kJ mol^{-1} である。1 分子のメタンが燃焼したときに発生するエネルギーは何 eV か。また，これを 1 個のラジウム 226 がα崩壊したときのα線のエネルギー（4.78 MeV）と比較せよ。

アボガドロ定数を 6.02×10^{23} mol^{-1} とすれば，1 分子のメタンが燃焼したときに発生するエネルギーは

$$\frac{890 \times 10^3 \,\text{J mol}^{-1}}{6.02 \times 10^{23}\,\text{mol}^{-1}} = 1.48 \times 10^{-18}\,\text{J} = \frac{1.48 \times 10^{-18}\,\text{J}}{1.602 \times 10^{-19}\,\text{J}} = 9.2\,\text{eV}$$

したがって，1個のラジウム226がα崩壊したときのα線のエネルギー4.78×10^6 eVは，メタン1分子の燃焼という化学反応で発生するエネルギーに比べて，52万倍大きい。

13−2−2 β 崩 壊

放射性同位体の原子核にある中性子1個が陽子1個に変化し，β線が放出される場合をβ崩壊という。β線は高速で大きな運動エネルギーをもつ電子の流れである。電子は負の電荷を持ち，質量が陽子や中性子の約1840分の1と非常に小さいので$_{-1}^{0}\text{e}$と表す。β崩壊では，陽子が1個増加するため，原子番号が1つ増加した別の元素，すなわち周期表の1つ右に位置する元素に変化する。しかし，中性子が1個減るため，中性子数と陽子数の和である質量数は変わらない。たとえば，$_{6}^{14}\text{C}$がβ崩壊すると$_{7}^{14}\text{N}$が生成する。β崩壊で放出されるエネルギーは，0.2〜2 MeVである。

$$_{6}^{14}\text{C} \longrightarrow \,_{7}^{14}\text{N} + \,_{-1}^{0}\text{e}$$

β崩壊を核反応式で表現できる。

例題13・6 癌治療に用いられるコバルト60がβ崩壊したときの核反応式を書け。

周期表をみるとコバルトの原子番号は27である。β崩壊では電子（$_{-1}^{0}\text{e}$）が放出されるので，反応式の右辺の原子番号および質量数の和を左辺と一致させると，生成物は原子番号28，質量数60の元素である。周期表を見ると，これはコバルトの右に位置するニッケルであることがわかる。したがって，核反応式は次の通り。

$$_{27}^{60}\text{Co} \longrightarrow \,_{28}^{60}\text{Ni} + \,_{-1}^{0}\text{e}$$

α崩壊とβ崩壊の違いを理解する。

例題13・7 $^{235}_{92}\text{U}$ がα崩壊を起こしたのちにβ崩壊したときの核反応式を書け。

α崩壊　$^{235}_{92}\text{U} \longrightarrow {}^{231}_{90}\text{Th} + {}^{4}_{2}\text{He}$
β崩壊　$^{231}_{90}\text{Th} \longrightarrow {}^{231}_{91}\text{Pa} + {}^{0}_{-1}\text{e}$

13−2−3　γ崩壊

α崩壊やβ崩壊で生成した核種の中には，もとの放射性同位体より安定であるが，依然としてエネルギーの高い不安定な状態（準安定状態）になる核種も多い。この過剰なエネルギーをγ線として放出し，安定なエネルギー状態の核種になる現象をγ崩壊という。たとえば，図13・1に示したように，セシウム137はβ崩壊すると準安定なバリウム137m（m: metastable）に変化する。これは，直ちにエネルギーをγ線として放出して安定なバリウム137になる。したがって，γ崩壊では原子番号や質量数は変化しない。

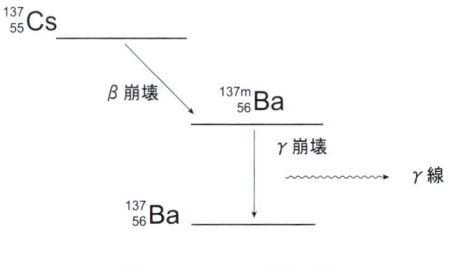

図13・1　γ崩壊

γ線は可視光線，赤外線，X線などと同じ電磁波であり，質量・電荷を持たない。また，γ線の波長（$10^{-12} \sim 10^{-14}$ m）は可視光線の波長（$4 \times 10^{-7} \sim 8 \times 10^{-7}$ m）より短く，エネルギーは大きい。放出されるγ線のエネルギー（0.1〜2 MeV）は，核種によって異なる固有の値を示す。なお，医療で用いられるX線も放射線の一種であり，金属に高速の電子を衝突させると発生する。X線の波長（$10^{-9} \sim 10^{-12}$ m）はγ線より長いため，γ線よりエネルギーは小さい。

以上の 3 種類の放射性崩壊を繰り返し,天然放射性元素であるウラン 238 やトリウム 232 は,最終的に安定な鉛へと変化する.

β 崩壊と γ 崩壊の違いを理解する.

例題 13・8 モリブデン 99 の β 崩壊で生成した核種が,さらに γ 崩壊した.生成物の元素記号を書け.

$$^{99}_{42}\text{Mo} \longrightarrow {}^{99}_{43}\text{Tc} + {}^{0}_{-1}\text{e}$$

モリブデン 99 の β 崩壊では,上式のようにテクネチウム 99 が生成する.これは,準安定状態といわれる比較的安定なテクネチウム 99m である.その後,γ 線を放出して安定なテクネチウム 99 に変化する.γ 崩壊ではエネルギーを放出するだけで,核種は変化しない.したがって,$^{99}_{43}\text{Tc}$ が生成物である.

電磁波である γ 線と可視光線のエネルギーの違いを理解する.

例題 13・9 波長 450 nm の青色の可視光線と,波長 1.0 pm の γ 線では,どちらのエネルギーが大きいか計算せよ.

波長 λ とエネルギー E は次の関係にある.$E = h\nu = h(c/\lambda)$
ここで h はプランク定数 (6.626×10^{-34} J s),ν は振動数,c は光の速度 (2.9979×10^8 m s^{-1}) である.この式にそれぞれの波長 λ をいれると

$$E = h\frac{c}{\lambda} = \frac{6.626 \times 10^{-34}\,\text{J s} \times 2.9979 \times 10^8\,\text{ms}^{-1}}{450 \times 10^{-9}\,\text{m}} = 4.4 \times 10^{-19}\,\text{J}$$

$$E = h\frac{c}{\lambda} = \frac{6.626 \times 10^{-34}\,\text{J s} \times 2.9979 \times 10^8\,\text{ms}^{-1}}{1.0 \times 10^{-12}\,\text{m}} = 2.0 \times 10^{-13}\,\text{J}$$

となり,γ 線のエネルギーのほうが大きい.

13−2−4 自然放射線

自然界にもともと存在する自然放射線とよばれる放射線もある.地球上の地殻や土壌に存在する放射性同位体からの放射線,宇宙から降り注ぐ放射線,さ

らに食物摂取により体内に取り入れられた放射性同位体（主にカリウム40）から受ける放射線などである。地殻中には，天然放射性元素ウラン238が存在し，その崩壊の途中でラドン222が生成する。放射線元素ラドン222は気体であり，締めきった室内でその濃度が高くなることが知られている。また宇宙空間では，高いエネルギーをもつ高速の陽子である1次宇宙線が地球大気中の酸素や窒素に衝突して，2次宇宙線とよばれる高エネルギーの電子線，γ線などを発生させている。これら自然放射線は私たちが避けることのできない放射線である。

13-3　放射線の性質

　放射線の性質には，物質を通り抜ける透過性と，物質から電子をはじき飛ばしてイオンを生成する電離作用がある。α線，β線，γ線の性質を表13・1にまとめた。

表13・1　放射線の種類と性質

放射線	本体	透過力	電離作用
α線	エネルギーの大きなヘリウムの原子核	弱	強
β線	エネルギーの大きな電子	中	中
γ線	電磁波（波長 $10^{-12} \sim 10^{-14}$ m）	強	弱

　α粒子は，物質中を通るとき電子を受け取りヘリウムガスに変化するので，α線の透過性は弱く，薄い紙でも遮ることができる（図13・2）。β線の透過性はα線より強く，紙を透過するが，アルミホイルや木材で遮ることができる。したがって，人体の外部からα線やβ線を浴びる外部被曝による影響は小さい。γ線はエネルギーの高い電磁波であり，透過性も高く，遮るためには厚いコンクリートや鉛板が必要である。したがって，γ線の外部被曝に注意が必要である。一方，透過性の高いγ線は，機械部品や工芸品などの内部のキズを，壊さずに調べる非破壊検査に利用されている。

　放射線は，原子や分子にあたると電子をはじき飛ばしイオンをつくる電離作用も示す。α線を放出する放射性物質が体内に取り込まれると，遺伝情報を担

図 13・2　放射線の透過力

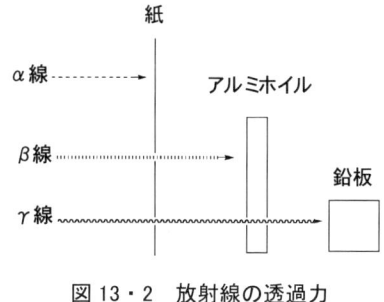

うDNA（デオキシリボ核酸）や水を電離し，生成したラジカル種が組織や細胞に損傷を与えるので，α線の内部被曝には注意が必要である．電離作用はα線，β線，γ線の順に弱くなる．

13－4　放射能と放射線に関わる単位

　放射能の強さを表す単位として，ベクレル（記号 Bq）がある．放射性同位体が1秒間に1個の割合で崩壊する放射能の強さが 1 Bq である．ベクレルは，食品等に含まれる放射性物質の摂取制限のための基準値の単位として用いられている．

　放射線が物質にどれだけ吸収されたかを表す吸収線量の単位としてグレイ（記号 Gy）がある．1 Gy とは，物質 1 kg あたり 1 J のエネルギーが吸収されるときの吸収線量である．しかし，吸収線量が同じでも，放射線の種類によって人体への影響は異なる．そこで，吸収線量に，放射線の種類を考慮した放射線荷重係数（γ線・β線では1，α線では20）を乗じた等価線量で評価する．この等価線量の単位がシーベルト（記号 Sv）である．

　　　　等価線量（Sv）＝吸収線量（Gy）× 放射線荷重係数

　また，人体におよぼす放射線の影響は，生体の組織や臓器によって異なる．そこで，組織や臓器ごとに，等価線量×組織荷重係数（たとえば，生殖腺 0.20，胃 0.12，甲状腺 0.05 など．全身で 1.00）の値を計算し，これを合計した実効線量（単位 Sv）で評価する．

　シーベルトは放射線被曝量の単位として，現在広く用いられている．一人当りの自然放射線の実効線量は日本平均で年間 1.5 mSv といわれている．

放射線の実効線量を理解する。

> **例題13・10** 一人当りの自然放射線の実効線量は世界平均では年間 2.4 mSv である。これを 1 時間あたりの実効線量（μ Sv/h）に換算せよ。
>
> $$\frac{2.4 \text{ mSv}}{1 \times 365 \times 24 \text{ h}} = 2.7 \times 10^{-4} \text{ mSv h}^{-1} = 2.7 \times 10^{-7} \text{ Sv h}^{-1} = 0.27 \times 10^{-6} \text{ Sv h}^{-1}$$
>
> $$= 0.27 \ \mu \text{ Sv h}^{-1}$$

13−5 半減期

放射性同位体は放射線を放出しながら他の安定な核種に崩壊する。放射性核種の数が最初の半分になる時間を半減期 $t_{1/2}$ という。たとえば，ラドン 222 が α 崩壊してポロニウム 218 になる場合を考えよう。

$$^{222}_{86}\text{Rn} \longrightarrow {}^{218}_{84}\text{Po} + {}^{4}_{2}\text{He}$$

この反応の半減期は 3.8 日であるので，ラドン 222 が 6 mg あった場合，3.8 日後には 3 mg，さらに 3.8 日後には 1.5 mg となる。放射性崩壊は一次反応速度式に従うので，放射性核種の数を N，壊変定数を λ とすると次のように表すことができる。

$$-\frac{\text{d}[N]}{\text{d}t} = \lambda N \tag{13.1}$$

よって，時間 $t = 0$ のとき，$N = N_0$ とすると

$$\ln \frac{N}{N_0} = -\lambda t \tag{13.2}$$

また，半減期 $t_{1/2}$ は $N = N_0/2$ となる時間であるので，次のように表される。

$$t_{1/2} = \frac{\ln 2}{\lambda} \tag{13.3}$$

半減期は放射性同位体の種類によって異なる。ヨウ素 131 の半減期は 8 日である。一方，ウラン 238 は 45 億年後に初めの量の半分になる。物質の放射能の強さも半減期ごとに半分になるので，この値は放射能汚染の期間や放射性廃棄物の保管期間などの推定に利用されている。また，放射性同位元素の半減期は，化石や歴史的出土品の年代測定に利用されている。

放射線の半減期を理解する。

例題13・11 甲状腺がんの検査・治療に用いられているヨウ素 131 の β 壊変の半減期は 8 日である。この核反応式を書け。また，10.0 mg のヨウ素 131 は 24 日後にはどれだけ残っているか。

核反応式は次の通り。

$${}^{131}_{53}\text{I} \longrightarrow {}^{131}_{54}\text{Xe} + {}^{0}_{-1}\text{e}$$

8 日後に 5.0 mg，16 日後には 2.5 mg，24 日後には 1.25 mg 残っている。次のように考えてもよい。半減期 $t_{1/2}$ と壊変定数 λ との関係 $t_{1/2} = (\ln 2)/\lambda$ より

$$\lambda = \frac{\ln 2}{8} = 8.66 \times 10^{-2}\,\text{day}^{-1}$$

$\ln(N/N_0) = -\lambda t$ より

$$\ln \frac{N}{10.0} = -(8.66 \times 10^{-2}\,\text{day}^{-1}) \times 24\,\text{day}$$

よって

$$N = 1.25\,\text{mg}$$

放射線の半減期から，崩壊に要する期間を求める。

例題13・12 セシウム 137 の半減期は 30 年である。セシウム 137 の 14 g が 1.4 g となるのは何年後か。

半減期 $t_{1/2} = (\ln 2)/\lambda$ より

$$\text{壊変定数}\quad \lambda = \frac{\ln 2}{30} = 2.31 \times 10^{-2}\,\text{year}^{-1}$$

$\ln(N/N_0) = -\lambda t$ より

$$t = -\frac{\ln \frac{1.4}{14}}{2.31 \times 10^{-2}\,\text{year}^{-1}} = 99.6\,\text{year}$$

よって，99.6 年後である。

13-6 核反応と核エネルギー

13-6-1 核反応

　原子核にα粒子，陽子，中性子などを衝突させ，原子核を変化させる反応を核反応という。この核反応で人工的に放射性同位体をつくることができる。しかし，正電荷をもつ原子核に正電荷をもつ陽子やα粒子を打ち込むには高いエネルギーが必要であり，サイクロトロンなどの加速器が利用される。一方，中性子は電荷をもたないので，他の原子核に近づきやすい。たとえば，安定同位体コバルト59に中性子（$^{1}_{0}n$）を当てると放射線療法に使われるコバルト60ができる。これを核反応式で表すと

$$^{59}_{27}Co + {}^{1}_{0}n \longrightarrow {}^{60}_{27}Co$$

核反応は，いくつかの原子核の間で陽子と中性子が組み変わる反応である。したがって，反応の前後で陽子数と中性子数は変化せず，原子番号の和と質量数の和が保たれる。

核反応式を理解する（Ⅰ）。

例題13・13　1934年フレデリック・キュリーとイレーヌ・キュリー夫妻は，アルミニウム27にα粒子を衝突させ，人工的に放射性同位体リン30をつくることに成功した。この核反応式を書け。

　核反応式の両辺では原子番号の和と質量数の和が変化しないので，生成物は $^{30}_{15}P$ と中性子である。中性子は電荷を持たず質量数が1であるので $^{1}_{0}n$ と表す。

$$^{27}_{13}Al + {}^{4}_{2}He \longrightarrow {}^{30}_{15}P + {}^{1}_{0}n$$

核反応式を理解する（Ⅱ）。

例題13・14　次の核反応式を完成せよ。

$$\boxed{} + {}^{4}_{2}He \longrightarrow {}^{243}_{96}Cm + {}^{1}_{0}n$$

原子番号の和と質量数の和が核反応式の両辺で同じであるので

$$^{240}_{94}\text{Pu} + {}^{4}_{2}\text{He} \longrightarrow {}^{243}_{96}\text{Cm} + {}^{1}_{0}\text{n}$$

13-6-2 核の結合エネルギー

原子核の質量は，それを構成する核子（陽子と中性子）の質量の総和よりも小さい。この質量の差を質量欠損という。すなわち，陽子，中性子の質量をそれぞれ M_p, M_n, また，陽子数 Z, 中性子数 N である原子核の質量を $M(Z, N)$ とすると，質量欠損 Δm は

$$\Delta m = (Z \times M_p + N \times M_n) - M(Z, N) \tag{13.4}$$

と表せる。一方，Einstein は質量 m とエネルギー E との間に次の関係（質量とエネルギーの等価性）があることを明らかにした。

$$E = mc^2 \quad (c \text{ は光速度 } 2.9979 \times 10^8 \text{ m s}^{-1}) \tag{13.5}$$

これらのことは，陽子と中性子がばらばらに存在するときより，原子核が構成されているときのほうが，質量が Δm だけ減少し，エネルギーが Δmc^2 だけ小さくなることを示している。逆に，原子核をばらばらの核子にするためには，Δmc^2 だけのエネルギーを外から与える必要がある。そこで，このエネルギー E を原子核の結合エネルギーという。

核子 ⟶ 原子核 ＋ エネルギー

> 質量欠損と核の結合エネルギーとの関係を理解する。

例題13・15 質量分析計を用いて測定された重水素 ${}^{2}_{1}\text{H}$ の原子核（重陽子）の質量は，統一原子質量単位で表すと 2.0136 u である。陽子，中性子の質量がそれぞれ 1.0073 u，1.0087 u であるとき，重陽子の質量欠損と結合エネルギーを求めよ。ただし，$1 \text{ u} = 1.6605 \times 10^{-27}$ kg，$1 \text{ eV} = 1.602 \times 10^{-19}$ J（例題 13・5 参照）とせよ。

${}^{2}_{1}\text{H}$ の原子核は，陽子 1 個，中性子 1 個からなるので，

$$M(1,1) = 1.0073 \text{ u} \times 1 + 1.0087 \text{ u} \times 1 = 2.0160 \text{ u}$$

重陽子の質量は 2.0136 u であるので，質量欠損は

$\Delta m = 2.0160 \text{ u} - 2.0136 \text{ u} = 0.0024 \text{ u}$

重陽子の結合エネルギーは

$E = 0.0024 \times 1.6605 \times 10^{-27} \text{ kg} \times (2.9979 \times 10^8 \text{ m s}^{-1})^2 = 3.582 \times 10^{-13} \text{ kg m}^2 \text{ s}^{-2}$
$= 3.582 \times 10^{-13} \text{ J}$

eV 単位では

$E = \dfrac{3.582 \times 10^{-13}}{1.602 \times 10^{-19}} = 2.24 \times 10^6 \text{ eV} = 2.24 \text{ MeV}$

と求まる。

この値を水素分子の結合エネルギー $4.32 \times 10^2 \text{ kJ mol}^{-1}$ と比較してみよう。

重陽子の結合エネルギーを 1 mol 当りの値にすると

$E = 3.582 \times 10^{-13} \text{ J} \times 6.022 \times 10^{23} \text{ mol}^{-1} = 2.16 \times 10^8 \text{ kJ mol}^{-1}$

となり，原子核の結合エネルギーがいかに大きいかがわかる。

質量欠損から核の結合エネルギーを求めることができる。

例題13・16 ^4_2He の質量欠損は 0.0304 u である。核子1個あたりの平均結合エネルギーを求めよ。

結合エネルギーは

$E = 0.0304 \times 1.6605 \times 10^{-27} \text{ kg} \times (2.9979 \times 10^8 \text{ m s}^{-1})^2 = 4.537 \times 10^{-12} \text{ kg m}^2 \text{ s}^{-2}$
$= 4.537 \times 10^{-12} \text{ J} = 2.832 \times 10^7 \text{ eV} = 28.3 \text{ MeV}$

^4_2H の原子核は，陽子2個，中性子2個からなるので，核子は4個。したがって，核子1個当りの結合エネルギーは，28.3 MeV / 4 = 7.08 MeV。
いろいろな原子核について核子1個当りの平均結合エネルギーを求めると，鉄やニッケルのように質量数が 60 前後の結合エネルギー（約 8.6 MeV）がもっとも大きい。したがって，これらの原子核の陽子と中性子は強く結合しており，エネルギー的に安定であることがわかる。

13−6−3 核分裂と原子力

　原子核が2つ以上の原子核に分裂する核反応を核分裂という。たとえば，ウラン235の原子核に中性子を当てると核分裂を起こし，原子量のより小さな2種類の核種と2〜3個の高速の中性子が生成する。生成した中性子が別の^{235}Uに当たると，分裂が次々と連鎖的に起こることになる。これら核分裂反応では質量欠損をともなうため，大きなエネルギーが放出される（例題13・15参照）。

$$^{235}_{92}\text{U} + {}^{1}_{0}\text{n} \longrightarrow \begin{cases} {}^{144}_{54}\text{Xe} + {}^{90}_{38}\text{Sr} + 2\,{}^{1}_{0}\text{n} \\ {}^{137}_{55}\text{Cs} + {}^{97}_{37}\text{Rb} + 2\,{}^{1}_{0}\text{n} \\ {}^{142}_{56}\text{Ba} + {}^{91}_{36}\text{Kr} + 3\,{}^{1}_{0}\text{n} \end{cases}$$

　核分裂による爆発的な連鎖反応で発生する莫大なエネルギーを原子力という。この連鎖反応を瞬間的に起こし，核エネルギーを一挙に放出させるのが原子爆弾である。一方，減速材（軽水炉では水）や制御棒（黒鉛など）に中性子を吸収させ，連鎖反応を制御して少しずつ核エネルギーを取り出す装置が原子炉である。原子力発電では，原子炉の中で行われる核分裂によって発生するエネルギーを熱エネルギーに変え，発電に利用している。

核分裂反応を理解する。

例題13・17　次の核分裂反応を完成せよ。
$$^{235}_{92}\text{U} + {}^{1}_{0}\text{n} \longrightarrow {}^{135}_{53}\text{I} + (\quad\quad) + 4\,{}^{1}_{0}\text{n}$$

核分裂反応式の両辺で，原子番号の和と質量数の和が同じとして，
$$^{235}_{92}\text{U} + {}^{1}_{0}\text{n} \longrightarrow {}^{135}_{53}\text{I} + ({}^{97}_{39}\text{Y}) + 4\,{}^{1}_{0}\text{n}$$

核分裂反応における質量欠損とエネルギーを求める。

例題13・18　次の核分裂反応の質量欠損とエネルギーを計算せよ。
$$^{235}_{92}\text{U} + {}^{1}_{0}\text{n} \longrightarrow {}^{142}_{56}\text{Ba} + {}^{91}_{36}\text{Kr} + 3\,{}^{1}_{0}\text{n}$$

ただし，^{235}U，^{142}Ba，^{91}Kr，${}^{1}_{0}$n　の質量をそれぞれ 235.0439 u，141.91645 u，90.9234 u，1.0087 u とせよ。

この核分裂反応前後での質量欠損は

$\Delta m = (235.0439 + 1.0087) - (141.91645 + 90.9234 + 3 \times 1.0087) = 0.18665$ u

よってエネルギーは

$E = 0.18665 \times 1.6605 \times 10^{-27}$ kg $\times (2.9979 \times 10^8$ m s$^{-1})^2 = 2.785 \times 10^{-11}$ kg m^2 s^{-2}
$= 2.785 \times 10^{-11}$ J

このエネルギーを 1 mol 当りの値にすると

$E = 2.785 \times 10^{-11}$ J $\times 6.022 \times 10^{23}$ mol$^{-1} = 1.68 \times 10^{13}$ J mol$^{-1} = 1.68 \times 10^{10}$ kJ mol^{-1}

この反応では，重い ^{235}U が軽い ^{142}Ba と ^{91}Kr に分裂することにより，大きなエネルギーが放出されている．都市ガスであるメタン 1 mol が完全燃焼するときに放出されるエネルギー 8.90×10^2 kJ mol^{-1} に比べ，核反応でのエネルギーが大きいことがわかる．

13-6-4 核融合

質量数の小さな原子核どうしの反応で，質量数の大きな原子核ができる核反応を核融合という．このとき，結合エネルギーの大きい安定な原子核が形成されれば，大きなエネルギーが放出される．たとえば，重水素と三重水素を極めて高い温度（約 1～2 億℃）と高圧の条件におくと，正に荷電した原子核同士が電気的反発力に打ち勝って結合しヘリウムが生成する（例題 13・19）．

$^2_1$H $+$ $^3_1$H $\longrightarrow$ $^4_2$He $+$ $^1_0$n $+$ 17.6 MeV

核融合技術でもっとも大変なのは，融合させるために必要なプラズマ状態（原子が正電荷をもつ原子核と負電荷をもつ電子とに分離している状態）を発生させることであり，現在研究が進められている．

太陽の内部では，4 個の陽子から 1 個のヘリウム原子核が生成される核融合が起こり，太陽エネルギーがつくり出されている．

核融合反応における質量欠損とエネルギーを求める．

例題 13・19 次の核融合反応で発生するエネルギーを求めよ．

$^2_1$H $+$ $^3_1$H $\longrightarrow$ $^4_2$He $+$ $^1_0$n

ただし，$^2_1$H, $^3_1$H, $^4_2$He, $^1_0$n の質量を 2.014102 u, 3.016049 u, 4.00260 u, 1.0087 uとせよ。

この核融合反応での質量欠損は
$$\Delta m = 2.014102 + 3.016049 - (4.00260 + 1.0087) = 0.018851 \text{ u}$$
したがってエネルギーは
$$E = 0.018851 \times 1.6605 \times 10^{-27} \text{ kg} \times (2.9979 \times 10^8 \text{ m s}^{-1})^2 = 2.813 \times 10^{-12} \text{ kg m}^2 \text{ s}^{-2}$$
$$= 2.813 \times 10^{-12} \text{ J} = 1.76 \times 10^7 \text{ eV} = 17.6 \text{ MeV}$$

章末問題

13・1 次の表の空欄を完成せよ。周期表を参照せよ。

元素記号	質量数	陽子数	中性子数
$^{67}_{31}$Ga			
		36	45
	99		56
^{131}I	131		
$_{54}$Xe			79
	201		120

13・2 次の元素の陽子数,中性子数,電子数を求めよ。また,周期表を参照し元素記号で表せ。
(a) フッ素 18　(b) カリウム 40　(c) ラジウム 224　(d) アメリシウム 241

13・3 次の放射性同位体が α 崩壊したときの核反応式を示せ。
(a) $^{210}_{83}$Bi　(b) $^{190}_{78}$Pt　(c) $^{60}_{27}$Co　(d) $^{220}_{86}$Rn

13・4 次の放射性同位体が β 崩壊したときの核反応式を示せ。
(a) リン 32　(b) カリウム 40　(c) 鉄 60　(d) バリウム 141

13・5 次の核反応を完成せよ。

(a) $^{238}_{92}$U $\longrightarrow$ □ $+$ $^{4}_{2}$He

(b) $\boxed{} \longrightarrow {}^{239}_{94}\text{Pu} + {}^{0}_{-1}\text{e}$

13・6 次の反応の核反応式を書け．
(a) ${}^{235}_{92}\text{U}$ が α 崩壊したのち β 崩壊した．
(b) ウラン 238 が α 崩壊，ついで β 崩壊，さらに α 崩壊を行った．
(c) ラドン 220 が α 崩壊を 2 回繰り返した．

13・7 ${}^{59}\text{Fe}$ が γ 崩壊して 1.1 MeV のエネルギーを放出した．このときの γ 線の波長はいくらか．

13・8 次の核反応式を書け．
(a) ${}^{14}_{7}\text{N}$ に高速の陽子を衝突させると，α 粒子を放出して炭素の同位体が生成した．
(b) 亜鉛 66 に高速の陽子を衝突させると，ガリウム 67 が生成した．
(c) 1919 年，ラザフォードは窒素 14 に α 線を衝突させると酸素の同位体と陽子が生成することを発見した．
(d) 放射性同位体 窒素 13 は，ホウ素 10 に α 粒子を当てることで合成できる．

13・9 ${}^{14}\text{C}$ の半減期は 5730 年である．2000 年後には何％の ${}^{14}\text{C}$ が残っているか．

13・10 ${}^{222}\text{Rn}$ の半減期は 3.8 日である．${}^{222}\text{Rn}$ が放射線崩壊して別の核種に変化し，はじめの量の 60％となるのは何日後か．

13・11 次の核融合反応で発生するエネルギーを求めよ．
$${}^{7}_{3}\text{Li} + {}^{1}_{1}\text{H} \longrightarrow 2\,{}^{4}_{2}\text{He}$$
ただし，${}^{7}_{3}\text{Li}$, ${}^{1}_{1}\text{H}$, ${}^{4}_{2}\text{He}$ の質量をそれぞれ 7.01600 u, 1.007825 u, 4.00260 u とせよ．

13・12 次の核反応で 4.03×10^{14} eV のエネルギーが発生した．この反応の質量欠損を求めよ．
$$2\,{}^{2}_{1}\text{H} \longrightarrow {}^{3}_{1}\text{H} + {}^{1}_{1}\text{H}$$

章末問題解答

序 章

0・1

(a) $5.68 + 9.363 - 2.5 = 12.5_4 = 12.5$

(b) $4.3 \times 7.58 \div 2.556 = 12._7 = 13$

(c) $10.256 + 0.58 - (0.69 \times 5.55) = 10.83_6 - 3.8_2 = 7.0_1 = 7.0$

(d) $(2.896 \div 0.98) + 2.69 - 2.33 = 2.9_5 + 2.69 - 2.33 = 3.3_1 = 3.3$

0・2

(a) $\log(0.226 + 3.85) = \log 4.07_6 = 0.610_2 = 0.610$

(b) $\log x = 0.26$

$\quad x = 10^{0.26} = 1.8_1 = 1.8$

(c) $\log \dfrac{x}{760} = -8.30 \times 10^2 \times \left(\dfrac{1}{300} - \dfrac{1}{400}\right)$

$-8.30 \times 10^2 \times \left(\dfrac{1}{300} - \dfrac{1}{400}\right) = -8.30 \times 10^2 \times \left(\dfrac{400 - 300}{300 \times 400}\right) = -0.691_6$ より

$\dfrac{x}{760} = 10^{-0.6916}$

$x = 760 \times 10^{-0.6916} = 1.55 \times 10^2$

0・3

(a) $1.2 \text{ m} + 0.12 \text{ m} + 0.012 \text{ m} = 1.3_3 \text{ m} = 1.3 \text{ m}$

(b) $1.2 \text{ m} \times 1.28 \text{ m} \times 0.12 \text{ m} = 0.18_4 \text{ m}^3 = 0.18 \text{ m}^3$

0・4

(a) 運動エネルギーは $\frac{1}{2} \times m \times v^2$ となる。また，$1\,\text{J} = 1\,\text{kg}\,\text{m}^2\,\text{s}^{-2}$ であることから

$$\frac{1}{2} \times m \times v^2 = \frac{1}{2} \times (50.0\,\text{kg}) \times \left\{ (2.6\,\text{km}\,\text{h}^{-1}) \frac{1\,\text{h}}{3600\,\text{s}} \frac{10^3\,\text{m}}{1\,\text{km}} \right\}^2$$

$$= 13._0\,\text{kg}\,\text{m}^2\,\text{s}^{-2} = 13\,\text{J}$$

(b) 圧力×体積＝エネルギーとなる。また，$1\,\text{J} = 1\,\text{Pa}\,\text{m}^3$ および $1\,\text{atm} = 101325\,\text{Pa}$ であることから

$$(2.00\,\text{atm}) \times (3.00\,\text{dm}^3) = (2.00\,\text{atm}) \frac{101325\,\text{Pa}}{1\,\text{atm}} (3.00\,\text{dm}^3) \frac{10^{-3}\,\text{m}^3}{1\,\text{dm}^3}$$

$$= 607._9\,\text{Pa}\,\text{m}^3 = 608\,\text{J}$$

(c) $(60.0\,\text{W})(30\,\text{min}) \dfrac{60\,\text{s}}{1\,\text{min}} = 1.08 \times 10^5\,\text{W}\,\text{s} = 1.08 \times 10^5\,\text{J}$

0・5

(a) $\rho = \dfrac{2.4 \times 10^3\,\text{g}}{(5.0\,\text{cm})^3} = \dfrac{2.4 \times 10^3\,\text{g}}{1.2_5 \times 10^2\,\text{cm}^3} = 1.9_2 \times 10\,\text{g}\,\text{cm}^{-3} = 19\,\text{g}\,\text{cm}^{-3}$

(b) $\rho = \dfrac{0.24\,\text{g}}{\left(5.0\,\text{mm} \times \dfrac{10^{-1}\,\text{cm}}{1\,\text{mm}}\right)^3} = \dfrac{0.24\,\text{g}}{0.12_5\,\text{cm}^3} = 1.9_2\,\text{g}\,\text{cm}^{-3} = 1.9\,\text{g}\,\text{cm}^{-3}$

(c) $\rho = \dfrac{5.9 \times 10^{21}\,\text{t}}{\dfrac{4}{3}\pi\,\text{r}^3}$

$= \dfrac{\dfrac{3}{4}(5.9 \times 10^{21}\,\text{t})\dfrac{10^6\,\text{g}}{1\,\text{t}}}{3.14 \times (0.660 \times 10^4 \times 10^3 \times 10^2\,\text{cm})^3}$

$= \dfrac{4.425 \times 10^{27}\,\text{g}}{0.9027 \times 10^{27}\,\text{cm}^3} = 4.9_0\,\text{g}\,\text{cm}^{-3} = 4.9\,\text{g}\,\text{cm}^{-3}$

0・6

^{69}Ga の存在比を x とすれば

$68.92 \times x + 70.92 \times (1-x) = 69.72$

$70.92 - 69.72 = (70.92 - 68.92) \times x$

$1.20 = 2.00 \times x$

$x = 0.600 = 60.0\%$

0・7

もう 1 つの同位体の相対質量を x とすれば

$106.9 \times 0.5184 + x \times (1 - 0.5184) = 107.86$

$55.41_6 + x \times 0.4816 = 107.86$

$x \times 0.4816 = 107.86 - 55.41_6 = 52.44_4$

$x = 52.44_4/0.4816 = 108.8_9 = 108.9$

0・8

酸素原子のモル質量は 16.00 g mol^{-1}。したがって酸素原子の個数は

$$\left(\frac{1.21 \times 10^{-10} \times 10^{-2} \times 1.00 \text{ g}}{16.00 \text{ g mol}^{-1}}\right) \times 6.022 \times 10^{23} \text{ mol}^{-1} = 0.455_4 \times 10^{11}$$

$= 4.55 \times 10^{10}$ 個

0・9

たとえば Na_2O では，Na_2O の式量は 61.98 で，O の原子量が 16.00 であることから，10.0 g の Na_2O に含まれる O の質量は

$$\frac{16.00}{61.98} \times 10.0 \text{ g} = 2.58 \text{ g}$$

同様に

$\quad$ NaOH $\quad \dfrac{16.00}{39.998} \times 10.0 \text{ g} = 4.00 \text{ g}$

$\quad$ H_2CO_3 $\quad \dfrac{48.00}{62.026} \times 10.0 \text{ g} = 7.74 \text{ g}$

Na_2CO_3　$\dfrac{48.00}{105.99} \times 10.0 \text{ g} = 4.53 \text{ g}$

$NaHCO_3$　$\dfrac{48.00}{84.008} \times 10.0 \text{ g} = 5.71 \text{ g}$

したがって H_2CO_3 中の酸素の質量がもっとも大きい。

○・10

前問と同様に

$NaClO_3$ の式量は $22.99 + 35.45 + 16.00 \times 3 = 106.44$

したがって 10.0 g 中のナトリウムの質量は

$\dfrac{22.99}{106.44} \times 10.0 \text{ g} = 2.159 \text{ g} = 2.16 \text{ g}$

$NaClO_4$ ではこれよりも小さいし，$NaClO_2$ および $NaClO$ ではこれよりも大きくなる。

○・11

$C : 4.45 \text{ mg} \times \dfrac{12.0}{44.0} = 1.21_3 \text{ mg}$

$H : 2.12 \text{ mg} \times \dfrac{2.0}{18.0} = 0.23_5 \text{ mg}$

$N : 0.47 \text{ mg} \times \dfrac{28.0}{28.0} = 0.47 \text{ mg}$

$O : 3.00 \text{ mg} - 1.21_3 \text{ mg} - 0.23_5 \text{ mg} - 0.47 \text{ mg} = 1.08_2 \text{ mg}$

したがって，この化合物に含まれる，炭素，水素，窒素および酸素の物質量の比は

$\dfrac{1.21_3 \text{ mg}}{12.0 \text{ g mol}^{-1}} : \dfrac{0.23_5 \text{ mg}}{1.0 \text{ g mol}^{-1}} : \dfrac{0.47 \text{ mg}}{14.0 \text{ g mol}^{-1}} : \dfrac{1.08_2 \text{ mg}}{16.0 \text{ g mol}^{-1}} = 0.101_0 : 0.23_5 : 0.033_5 : 0.0676_2 = 3 : 7 : 1 : 2$

よって，実験式は $C_3H_7NO_2$ となる。分子量が 89 であることから分子式も $C_3H_7NO_2$ となる

○・12

a = 3　b = 5　c = 1　d = 8　e = 4　f = 2　g = h = 2

○・13

それぞれの燃焼反応は次の通り。

① 石炭　$C + O_2 \longrightarrow CO_2$

② メタン　$CH_4 + 2O_2 \longrightarrow CO_2 + 2H_2O$

③ ブタン　$C_4H_{10} + 13/2\ O_2 \longrightarrow 4CO_2 + 5H_2O$

④ グルコース　$C_6H_{12}O_6 + 6O_2 \longrightarrow 6CO_2 + 6H_2O$

石炭（すべて C とする），メタン，ブタン，グルコースおよび二酸化炭素の分子量は，それぞれ 12，16，58，180 および 44 である。したがって，1.0 t（1.0×10^6 g）の二酸化炭素が発生するのに要するそれぞれの質量は

① $\dfrac{1.0 \times 10^6\ \text{g}}{44\ \text{g mol}^{-1}} \times 12\ \text{g mol}^{-1} = 0.27_2 \times 10^6\ \text{g} = 0.27\ \text{t}$

② $\dfrac{1.0 \times 10^6\ \text{g}}{44\ \text{g mol}^{-1}} \times 16\ \text{g mol}^{-1} = 0.36_3 \times 10^6\ \text{g} = 0.36\ \text{t}$

③ $\dfrac{1.0 \times 10^6\ \text{g}}{44\ \text{g mol}^{-1}} \times \dfrac{58\ \text{g mol}^{-1}}{4} = 0.32_9 \times 10^6\ \text{g} = 0.33\ \text{t}$

④ $\dfrac{1.0 \times 10^6\ \text{g}}{44\ \text{g mol}^{-1}} \times \dfrac{180\ \text{g mol}^{-1}}{6} = 0.68_1 \times 10^6\ \text{g} = 0.68\ \text{t}$

○・14

化学反応式は代数方程式と同じように式どうしを加減したり，一方を他に代入したりすることができる。3 つの化学反応式は，（①＋②×3＋③×2）/4 を考えると

　　$NH_3 + 2O_2 \longrightarrow HNO_3 + H_2O$

すなわち NH_3 と等モルの硝酸が生成する。NH_3 と HNO_3 の分子量は 17.0 と 63.0 より，得られる硝酸の質量は

$\dfrac{2.0 \times 10^3\ \text{g}}{17.0\ \text{g mol}^{-1}} \times 63.0\ \text{g mol}^{-1} = 7.4_1 \times 10^3\ \text{g} = 7.4\ \text{kg}$

1 章

1・1

リドベリーリッツの式 (1.1) でバルマー系列は $n_1 = 2$ であり，また，4 番目の波長は $n_2 = 6$ に対応している。したがって

$$\frac{1}{\lambda} = R_\infty \left(\frac{1}{n_1^2} - \frac{1}{n_2^2} \right) = (1.097 \times 10^7 \, \text{m}^{-1}) \left(\frac{1}{2^2} - \frac{1}{6^2} \right) = 2.437_7 \times 10^6 \, \text{m}^{-1}$$

よって

$$\lambda = \frac{1}{2.437_7 \times 10^6 \, \text{m}^{-1}} = 0.4102_2 \times 10^{-6} \, \text{m} = 410.2 \times 10^{-9} \, \text{m} = 410.2 \, \text{nm}$$

1・2

(a) $\lambda = 6.5 \, \text{pm} = 6.5 \times 10^{-12} \, \text{m}$

振動数 $\quad \nu = \dfrac{c}{\lambda} = \dfrac{2.9979 \times 10^8 \, \text{m s}^{-1}}{6.5 \times 10^{-12} \, \text{m}} = 0.46_1 \times 10^{20} \, \text{s}^{-1}$

$\qquad\qquad\quad = 4.6 \times 10^{19} \, \text{s}^{-1}$

エネルギー $\quad \varepsilon = h\nu = (6.626 \times 10^{-34} \, \text{J s})(0.46_1 \times 10^{20} \, \text{s}^{-1}) = 3.1 \times 10^{-14} \, \text{J}$

(b) $\lambda = 1.23 \, \text{cm} = 1.23 \times 10^{-2} \, \text{m}$

振動数 $\quad \nu = \dfrac{c}{\lambda} = \dfrac{2.9979 \times 10^8 \, \text{m s}^{-1}}{1.23 \times 10^{-2} \, \text{m}} = 2.43_7 \times 10^{10} \, \text{s}^{-1}$

$\qquad\qquad\quad = 2.44 \times 10^{10} \, \text{s}^{-1}$

エネルギー $\quad \varepsilon = h\nu = (6.626 \times 10^{-34} \, \text{J s})(2.43_7 \times 10^{10} \, \text{s}^{-1})$

$\qquad\qquad\qquad = 16.1_4 \times 10^{-24} \, \text{J} = 1.61 \times 10^{-23} \, \text{J}$

1・3

光の波数 $\tilde{\nu}$ と波長 λ との関係は $\tilde{\nu} = 1/\lambda$ で表される。したがって，エネルギーは

$$\varepsilon = \frac{hc}{\lambda} = hc\tilde{\nu}$$

$$= (6.626 \times 10^{-34} \, \text{J s})(2.9979 \times 10^8 \, \text{m s}^{-1})(1710 \, \text{cm}^{-1}) \frac{10^2 \, \text{cm}}{1 \, \text{m}}$$

$$= 3.396_7 \times 10^6 \times 10^{-26} \, \text{J} = 3.397 \times 10^{-20} \, \text{J}$$

1・4

基底状態は $n=1$ に対応しており,それから $n=3$ へ励起するのに必要なエネルギーは, $n=3$ から $n=1$ に遷移するときの発光波長に相当するエネルギーと同じである。発光波長は(1.1)式から求めることができる。したがって

$$\varepsilon = \frac{hc}{\lambda} = hcR_\infty \left(\frac{1}{n_1^2} - \frac{1}{n_2^2}\right)$$

$$= (6.626 \times 10^{-34} \text{ J s})(2.9979 \times 10^8 \text{ m s}^{-1})(1.097 \times 10^7 \text{ m}^{-1})\left(\frac{1}{1^2} - \frac{1}{3^2}\right)$$

$$= 19.36_9 \times 10^{-19} \text{ J} = 1.937 \times 10^{-18} \text{ J}$$

1・5

二酸化炭素分子のモル質量は,44.01 g mol^{-1}。したがって,分子1個の質量は

$$\frac{44.01 \text{ g mol}^{-1}}{6.022 \times 10^{23} \text{ mol}^{-1}} = 7.308_2 \times 10^{-23} \text{ g}$$

ド・ブロイの式(1.7)を用いて

$$\lambda = \frac{h}{mv} = \frac{6.626 \times 10^{-34} \text{ J s}}{(7.308_2 \times 10^{-23} \text{ g})(411 \text{ m s}^{-1})}$$

$1 \text{ J} = 1 \text{ kg m}^2 \text{ s}^{-2}$ より

$$\lambda = \frac{6.626 \times 10^{-34} \text{ kg m}^2 \text{ s}^{-2} \text{ s}}{(7.308_2 \times 10^{-23} \text{ g})(411 \text{ m s}^{-1})\dfrac{10^{-3} \text{ kg}}{1 \text{ g}}}$$

$$= 2.21 \times 10^{-11} \text{ m}$$

1・6

5f 軌道には 14 個の電子があり,それぞれの電子は次の量子数で規定される。

	n	l	m	m_s
5f	5	3	−3	±1/2
5f	5	3	−2	±1/2
5f	5	3	−1	±1/2
5f	5	3	0	±1/2

5f	5	3	1	±1/2
5f	5	3	2	±1/2
5f	5	3	3	±1/2

1・7

(a) 許されない（l は n に対して 0, 1, 2, …, $n-1$ の値をとる）

(b) 許されない（m は，l に関係し，$-l$, $-l+1$, …, 0, …, $l-1$, l の値をとる）

(c) 許される

1・8

塩素 Cl の原子番号は 17。したがって 17 個の電子を 1s，2s，2p，3s，3p の順番でいれていけばよい。電子配置は $1s^22s^22p^63s^23p^5$ となる。

塩化物イオン Cl⁻ は塩素 Cl の電子数に 1 個加えたものであるので電子総数は 18 個。したがって電子配置は $1s^22s^22p^63s^23p^6$ となる。

1・9

Rb の原子番号は 37，Sr が 38，Br が 35，Kr が 36 そして Se が 34 である。このうち Rb⁺，Sr²⁺，Br⁻ のイオンは Kr と同じ 36 個の電子をもつ。したがって，それらの電子配置は同じであり $1s^22s^22p^63s^23p^63d^{10}4s^24p^6$ となる。Se の電子配置だけが $1s^22s^22p^63s^23p^63d^{10}4s^24p^4$ となる。

1・10

55 個の電子を 1s，2s，2p，3s，3p，4s，3d，4p，5s，4d，5p，6s の順番でいれると，

$1s^22s^22p^63s^23p^64s^23d^{10}4p^65s^24d^{10}5p^66s^1$

となる。最外殻電子が $6s^1$ であることから 1 族であることがわかる。なお，原子番号が 55 の元素はセシウム（Cs）である。

1・11

Be と B では，最外殻電子が Be は 2s 電子で B は 2p 電子であり，2p 電子の方が核電荷による束縛が少しゆるくなっている。そのために B の方が少し第一イオン化

エネルギーが小さくなる。

　NとOでは，Oの電子は3個の2p軌道のうち1つの2p軌道に2個の電子がはいっていることで，互いに反発していることから取れやすくなっている。そのため少し第一イオン化エネルギーが小さくなる。

1・12

照射した光のエネルギーから飛び出した電子の運動エネルギーを引いたものがイオン化するのに使われたエネルギー，すなわち，第一イオン化エネルギーである。光のエネルギーは

$$\varepsilon = \frac{hc}{\lambda} = \frac{(6.626 \times 10^{-34}\,\text{J s})(2.9979 \times 10^8\,\text{m s}^{-1})}{254 \times 10^{-9}\,\text{m}}$$

$$= 7.82_0 \times 10^{-19}\,\text{J}$$

で与えられるから，第一イオン化エネルギーは

$$I_1 = 7.82_0 \times 10^{-19}\,\text{J} - 8.66 \times 10^{-20}\,\text{J} = 6.95_4 \times 10^{-19}\,\text{J/K 原子 1 個}$$

1 mol 当りならば

$$I_1 = (6.95_4 \times 10^{-19}\,\text{J})(6.022 \times 10^{23}\,\text{mol}^{-1}) = 4.18_7 \times 10^5\,\text{J mol}^{-1}$$

$$= 419\,\text{kJ mol}^{-1}$$

2 章

2・1

(a) $\text{Li}(1s^2 2s^1)$ から電子を1つ取り去ると，ヘリウムと同じ電子配置 $1s^2$ である Li^+ となる。一方，F の電子配置は $1s^2 2s^2 2p^5$ であり，電子を1つ受け入れると希ガスである Ne と同じ電子配置 $1s^2 2s^2 2p^6$ である F^- となる。

(b) Ca $(1s^2 2s^2 2p^6 3s^2 3p^6 4s^2)$ から電子を2個取り去るとアルゴンと同じ電子配置 $1s^2 2s^2 2p^6 3s^2 3p^6$ である Ca^{2+} となる。一方，Cl $(1s^2 2s^2 2p^6 3s^2 3p^5)$ は，電子を1つ受け入れると Ar と同じ電子配置 $1s^2 2s^2 2p^6 3s^2 3p^6$ である Cl^- となる。

(c) Mg $(1s^2 2s^2 2p^6 3s^2)$ から電子を2つ取り去るとネオンと同じ電子配置 $1s^2 2s^2 2p^6$ である Mg^{2+} となる。一方，Br $(1s^2 2s^2 2p^6 3s^2 3p^6 3d^{10} 4s^2 4p^5)$ は，電子を1つ受け入れると Kr と同じ電子配置 $1s^2 2s^2 2p^6 3s^2 3p^6 3d^{10} 4s^2 4p^6$ である Br^- となる。

(d) Na ($1s^2 2s^2 2p^6 3s^1$) から電子を1個取り去るとネオンと同じ電子配置 $1s^2 2s^2 2p^6$ である Na^+ となる。一方，O ($1s^2 2s^2 2p^4$) は，電子を2個受け入れると Ne と同じ電子配置 $1s^2 2s^2 2p^6$ である O^{2-} となる。

2・2

(a) K_2O は陽性の強いアルカリ金属元素の K と，陰性の強い16族元素からできたイオン化合物である。同様に (d) CaO もイオン結合からなるイオン化合物である。
(b) HCl, (c) PCl_3 は，いずれも希ガス以外の非金属元素の原子同士が共有結合で結びついた化合物である。

2・3

(a) H:C::N: (b) :F:B:F: (with :F: above and below)   (c) ⁻:O:S::O:⁺ ⟷ ⁺:O::S:O:⁻

(d) O::N::O (with + on N)

2・4

(a) ルイス構造から S 原子には 3 組の電子対があることがわかる。したがって，平面三角形である。

[Lewis structures of SO_3 shown, plus 3D trigonal planar structure]

(b) 中心原子 C のまわりに 2 組の電子対があるので，直線構造である。 :S::C::S:

(c) 中心原子 S のまわりに 4 組の電子対があるので，正四面体である。

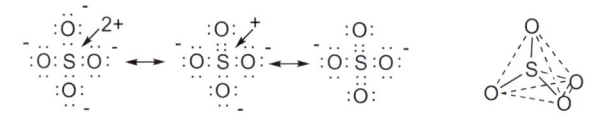

[Lewis structures of SO_4^{2-} resonance forms, plus 3D tetrahedral structure]

(d) ルイス構造からS原子には5組の電子対があることがわかる。表2.2によれば、これら5組の電子対は三方両錐体に配置している。このうち4組は結合電子対で、残る1つは非共有電子対である。したがって、(A),(B) 2つの構造が考えられる。三方両錐体では、電子対間で90°, 120°, 180°の反発がある。第1近似として、角度が120°より大きい電子対反発をすべて無視する。120°と180°の場合の電子対間の距離が90°の場合に比べて大きいので、反発が小さくなるからである。(A)では、結合電子対同士が90°の関係にあるのが4組、結合電子対と非共有電子対が90°の関係にあるのが2組ある。一方(B)では、結合電子対同士の関係にあるのが3組、結合電子対と非共有電子対の関係が3組ある。(A)と(B)を比較して、共通の寄与をして打ち消しあう関係を除くと、(A)では結合電子対同士の反発、(B)では結合電子対—非共有電子対の反発が残る。結合電子対—非共有電子対の反発より結合電子対同士の反発の方が小さいので、(A)が(B)よりも安定な構造であると予測される。下記に示す実際の構造もVSEPR理論の予測と一致している。

	(A)	(B)
結合電子対—結合電子対	4	3
結合電子対—非共有電子対	2	3

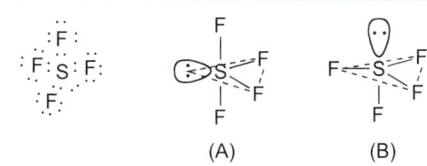

(e) 中心原子のIのまわりには、2つの結合電子対と、3組の非共有電子対があるので、三方両錐体である。原子の配置を考えると、直線形である。

2・5

(a) ルイス構造より、それぞれの炭素のまわりに4つの共有電子対があることから、炭素はいずれもsp^3混成軌道。結合角は109.5°。

(b) CH_3の炭素はsp^3混成軌道、結合角は109.5°。C=Oの炭素は、sp^2混成軌道、結合角は120°。

(c) CH_3 の炭素は sp^3 混成軌道,結合角は 109.5°。>C=O の炭素は sp^2 混成軌道,結合角は 120°。

(d) CH_3 の炭素は sp^3 混成軌道,結合角は 109.5°。$-C≡C-$ 三重結合の炭素は sp 混成軌道,結合角は 180°。

(e) 炭素のまわりには 3 組の結合電子対があり,sp^2 混成軌道。そして平面三角形に配置されるので,結合角は 120°。

2・6

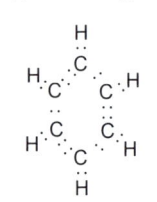

(a) 炭素および S は,いずれも sp^3 混成軌道。結合はすべて σ 結合である。

(b) 炭素は sp 混成軌道,酸素は sp^2 混成軌道。C−O 結合は σ 結合と π 結合からなる。

(c) 炭素,窒素は,いずれも sp^3 混成軌道。結合はすべて σ 結合である。

(d) 炭素および酸素は,いずれも sp^3 混成軌道。結合はすべて σ 結合である。

(e) 炭素,酸素のまわりには,1 組の結合電子対と 1 組の非共有電子対があることから,sp 混成軌道。C−O 結合は,1 つの σ 結合と 2 つの π 結合よりなる。

2・7

(a) 両側の C_A,C_C は sp^2 混成,真ん中の C_B は sp 混成となっている。C_B にある直交した 2 つの p 軌道が,それぞれ両側の炭素の p 軌道と重なり π 結合をつくるために,$C_A=C_B$,$C_B=C_C$ の π 結合は直交している。また,σ 結合で構成される $H-C_A-H$ がつくる平面と $H-C_C-H$ がつくる平面も直交している。

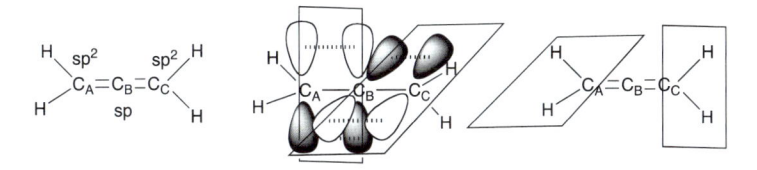

(b) アレンと同様，C_A と O は sp^2 混成，C_B は sp 混成である．C_B にある直交した 2 つの p 軌道が，それぞれ C_A の p 軌道，O の p 軌道と重なり π 結合をつくるために，$C_A=C_B$，$C_B=O$ の π 結合は直交している．また，σ 結合で構成される $H-C_A-H$ がつくる平面と，O と O 上の 2 組の非共有電子対がつくる平面も直交している．

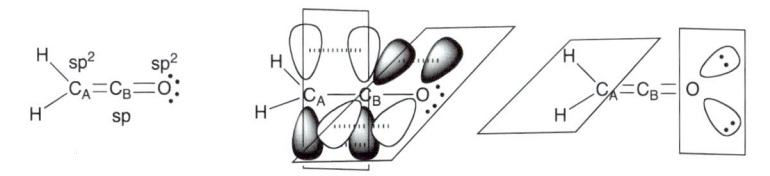

2・8

(a) $H_3C^{\delta+}-^{\delta-}NH_2$ (b) $H_3C^{\delta-}-^{\delta+}Li$ (c) $H_3C^{\delta-}-^{\delta+}MgBr$ (d) $H_3C^{\delta+}-^{\delta-}Br$

2・9

結合している原子の電気陰性度の差の大きい化合物の方が，極性が大きい．

(a) $HO-CH_3$ (b) $H-F$ (c) $HO-CH_3$

2・10

(a) 塩素の電気陰性度が炭素より大きいので，$C-Cl$ 結合は分極している．しかし，分子の形は平面で，結合双極子モーメントは反対方向に向いているので打ち消し合い，分子双極子モーメントは 0 である．したがって，無極性分子である．

(b) 酸素の方が炭素より電気陰性度は大きいので，C－O 結合は分極している．結合双極子モーメントのベクトル和で表される分子双極子モーメントは図のような方向を向いているので，極性分子である．

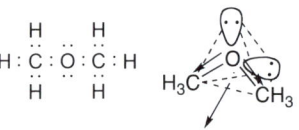

(c) 直線分子である．C と S の電気陰性度は同じであるので，結合双極子モーメントは 0 である．したがって，無極性分子である．

2・11

(a) メタノールの O に結合している H とメチルアミンの N 上の非共有電子対との水素結合，逆に，メチルアミンの N に結合している H とメタノールの O 上の非共有電子対との水素結合が可能である．

(b) いずれの分子にも電気陰性度の大きな O，N に結合している H が存在しないので，水素結合しない．

(c) メチルアミンの N に結合している H と $CH_3CH_2OCH_3$ の O 上の非共有電子対との水素結合が可能である．

(d) $CH_3CH_2OCH_3$，CH_3CH_2F には，電気陰性度の大きな原子に結合している H が存在しないので，水素結合しない．

3 章

3・1

25.0 mmHg ＝ 25.0/760 atm より

$$V = \frac{nRT}{p} = \frac{(10.0 \times 10^{-3}\text{ mol})(0.082057\text{ atm dm}^3\text{ K}^{-1}\text{ mol}^{-1})(293.15\text{ K})}{(25.0/760\text{ atm})}$$

$$= 7.31_2\text{ dm}^3 = 7.31\text{ dm}^3$$

25.0/760 atm ＝ 101325 × 25.0/760 Pa を用いれば

$$V = \frac{nRT}{p} = \frac{(10.0 \times 10^{-3}\text{ mol})(8.3144 \times 10^3\text{ Pa dm}^3\text{ K}^{-1}\text{ mol}^{-1})(293.15\text{ K})}{(101325 \times 25.0/760\text{ Pa})}$$

$$= 7.31_2\text{ dm}^3 = 7.31\text{ dm}^3$$

3・2

ヘリウムガスの物質量は

$$n = \frac{pV}{RT} = \frac{(1.00 \times 10^4 \text{ Pa})(10.0 \text{ dm}^3)}{(8.3144 \times 10^3 \text{ Pa dm}^3 \text{ K}^{-1} \text{ mol}^{-1})(298.15 \text{ K})}$$

$$= 0.0403_3 \text{ mol}$$

質量は,ヘリウムのモル質量が 4.003 g mol^{-1} より

$$(4.003 \text{ g mol}^{-1})(0.0403_3 \text{ mol}) = 0.161_4 \text{ g} = 0.161 \text{ g}$$

3・3

化合物のモル質量 M_m は

$$M_m = \frac{wRT}{pV} = \frac{(0.320 \text{ g})(0.082057 \text{ atm dm}^3 \text{ K}^{-1} \text{ mol}^{-1})(313.15 \text{ K})}{(750/760 \text{ atm})(144 \times 10^{-3} \text{ dm}^3)}$$

$$= 57.8_6 \text{ g mol}^{-1} = 57.9 \text{ g mol}^{-1}$$

よって分子量は 57.9.

3・4

水素ガスの物質量は放出前後で変わらない.したがって,$pV/T = nR = $ 一定となり,放出前後の pV/T は同じとなる.よって,放出後の体積を x とおけば

$$\frac{(150 \text{ atm})(7.0 \text{ m}^3)}{293.15 \text{ K}} = \frac{(1.0 \text{ atm}) \times x}{313.15 \text{ K}}$$

$$x = 1121.6 \text{ m}^3 = 1.1 \times 10^3 \text{ m}^3$$

3・5

密度 ρ は,窒素ガスの質量をその体積で割ったものになる.窒素ガスの物質量を n,ボンベ内の体積を V とおけば

$$\rho = \frac{n \times (28.0 \text{ g mol}^{-1})}{V} = \frac{p \times (28.0 \text{ g mol}^{-1})}{RT}$$

$$= \frac{(1.57 \times 10^6 \text{ Pa})(28.0 \text{ g mol}^{-1})}{(8.3144 \times 10^3 \text{ Pa dm}^3 \text{ K}^{-1} \text{ mol}^{-1})(293.15 \text{ K})} = 18.0_3 \text{ g dm}^{-3} = 18.0 \text{ g dm}^{-3}$$

3・6

混合気体が理想気体とすれば，1 つの成分の物質量はその体積に比例する（p, T が一定のとき）．したがって，体積分率はモル分率に等しくなる．ここでは，酸素の体積分率が 0.21 であるから，そのモル分率も 0.21 となる．ドルトンの分圧の法則から

$$p = P \times \text{モル分率} = 101.3 \text{ kPa} \times 0.21 = 21.27 \text{ kPa}$$

3・7

分解前のメタノールの 1000 K での圧力は

$$p = \frac{w}{M_m}\frac{RT}{V} = \frac{3.2 \text{ g}}{32.0 \text{ g mol}^{-1}} \frac{(0.082057 \text{ atm dm}^3 \text{ K}^{-1} \text{ mol}^{-1}) \times 1000 \text{ K}}{8.2 \text{ dm}^3} = 1.00 \text{ atm}$$

ここでは全体の体積は一定であることから，分圧は物質量と比例する．x atm に相当するメタノールが分解したとすれば，分解後の全圧が 1.4 atm であることから

（CH_3OH の分圧）＋（CO の分圧）＋（H_2 の分圧）＝ $(1.00 - x) + x + 2x = 1.4$

したがって，$x = 0.2$ atm．初めのメタノールが 1.00 atm なので分解度も 0.2．

水素のモル分率は，水素の分圧が 0.4 atm なので

　$0.4/1.4 = 0.29$

3・8

(a) $c_{\text{rms}} = (3RT/M_m)^{1/2}$ より，根平均二乗速度は絶対温度の平方根に比例し，圧力には影響されない．したがって

$$\frac{\left(\frac{3R \times 1200.15}{2.0}\right)^{1/2}}{\left(\frac{3R \times 300.15}{2.0}\right)^{1/2}} = \left(\frac{1200.15}{300.15}\right)^{1/2} = 2.0 \text{（倍）}$$

(b) 温度が一定ならば根平均二乗速度は変化なし．

(c) $$\frac{\left(\frac{3R \times 303.15}{28.0}\right)^{1/2}}{\left(\frac{3R \times 303.15}{2.0}\right)^{1/2}} = \left(\frac{2.0}{28.0}\right)^{1/2} = 0.26_7 = 0.27 \text{（倍）}$$

3・9

拡散の速さの比が大きいほど分離しやすいと考えられる。グラハムの法則より，拡散の速さの比はそれぞれの化合物のモル質量（分子量）の平方根比となる。それぞれの平方根比は

① O_2 と N_2　　$\left(\dfrac{32.0}{28.0}\right)^{1/2} = 1.07$

② H_2 と HD　　$\left(\dfrac{3.0}{2.0}\right)^{1/2} = 1.22$

③ $^{235}UF_6$ と $^{238}UF_6$　　$\left(\dfrac{352}{349}\right)^{1/2} = 1.004$

④ CH_4 と CD_4　　$\left(\dfrac{20.0}{16.0}\right)^{1/2} = 1.12$

となる。したがって，② H_2 と HD の分離がもっとも容易と考えられる。

3・10

(a) $V = \dfrac{nRT}{p} = \dfrac{\left(\dfrac{11.0}{44.0}\right)(0.082057)(313.15)}{100} = 0.0642 \text{ dm}^3$

(b) $p = \dfrac{nRT}{(V-nb)} - a\left(\dfrac{n}{V}\right)^2 = \dfrac{\left(\dfrac{11.0}{44.0}\right)(0.082057)(313.15)}{0.0642 - \left(\dfrac{11.0}{44.0}\right)(0.0427)} - (3.64)\left(\dfrac{\left(\dfrac{11.0}{44.0}\right)}{0.0642}\right)^2$

$= 64.8_2 \text{ atm} = 64.8 \text{ atm}$

4 章

4・1

必要なエネルギーの総和は ①，② および ③ を加えたものとなる。

① 0℃の氷を 0℃の水にするエネルギー：$(6.01 \text{ kJ mol}^{-1})\dfrac{200 \text{ g}}{18.0 \text{ g mol}^{-1}} = 66.7_7 \text{ kJ}$

② 0℃の水を 100℃の水にするエネルギー：$(4.18 \text{ J K}^{-1}\text{g}^{-1})(100 \text{ K})(200 \text{ g}) = 83600 \text{ J} = 83.6_0 \text{ kJ}$

③ 100℃の水を 100℃の水蒸気にするエネルギー：

$$(40.6 \text{ kJ mol}^{-1})\frac{200 \text{ g}}{18.0 \text{ g mol}^{-1}} = 451._1 \text{ kJ}$$

エネルギーの総和は

$66.7_7 + 83.6_0 + 451._1 = 601._4$ kJ

必要な加熱時間は，$1 \text{ kJ} = 1 \text{ kW} \times \text{s}$ より

$601._4$ kJ/1 kW $= 601$ s

4・2

x℃ になるとすれば

氷が獲得する熱量：$(6010 \text{ J mol}^{-1})\dfrac{240.0 \text{ g}}{18.0 \text{ g mol}^{-1}} +$

$$(4.18 \text{ J g}^{-1} \text{ K}^{-1})(240.0 \text{ g})(x - 0.0) \text{ K}$$
$$= 80133.3 + 1003.2x \quad (\text{J})$$

水蒸気が失う熱量：$(40600 \text{ J mol}^{-1})\dfrac{40.0 \text{ g}}{18.0 \text{ g mol}^{-1}} +$

$$(4.18 \text{ J g}^{-1} \text{ K}^{-1})(40.0 \text{ g})(100 - x) \text{ K}$$
$$= 106942.2 - 167.2x \quad (\text{J})$$

両者が等しいとおけば

$80133.3 + 1003.2x = 106942.2 - 167.2x$

したがって

$x = 22.9_0 = 22.9$（℃ ）

4・3

(4.1) 式から，x mmHg まで減圧するとすれば

$$\ln \frac{760 \text{ mmHg}}{x \text{ mmHg}} = \frac{-28.6 \times 10^3 \text{ J mol}^{-1}}{8.314 \text{ J K}^{-1} \text{ mol}^{-1}} \left\{ \frac{1}{(273.15 + 68.0) \text{ K}} - \frac{1}{(273.15 + 25.0) \text{ K}} \right\} = 1.454$$

$e^{1.454} = 760/x$

$x = 177._5 = 178$ (mmHg)

4・4

モル蒸発エンタルピーを x として，前問題と同じく (4.1) 式に条件を代入すれば

$$\ln \frac{20 \text{ mmHg}}{760 \text{ mmHg}} = -\frac{x}{8.314 \text{ J K}^{-1} \text{ mol}^{-1}} \left(\frac{1}{304.65 \text{ K}} - \frac{1}{398.85 \text{ K}} \right)$$

$$= -\frac{x}{8.314 \text{ J K}^{-1} \text{ mol}^{-1}} \left(\frac{398.85 - 304.65}{304.65 \times 398.85} \right) \frac{1}{\text{K}}$$

これより x を求めれば

$$x = 3.90 \times 10^4 \text{ J mol}^{-1} = 39.0 \text{ kJ mol}^{-1}$$

4・5

(a) 1.0 atm ②　加熱していくと，−78℃で昇華曲線に到達するまでは固体のままで熱量に比例して温度は上昇していく．−78℃になると固体は気体に変化し始め，すべての固体が気体になるまでは温度は−78℃で一定に保たれる．すべてが気体になれば，再度，温度は上昇していく．

(b) 5.2 atm ⑤　加熱していくと，−57℃で三重点に到達するまでは固体のままで熱量に比例して温度は上昇していく．−57℃の三重点では固体は液体と気体に変化し，この3相が共存する限り，温度は−57℃に保たれる．その後，すべては気体になり，再度，温度は上昇していく．

(c) 10 atm ④　加熱していくと，−50℃で融解曲線に到達するまでは固体のままで熱量に比例して温度は上昇していく．−50℃になると固体は液体に変化し始め，すべての固体が液体になるまでは温度は−50℃で一定に保たれる．すべてが液体になれば，−10℃で蒸気圧曲線に到達するまで温度は上昇する．−10℃では液体は気体に変化し始め，すべてが気体になるまで−10℃に保たれる．その後，すべては気体になり，再度，温度は上昇していく．

4・6

ブラッグの反射条件 $2d \sin \theta = n \lambda$ から $\sin \theta$ について解くと

$$\sin \theta = \frac{n \lambda}{2d}$$

$n = 1$, $\lambda = 154 \text{ pm} = 154 \times 10^{-12} \text{ m}$, $d = 235 \times 10^{-12} \text{ m}$ を代入して

$\sin\theta = (1)(154 \times 10^{-12} \text{ m})/2 \times 235 \times 10^{-12} \text{ m} = 0.327_6$

よって

$\theta = 19.1°$

4・7

(a) 体心立方格子の最密の結晶構造では,立方体の対角線上に3つの球状の原子が接して存在する.このとき,最近接原子の中心間の距離はこの対角線の距離の半分に相当する.これを x nm,単位格子の一辺の長さを a nm とすると

$(2x)^2 = 2a^2 + a^2 = 3a^2$

$2x = (3a^2)^{1/2} = (3 \times 0.316^2)^{1/2} = 0.547_3$

$x = 0.273_6 = 0.274 \text{ (nm)}$

(b) 体心立方格子の単位格子中には2個の原子がある.質量は

$$\frac{2 \times 183.8 \text{ g mol}^{-1}}{6.022 \times 10^{23} \text{ mol}^{-1}} = 6.104 \times 10^{-22} \text{ g}$$

この質量を単位格子の体積で割ったものが密度となるから

$$\frac{6.104 \times 10^{-22} \text{ g}}{(3.16 \times 10^{-8} \text{ cm})^3} = 0.193_4 \times 10^2 \text{ g cm}^{-3}$$

$= 19.3 \text{ g cm}^{-3}$

4・8

面心立方格子の単位格子中には4個の原子がある.単位格子中にある原子の質量を単位格子の体積で割ったものが密度となるから,アボガドロ定数を L とおけば

$$19.32 \text{ g cm}^{-3} = \frac{197.0 \text{ g mol}^{-1}}{L} \times \frac{4}{(4.079 \times 10^{-10} \times 10^2 \text{ cm})^3}$$

となる.したがって

$L = 0.6009_7 \times 10^{24} \text{ mol}^{-1} = 6.010 \times 10^{23} \text{ mol}^{-1}$

5 章

5・1

この水溶液に含まれる酢酸の物質量は

$$0.200 \text{ mol dm}^{-3} \times \frac{250}{1000} \text{ dm}^3 = 0.0500 \text{ mol}$$

酢酸のモル質量は 60.05 g mol^{-1} であることから,酢酸の質量は

$$60.05 \text{ g mol}^{-1} \times 0.0500 \text{ mol} = 3.00_2 \text{ g} = 3.00 \text{ g}$$

5・2

Na$_2$CO$_3$・10H$_2$O,Na$_2$CO$_3$,および H$_2$O の式量あるいは分子量は,それぞれ 286.15,105.99 および 18.016 である。Na$_2$CO$_3$ の質量百分率 wt% は

$$\text{wt\%} = 100 \times \frac{32.0 \text{ g} \times \dfrac{105.99 \text{ g mol}^{-1}}{286.15 \text{ g mol}^{-1}}}{232 \text{ g}} = 5.11\%$$

水溶液の体積は

$$\frac{232 \text{ g}}{1.048 \text{ g cm}^{-3}} \times \frac{1 \text{ dm}^3}{1000 \text{ cm}^3} = 0.221_3 \text{ dm}^3$$

モル濃度 c_B は

$$c_B = \frac{\dfrac{32.0 \text{ g}}{286.15 \text{ g mol}^{-1}}}{0.221_3 \text{ dm}^3} = 0.505 \text{ mol dm}^{-3}$$

水の質量は

$$200 \text{ g} + 32.0 \text{ g} \times \frac{180.16}{286.15} = 220._1 \text{ g} = 0.220_1 \text{ kg}$$

質量モル濃度 m_B は

$$m_B = \frac{\dfrac{32.0 \text{ g}}{286.15 \text{ g mol}^{-1}}}{0.220_1 \text{ kg}} = 0.508 \text{ mol kg}^{-1}$$

モル分率 x_B は

$$x_B = \frac{\dfrac{32.0 \text{ g}}{286.15 \text{ g mol}^{-1}}}{\dfrac{32.0 \text{ g}}{286.15 \text{ g mol}^{-1}} + \dfrac{220._1 \text{ g}}{18.016 \text{ g mol}^{-1}}} = 0.00907$$

5・3

濃硝酸 10.0 cm³ に含まれる硝酸の質量は

$$10.0 \text{ cm}^3 \times 1.406 \text{ g cm}^{-3} \times 0.700 = 9.84_2 \text{ g}$$

物質量は

$$\frac{9.84_2 \text{ g}}{63.0 \text{ g mol}^{-1}} = 0.156_2 \text{ mol}$$

したがって，濃硝酸のモル濃度 c_B は

$$c_B = \frac{0.156_2 \text{ mol}}{10.0 \times 10^{-3} \text{ dm}^3} = 15.6 \text{ mol dm}^{-3}$$

希硝酸のモル濃度 c_B は

$$c_B = \frac{0.156_2 \text{ mol}}{500 \times 10^{-3} \text{ dm}^3} = 0.312 \text{ mol dm}^{-3}$$

5・4

式量は $CuSO_4$ が 159.6，$CuSO_4 \cdot 5H_2O$ が 249.7 である。析出する $CuSO_4 \cdot 5H_2O$ の質量を x (g) とすれば，その中にある $CuSO_4$ の質量は

$$x \times \frac{159.6}{249.7} \text{ (g)}$$

残った溶液の組成は，20℃の飽和水溶液の組成に等しく，次式が成り立つ。

$CuSO_4$ の質量／飽和水溶液の質量

$$= \frac{28.5 - x \times \frac{159.6}{249.7}}{100 - x} = \frac{16.8}{100}$$

これを解き

$$x = 24.8 \text{ (g)}$$

5・5

この化合物の分子量を M_B とおけば，質量モル濃度 m_B は

$$m_B = \frac{\dfrac{10.0 \times 10^{-3}\,\text{g}}{M_B\,\text{g mol}^{-1}}}{100 \times 10^{-3} \times 10^{-3}\,\text{kg}} = \frac{100}{M_B}\,\text{mol kg}^{-1}$$

凝固点降下 $\triangle T_f$ は

$$\triangle T_f = 179.5 - 163.0 = 16.5\;(\text{K})$$

$\triangle T_f = K_f m_B$ より

$$16.5\,\text{K} = (40.0\,\text{K mol}^{-1}\,\text{kg})\,(\frac{100}{M_B}\,\text{mol kg}^{-1})$$

したがって

$$M_B = 40.0 \times \frac{100}{16.5} = 242$$

5・6

エチレングリコール（分子量 62.0）の質量モル濃度 m_B は

$$m_B = \frac{\dfrac{55.0\,\text{g}}{62.0\,\text{g mol}^{-1}}}{0.250\,\text{kg}} = 3.54_8\,\text{mol kg}^{-1}$$

凝固点降下 $\triangle T_f$ は

$$\triangle T_f = K_f m_B = (1.86\,\text{K mol}^{-1}\,\text{kg})\,(3.54_8\,\text{mol kg}^{-1}) = 6.60\,\text{K}$$

すなわち，凝固点は−6.60℃となる。

沸点上昇 $\triangle T_b$ は

$$\triangle T_b = K_b m_B = (0.52\,\text{K mol}^{-1}\,\text{kg})\,(3.54_8\,\text{mol kg}^{-1}) = 1.8\,\text{K}$$

すなわち，沸点は101.8℃となる。

5・7

この溶液の浸透圧 $\varPi$ は，$\varPi = \rho g h$ で表わすことができる。よって，浸透圧は

$$\varPi = \rho g h = (0.8658\,\text{g cm}^{-3})\,(9.81\,\text{m s}^{-2})\,(3.11\,\text{cm})$$

$$= (0.8658 \times 10^{-3}\,\text{kg cm}^{-3})\,\frac{1\,\text{cm}^3}{10^{-6}\,\text{m}^3}\,(9.81\,\text{m s}^{-2})\,(3.11 \times 10^{-2}\,\text{m})$$

$$= 2.64_1 \times 10^2\,\text{kg m}^{-1}\,\text{s}^{-2} = 2.64_1 \times 10^2\,\text{Pa}$$

一方，ファントホッフの式より $\Pi V = n_B RT = (w/M_B)RT$ とおける。ここで，ポリスチレンの質量を w，モル質量を M_B とした。よって，

$$M_B = \frac{wRT}{\Pi V} = \frac{(6.6\text{ g})(8.314 \times 10^3 \text{ Pa dm}^3 \text{ K}^{-1} \text{ mol}^{-1})(293.15\text{ K})}{(2.64_1 \times 10^2 \text{ Pa})(1.00 \text{ dm}^3)}$$

$$= 6.0_9 \times 10^4 \text{ g mol}^{-1} = 6.1 \times 10^4 \text{ g mol}^{-1}$$

したがって，ポリスチレンの分子量は 6.1×10^4 となる。また，スチレン $C_6H_5CH = CH_2$ の分子量は 104 より，重合度は

$$6.0_9 \times 10^4 / 104 = 5.8_{55} \times 10^2 = 5.9 \times 10^2$$

6 章

6・1

K_2SO_4 の解離は次の式で表わされる。

$$K_2SO_4 \longrightarrow 2K^+ + SO_4^{2-}$$

生成するイオンの数は 3 より，ファントホッフ係数 i と α との関係は

$$i = (1 - \alpha) + 3\alpha = 2.8$$

したがって，見かけの解離度 α は

$$\alpha = 0.9$$

6・2

硫酸マグネシウム（式量 120.4）の物質量 n_B は

$$n_B = \frac{0.100 \text{ g}}{120.4 \text{ g mol}^{-1}} = 8.30_5 \times 10^{-4} \text{ mol}$$

$\Pi V = i n_B RT$ より，ファントホッフ係数 i は

$$i = \frac{\Pi V}{n_B RT} = \frac{(2.55 \times 10^4 \text{ Pa})(150/1000)\text{ dm}^3}{(8.30_5 \times 10^{-4} \text{ mol})(8.314 \times 10^3 \text{ Pa dm}^3 \text{ K}^{-1} \text{ mol}^{-1})(298.15\text{ K})}$$

$$= 1.85_8$$

硫酸マグネシウムの解離反応（$MgSO_4 \longrightarrow Mg^{2+} + SO_4^{2-}$）の見かけの解離度を α とおけば

$$i = (1 - \alpha) + 2\alpha = 1 + \alpha = 1.85_8$$

したがって，$\alpha = 0.86$ となる。

6・3

$CaCl_2$ の解離は次の式で表される。

$$CaCl_2 \longrightarrow Ca^{2+} + 2Cl^-$$

見かけの解離度 α が 0.755 より,ファントホッフ係数 i は

$$i = (1-\alpha) + 3\alpha = 1 + 2\alpha = 1 + 2 \times 0.755 = 2.51$$

凝固点が $-0.281\,°\mathrm{C}$ より,凝固点降下 $\varDelta T_f$ は $0.281\,\mathrm{K}$ となる。$\varDelta T_f = iK_f m_B$ より質量モル濃度 m_B は

$$m_B = \frac{\varDelta T_f}{iK_f} = \frac{0.281\,\mathrm{K}}{2.51 \times 1.86\,\mathrm{K\,mol^{-1}\,kg}} = 0.0602\,\mathrm{mol\,kg^{-1}}$$

6・4

陰極では水の還元が起こる。電気分解の反応は

陽極:$2Cl^- \longrightarrow Cl_2 + 2e^-$

陰極:$2H_2O + 2e^- \longrightarrow H_2 + 2OH^-$

(a) 陽極で発生する Cl_2 の物質量 n は

$$n = \frac{3.36\,\mathrm{dm^3}}{22.4\,\mathrm{dm^3\,mol^{-1}}} = 0.150\,\mathrm{mol}$$

発生する Cl_2 の物質量の 2 倍の電子が流れたことになる。したがって,その電気量は

$$2 \times (0.150\,\mathrm{mol})(9.649 \times 10^4\,\mathrm{C\,mol^{-1}}) = 2.89_4 \times 10^4\,\mathrm{C}$$

$1\,\mathrm{C} = 1\,\mathrm{A\,s}$ より,通じた時間は

$$\frac{2.89_4 \times 10^4\,\mathrm{C}}{5.00\,\mathrm{A}} = 5.78_8 \times 10^3\,\mathrm{s} = 96.5\,\mathrm{min}$$

(b) 陰極では Cl_2 と同じ量の H_2 が発生する。したがって,その体積は $3.36\,\mathrm{dm^3}$ となる。

(c) 陰極では,H_2 が発生すると同時に OH^- も生成する。これは残存する Na^+ とともに NaOH が生じることになる。したがって,NaOH のモル濃度は OH^- のモル濃度に等しい。生成する OH^- の物質量は発生する Cl_2 の物質量の 2 倍となるので,そのモル濃度 c_B は

$$c_B = \frac{2 \times 0.150 \text{ mol}}{2.00 \text{ dm}^3} = 0.150 \text{ mol dm}^{-3}$$

6・5

$CuSO_4$ の電気分解の反応は

$$\text{陽極}: H_2O \longrightarrow \frac{1}{2}O_2 + 2H^+ + 2e^-$$
$$\text{陰極}: Cu^{2+} + 2e^- \longrightarrow Cu$$

全体の反応は

$$Cu^{2+} + H_2O \longrightarrow Cu + 2H^+ + \frac{1}{2}O_2$$

SO_4^{2-} も含めて記述すれば,

$$CuSO_4 + H_2O \longrightarrow Cu + H_2SO_4 + \frac{1}{2}O_2$$

したがって,H_2SO_4 は生成する Cu と同じ物質量となる.生成する Cu の物質量は通電された電子の物質量の 1/2 である.したがって,Cu すなわち H_2SO_4 の物質量 n は,1 A s = 1 C より

$$n = \frac{\dfrac{(15.0 \text{ A})(10.0 \times 60 \text{ s})}{(9.649 \times 10^4 \text{ C mol}^{-1})}}{2} = 4.66_3 \times 10^{-2} \text{ mol}$$

よって,H_2SO_4 のモル濃度 c_B は

$$c_B = \frac{4.66_3 \times 10^{-2} \text{ mol}}{0.250 \text{ dm}^3} = 0.187 \text{ mol dm}^{-3}$$

7 章

7・1

$q = -2.5 \text{ kJ}$

$w = -0.5 \text{ kJ}$

$\Delta U = q + w = -2.5 \text{ kJ} + (-0.5 \text{ kJ}) = -3.0 \text{ kJ}$

7・2

(a) $w = 0$

$q = 4.49 \text{ kJ}$

(b) $w = -p_e \triangle V = -(1013 \times 10^2 \text{ Pa})(10.0 \text{ dm}^3)\dfrac{10^{-3} \text{ m}^3}{1 \text{ dm}^3}$

$= -1013 \text{ Pa m}^3 = -1.01 \text{ kJ}$

(c) 膨張後の体積 $V = \dfrac{p'V'}{p} = \dfrac{1500 \text{ hPa} \times 15.0 \text{ dm}^3}{1200 \text{ hPa}} = 18.7_5 \text{ dm}^3$

$w = -p_e \triangle V = -(1013 \times 10^2 \text{ Pa})(18.7_5 - 15.0) \text{ dm}^3 \dfrac{10^{-3} \text{ m}^3}{1 \text{ dm}^3}$

$= -379._8 \text{ Pa m}^3 = -0.380 \text{ kJ}$

$q = \triangle U - w = 0 - (-0.380 \text{ kJ}) = 0.380 \text{ kJ}$

7・3

ビーカーの中の反応なので定圧過程と考えてよい。したがって，移動した熱がエンタルピー変化に相当する。また，反応系から外界に放出された熱なので，符号は負となる。したがって

$q = \triangle H = -44.0 \text{ J}$

常圧下を 1 atm 下とすれば，仕事 w は

$w = -p_e \triangle V = -(1 \text{ atm})(12.5 \text{ cm}^3) = -(101325 \text{ Pa})(12.5 \text{ cm}^3)\dfrac{10^{-6} \text{ m}^3}{1 \text{ cm}^3}$

$= -1.266 \text{ Pa m}^3 = -1.26_6 \text{ J}$

したがって，内部エネルギー変化 $\triangle U$ は

$\triangle U = q + w = (-44.0 \text{ J}) + (-1.26_6 \text{ J}) = -45.3 \text{ J}$

7・4

沸点温度で加えたエネルギーは

$0.800 \text{ A} \times 250 \text{ s} \times 25.0 \text{ V} = 5000 \text{ AsV} = 5000 \text{ J} = 5.00 \text{ kJ}$

ナトリウムのモル質量は 22.99 g mol^{-1} なので，1 mol 当りならば

$\triangle H = \dfrac{5.00 \text{ kJ}}{\dfrac{1.19 \text{ g}}{22.99 \text{ g mol}^{-1}}} = 96.6 \text{ kJ mol}^{-1}$

7・5

(a) エタノールとアセトアルデヒドの燃焼反応は

① $C_2H_5OH\ (l) + 3O_2\ (g) \longrightarrow 2CO_2\ (g) + 3H_2O\ (l)\ \Delta H° = -1367.0\ kJ\ mol^{-1}$

② $CH_3CHO\ (l) + 5/2\ O_2\ (g) \longrightarrow 2CO_2\ (g) + 2H_2O\ (l)\ \Delta H° = -1167.0\ kJ\ mol^{-1}$

①−② から

$C_2H_5OH\ (l) + 1/2\ O_2\ (g) \longrightarrow CH_3CHO\ (l) + H_2O\ (l)$

$\Delta H° = -1367.0 - (-1167.0) = -200.0\ kJ$

(b) 反応エンタルピーは,生成系の生成エンタルピーの総和から反応系の生成エンタルピーの総和を引いたものとなる。アセトアルデヒドの標準生成エンタルピー (25℃) を x とおけば,前問 (1) から

$\Delta H° = -200.0\ kJ = \{x + (-285.8)\} - \{(-277.1) + 0\}\ kJ$

よって,$x = -191.3\ kJ\ mol^{-1}$

7・6

25℃での標準反応エンタルピーは,生成系と反応系の標準生成エンタルピーの差から求めることができる。

	$CH_4\ (g)$	$+\ H_2O\ (l)$	$\to$	$CO\ (g)$	$+\ 3H_2\ (g)$
$\Delta H_f°/kJ\ mol^{-1}$	−74.7	−285.8		−110.6	0
$C_p/J\ K^{-1}\ mol^{-1}$	35.31	75.29		29.14	28.84

この反応の 25℃ での標準反応エンタルピーは

$\Delta H°(25℃) = (-110.6 + 0) - \{(-74.7) + (-285.8)\} = 249.9\ kJ$

100℃での標準反応エンタルピーは,キルヒホッフの法則から

$\Delta H°(100℃) = \Delta H°(25℃) + \Delta C_p \times (373.15 - 298.15)$

$= 249.9 + \{29.14 + 28.84 \times 3 - (35.31 + 75.29)\} \times 75 \times 10^{-3}$

$= 249.9 + 0.37_9 = 250.3\ kJ$

8 章

8・1

この過程は 1.00 atm での標準状態で,100℃ (373.15 K) での定温過程となる。したがって,沸騰時のエントロピー変化は

$$\varDelta S°(沸騰) = \frac{q_{rev}}{T} = \frac{\varDelta H_{vap}°}{T} = \frac{40.66 \times 10^3 \,\text{J mol}^{-1}}{373.15 \,\text{K}} = 109.0 \,\text{J K}^{-1}\,\text{mol}^{-1}$$

同じ条件で，水蒸気が凝縮するときには，40.66 kJ mol^{-1} の熱を外界に放出する。したがって

$$\varDelta S°(凝縮) = \frac{q_{rev}}{T} = -\frac{40.66 \times 10^3 \,\text{J mol}^{-1}}{373.15 \,\text{K}} = -109.0 \,\text{J K}^{-1}\,\text{mol}^{-1}$$

8・2

系のエントロピー変化は

$$\varDelta S°(系) = 259.4 + 69.9 - 159.9 - 161.0 = 8.4 \,\text{J K}^{-1}$$

また，系のエンタルピー変化は

$$\varDelta H° = -479.0 + (-285.8) - (-484.3) - (-277.1) = -3.4 \,\text{kJ}$$

である。外界のエントロピー変化は $\varDelta S°(外界) = -\varDelta H°/T$ で表わすことができるから

$$\varDelta S°(外界) = \frac{-\varDelta H°}{T} = -\frac{(-3.4 \times 10^3)}{298.15} = 11._4 \,\text{J K}^{-1}$$

よって

$$\varDelta S°(全体) = \varDelta S°(系) + \varDelta S°(外界) = 8.4 + 11._4 = 19._8 = 20 \,\text{J K}^{-1}$$

8・3

系のエントロピー変化は

$$\varDelta S°(系) = 56.5 + 59.5 - 72.13 = 43.8_7 = 43.9 \,\text{J K}^{-1}$$

外界のエントロピー変化は $\varDelta S°(外界) = -\varDelta H°/T$ となるから

$$\varDelta S°(外界) = \frac{-\varDelta H°}{T} = \frac{-\{-167.16 + (-240.12) - (-411.15)\} \times 10^3}{298.15}$$

$$= -12.9_8 = -13.0 \,\text{J K}^{-1}$$

よって

$$\varDelta S°(全体) = \varDelta S°(系) + \varDelta S°(外界) = 43.8_7 + (-12.9_8) = 30.8_9 = 30.9 \,\text{J K}^{-1}$$

8・4

表 8・1 の値から，反応の標準エントロピー変化 $\varDelta S°$ は

$\varDelta S° = 92.9 + 69.9 - 83.4 - 213.6 = -134.2 \text{ J K}^{-1}$

また，表 7・1 の値から，標準反応エンタルピーは

$\varDelta H° = -1206.9 + (-285.8) - (-986.1) - (-393.5) = -113.1 \text{ kJ}$

標準自由エネルギー変化 $\varDelta G°$ は，$\varDelta G° = \varDelta H° - T\varDelta S°$ で表わすことができるから

$\varDelta G° = \varDelta H° - T\varDelta S° = -113.1 - 298.15 \times (-134.2) \times 10^{-3} = -73.0_8 \text{ kJ}$
$= -73.1 \text{ kJ}$

となる。$\varDelta G° < 0$ となるので，この反応は自然に起こり得る。

8・5

表 8・2 のデータを用いて，それぞれの反応の標準自由エネルギー変化 $\varDelta G°$ を求めると，単体は 0 とおけるから

(a) $\varDelta G° = -604.2 + (-237) - (-896.6) = 55.4 \text{ kJ}$

(b) $\varDelta G° = -2 \times (-742) = 1484 \text{ kJ}$

(c) $\varDelta G° = -1320 - (-604.2) - (-300) = -415.8 \text{ kJ}$

(d) $\varDelta G° = -174 + (-237) - (-390) = -21 \text{ kJ}$

(e) $\varDelta G° = -742 - (-1577) = 835 \text{ kJ}$

(f) $\varDelta G° = 52.3 + 2 \times (-237) - (-856) = 434.3 \text{ kJ}$

となる。$\varDelta G° < 0$ のとき「自発的な変化」となるので，反応 (c) と (d) が自然に起こり得る反応となる。

8・6

反応から取り出すことができる燃焼熱および電気エネルギーの最大値は，反応のエンタルピー変化と自由エネルギー変化に相当する。標準反応エンタルピー $\varDelta H°$ は，単体の Na と S の標準生成エンタルピーは 0 とおけるので

$\varDelta H° = -411.3 - 0 - 0 = -411.3 \text{ kJ}$

となり，大きな燃焼熱であることがわかる。また，反応のエントロピー変化 $\varDelta S°$ は

$\varDelta S° = 167.4 - 2 \times 51.2 - 4 \times 31.8 = -62.2 \text{ J K}^{-1}$

標準自由エネルギー変化$\Delta G°$ は，$\Delta G° = \Delta H° - T\Delta S°$ より

$$\Delta G° = \Delta H° - T\Delta S° = -411.3 \text{ kJ} - (298.15 \text{ K})(-62.2 \text{ J K}^{-1}) \times 10^{-3}$$
$$= -392.7_5 \text{ kJ} = -392.8 \text{ kJ}$$

となり，電気エネルギーの最大値は 392.8 kJ と見積もられる．

9 章

9・1

(a) この反応は固体を含む不均一系なので，固体の FeO と Fe の量は平衡には影響しない．したがって，圧平衡定数は $K_p = p_{H_2O}/p_{H_2}$ となる．反応の前後で気体の分子数に変化がないので，加圧しても平衡の移動は起こらない．

(b) 一定温度なので平衡定数は変化しない．したがって，$K_p = p_{H_2O}/p_{H_2} = $ 一定なので，水素の分圧が大きくなるときには水の分圧も大きくなるように平衡は移動する．つまり，平衡は右に移動する．

(c) 反応は$\Delta H° = 16.2 \text{ kJ mol}^{-1} > 0$ の吸熱反応である．ファントホッフの定圧平衡式 $\ln(K_p/K_p') = -(\Delta H°/R)(1/T - 1/T')$ から，
$T = 973$ K，$T' = 1073$ K ならば右辺は負となるので $K_p' > K_p$ となる．K_p' が大きくなるということは水蒸気の分圧が大きくなることである．つまり，平衡は右に移動する．

9・2

(a) 1 mol の HI のうち，α mol が解離して平衡に達したとすれば，α は解離度にほかならない．全体の体積を V とすると濃度平衡定数 K_c は

$$K_c = \frac{[H_2][I_2]}{[HI]^2} = \frac{\left(\dfrac{\alpha}{2V}\right)^2}{\left\{\dfrac{(1-\alpha)}{V}\right\}^2} = \frac{\alpha^2}{4(1-\alpha)^2}$$

解離度 $\alpha = 0.247$ を代入すれば

$$K_c = \frac{\alpha^2}{4(1-\alpha)^2} = \frac{0.247^2}{4(1-0.247)^2} = 0.0269$$

(b) この反応では，反応の前後の化学量論係数の総和はともに 2 であることから，

濃度平衡定数と圧平衡定数は同じ値となる．したがって，1200 K での濃度平衡定数は次のファントホッフの定圧平衡式から求められる．

$$\ln \frac{K_p}{K_p'} = -\frac{\Delta H°}{R}\left(\frac{1}{T} - \frac{1}{T'}\right)$$

$K_p = K_c$ として，それぞれの値を代入すれば

$$\ln \frac{0.0269}{K_p'} = -\frac{5.17 \times 10^3 \text{ J mol}^{-1}}{8.314 \text{ J K}^{-1} \text{ mol}^{-1}}\left(\frac{1}{800 \text{ K}} - \frac{1}{1200 \text{ K}}\right)$$

$$\ln \frac{0.0269}{K_p'} = -0.259_1$$

したがって，$0.0269/K_p' = e^{-0.2591} = 0.771_7$

よって，$K_p' = 0.0349 = K_c'$

この温度での解離度 α は

$$K_c' = \frac{\alpha^2}{4(1-\alpha)^2} = 0.0349$$

$$\frac{\alpha}{2(1-\alpha)} = \pm 0.186_8$$

これを解けば

$\alpha = 0.272$ あるいは -0.596

負値はあり得ないので答は 0.272 となる．

9・3

平衡時では，25% がエノール体に異性化していることから，ケト体とエノール体のモル濃度はそれぞれ 0.075 mol dm^{-3} および 0.025 mol dm^{-3} となる．したがって，濃度平衡定数 K_c は

$$K_c = \frac{[\text{CH}_3(\text{OH})\text{C}=\text{CHCOCH}_3]}{[\text{CH}_3\text{COCH}_2\text{COCH}_3]} = \frac{0.025}{0.075} = 0.33$$

となる．標準自由エネルギー変化 $\Delta G°$ は

$$\Delta G° = -RT \ln K_c = -8.314 \times 298.15 \times (\ln 0.33) \times 10^{-3} = 2.7 \text{ (kJ)}$$

9・4

(a) この反応は不均一系の平衡になるので，固体の炭素は化学平衡の式から除外できる．全圧を P，反応した水蒸気の割合を x とおけば，水蒸気の分圧は $(1-x/1+x)P$，水素と一酸化炭素の分圧はともに $(x/1+x)P$ とおける．よって

$$K_p = \frac{p_{H2} \cdot p_{CO}}{p_{H2O}} = \frac{\left\{\left(\dfrac{x}{1+x}\right)P\right\}^2}{\left(\dfrac{1-x}{1+x}\right)P} = \frac{x^2 P}{(1-x^2)} = 47$$

$P=1$ を代入して

$$\frac{x^2}{(1-x^2)} = 47$$

これを解けば，$x = \pm 0.99$．意味があるのは $x = 0.99$ である．したがって，水素の分圧は

$$p_{H2} = \frac{x}{1+x}P = \frac{0.99}{1+0.99} \times 1 = 0.49_7 = 0.50 \text{ atm}$$

(b) (a) と同様に，$P = 10$ を代入して

$$\frac{x^2 P}{1-x^2} = \frac{10 \times x^2}{1-x^2} = 47$$

これを解けば，$x = 0.91$．したがって，水素の分圧は

$$p_{H2} = \frac{x}{1+x}P = \frac{0.91}{1+0.91} \times 10 = 4.7_6 = 4.8 \text{ atm}$$

9・5

ヨウ素の全物質量を n，抽出によって四塩化炭素側に分配する割合を α，水溶液の体積を V とすれば，四塩化炭素側によく分配することから

$$K_{\text{dist}} = \frac{\dfrac{(1-\alpha)n}{V}}{\dfrac{\alpha n \times 20}{V}} = 0.012$$

よって $\alpha = 0.806$ となり，水溶液側に残るヨウ素の割合は

$1 - \alpha = 1 - 0.806 = 0.194$

となる。40 分の 1 の体積の四塩化炭素では

$$K_{\text{dist}} = \frac{\dfrac{(1-\alpha)n}{V}}{\dfrac{\alpha n \times 40}{V}} = 0.012$$

よって　$\alpha = 0.676$　　残る割合は $1 - \alpha = 0.324$

となる。2 回目の抽出でも残る割合は同じで 0.324。したがって，2 回合計すると，

$0.324 \times 0.324 = 0.105$

となり，こちらの方が残る割合は小さい，つまり，抽出される割合が大きいことがわかる。

9・6

深い海での空気の全圧は $10\,\text{atm} = 1.01325 \times 10^6\,\text{Pa}$ であることから，窒素の分圧は

$1.01325 \times 10^6\,\text{Pa} \times 0.80 = 8.1_0 \times 10^5\,\text{Pa}$

(9.9) 式より，溶けている窒素のモル分率 x_B は

$$x_\text{B} = \frac{p_\text{B}}{K_\text{H}} = \frac{8.1_0 \times 10^5\,\text{Pa}}{7.7 \times 10^9\,\text{Pa}} = 1.0_5 \times 10^{-4}$$

したがって，窒素の物質量を n_{N2} とすれば，水のモル質量が $18.0\,\text{g mol}^{-1}$ より

$$1.0_5 \times 10^{-4} = \frac{n_{\text{N2}}}{n_{\text{N2}} + \dfrac{4500\,\text{g}}{18.0\,\text{g mol}^{-1}}}$$

これを解けば

$n_{\text{N2}} = 0.026_2\,\text{mol}$

1 atm 下で溶存する窒素は，同様に求めれば

$n_{\text{N2}} = 0.0026_2\,\text{mol}$

したがって，気泡化する窒素の物質量は，$0.026_2 - 0.0026_2 = 0.023_5\,\text{mol}$。その体積は

$$V = \frac{n_{\text{N2}} RT}{p} = \frac{(0.023_5\,\text{mol})(0.082057\,\text{atm dm}^3\,\text{K}^{-1}\,\text{mol}^{-1})(293.15\,\text{K})}{1\,\text{atm}}$$

$= 0.57\,\text{dm}^3$

10 章

10・1

(a) HSO_4^- は H^+ を受け取り H_2SO_4 となり，また H^+ を与え SO_4^{2-} となるので酸・塩基の両方である．

(b) SO_4^{2-} は H^+ を受け取り HSO_4^- となるので，塩基である．

(c) NH_4^+ は H^+ を与え NH_3 となるので，酸である．

(d) H_2O は H^+ を受けり H_3O^+ となり，また H^+ を与え OH^- となるので酸・塩基の両方である．

10・2

(a)
$$HClO_4 + H_2O \rightleftharpoons H_3O^+ + ClO_4^-$$
酸　　　　塩基　　　　酸　　　　塩基

共役酸-塩基対（$HClO_4$/ClO_4^- および H_2O/H_3O^+）

(b)
$$HCO_3^- + H_2O \rightleftharpoons H_3O^+ + CO_3^{2-}$$
酸　　　　塩基　　　　酸　　　　塩基

共役酸-塩基対（HCO_3^-/CO_3^{2-} および H_2O/H_3O^+）

10・3

(a) たとえば，K_a で比較する．

シアン化水素酸の $K_a = K_w/K_b = 1.0 \times 10^{-14}/(2.0 \times 10^{-5}) = 5.0 \times 10^{-10}$

安息香酸 C_6H_5COOH（pK_a 4.19）$K_a = 10^{-pK_a} = 10^{-4.19} = 6.5 \times 10^{-5}$

次亜塩素酸 HClO（共役塩基の pK_b 6.47）pK_a = pK_w − pK_b = 14 − 6.47 = 7.53

$K_a = 10^{-pK_a} = 10^{-7.53} = 2.9 \times 10^{-8}$

よって，フッ化水素酸 > 安息香酸 > 次亜塩素酸 > シアン化水素酸

(b) たとえば，K_b で比較する．

ピリジン C_6H_5N（共役酸の pK_a 5.35）pK_b = pK_w − pK_a = 14 − 5.25 = 8.75

$K_b = 10^{-pK_b} = 10^{-8.75} = 1.8 \times 10^{-9}$

ニコチン $C_{10}H_{14}N_2$（pK_b 5.98）$K_b = 10^{-pK_b} = 10^{-5.98} = 1.0 \times 10^{-6}$

尿素 $CO(NH_2)_2$ (共役酸の K_a 7.9×10^{-1}) $K_b = K_w/K_a = 1.0\times10^{-14}/(7.9\times10^{-1}) = 1.3\times10^{-14}$
よって，ジメチルアミン＞ニコチン＞ピリジン＞尿素

10・4

たとえば，pH で比較する。

$[H^+] = 2.5 \times 10^{-5}\,\text{mol dm}^{-3}$：$pH = -\log[H^+] = -\log 2.5 \times 10^{-5} = 4.60$

$[OH^-] = 2.5 \times 10^{-12}\,\text{mol dm}^{-3}$：$[H^+] = 1.0 \times 10^{-14}/[OH^-] = 1.0\times10^{-14}/(2.5\times10^{-12}) = 4.0 \times 10^{-3}\,\text{mol dm}^{-3}$　$pH = -\log[H^+] = -\log 4.0\times10^{-3} = 2.40$

$pOH = 5.4$：$pH = 14 - pOH = 14 - 5.4 = 8.6$

よって，$[OH^-] = 2.5 \times 10^{-12} > [H^+] = 2.5 \times 10^{-5} > pH = 5.4 > pOH = 5.4$

10・5

$pH = -\log[H^+]$　より，$[H^+] = 10^{-pH} = 10^{-3.0} = 1.0 \times 10^{-3}\,\text{mol dm}^{-3}$

$[H^+][OH^-] = 1.0 \times 10^{-14}$　より，

$[OH^-] = 1.0 \times 10^{-14}/[H^+] = 1.0 \times 10^{-14}/(1.0 \times 10^{-3}) = 1.0 \times 10^{-11}\,\text{mol dm}^{-3}$

10・6

解離前と解離平衡における濃度は以下のように表せる。

	CH_3COOH $\rightleftharpoons$	CH_3COO^-	$+$	H^+
初濃度	0.10	0		0
平衡濃度	$0.10 - x$	x		x

よって，酸解離定数 K_a は，$K_a = x^2/(0.10 - x)$

$(0.10 - x) \approx 0.10$ とすると，$K_a = x^2/0.10$

したがって，水素イオン濃度 x は

　$[H^+] = x = (K_a \times 0.10)^{1/2} = (1.8 \times 10^{-5} \times 0.10)^{1/2} = 1.3 \times 10^{-3}\,\text{mol dm}^{-3}$

　$[CH_3COO^-] = [H^+] = 1.3 \times 10^{-3}\,\text{mol dm}^{-3}$

　$[CH_3COOH] = 0.10 - 1.3 \times 10^{-3} = 0.0987\,\text{mol dm}^{-3}$

　$[OH^-] = 1.0 \times 10^{-14}/(1.3 \times 10^{-3}) = 7.7 \times 10^{-12}\,\text{mol dm}^{-3}$

よって，解離度は $1.3 \times 10^{-3}/0.10 = 1.3 \times 10^{-2}$ となり，酢酸の 1.3%が解離しているにすぎない。

10・7

(a)

	HCOOH $\rightleftarrows$	H$^+$ +	HCOO$^-$
初濃度	0.050	0	0
平衡濃度	$0.050 - x$	x	x

よって，酸解離定数 K_a は $K_a = x^2/(0.050 - x)$

$0.050 - x \approx 0.050$ とおいて水素イオン濃度 x を求めれば

$[H^+] = x = (K_a \times 0.050)^{1/2} = (1.8 \times 10^{-4} \times 0.050)^{1/2} = 3.0 \times 10^{-3}$

$(C_A - x) \approx C_A$ の近似の妥当性を考慮するため，解離度 α を求めると

$\alpha = 3.0 \times 10^{-3}/0.050 = 0.060$ となる。解離度が 0.05 以上であるので，近似を使って計算できない。したがって，二次方程式を解くことが必要である。

$x^2 + K_a x - K_a \times 0.050 = x^2 + 1.8 \times 10^{-4} x - 4.3 \times 10^{-4} \times 0.050 = 0$

$x = \{-1.8 \times 10^{-4} \pm \sqrt{(1.8 \times 10^{-4})^2 + 4 \times 1.8 \times 10^{-4} \times 0.050}\}/2$

$= 2.9 \times 10^{-3}$ あるいは -3.1×10^{-3}

よって，$x = 2.9 \times 10^{-3}$ pH $= -\log(2.9 \times 10^{-3}) = 2.54$

(b)

	C$_6$H$_5$NH$_2$ + H$_2$O $\rightleftarrows$	C$_6$H$_5$NH$_3^+$ +	OH$^-$
初濃度	0.050	0	0
平衡濃度	$0.050 - x$	x	x

よって，塩基解離定数 K_b は，$K_b = x^2/(0.050 - x)$

$x = [OH^-] = (K_b \times 0.050)^{1/2} = (4.3 \times 10^{-10} \times 0.050)^{1/2} = 4.6 \times 10^{-6}$

$(C_A - x) \approx C_A$ の近似の妥当性を考慮するため解離度 α を求めると

$\alpha = 4.6 \times 10^{-6}/0.050 = 9.2 \times 10^{-5}$ となる。解離度が 0.05 以下であるので，近似を使って計算できる。

pOH $= -\log[OH^-] = -\log(4.6 \times 10^{-6}) = 5.34$

pH $= pK_w - pOH = 14 - 5.34 = 8.66$

あるいは

pH $= pK_w - 1/2\, pK_b + 1/2 \log C_B = 14 - 1/2 \times \{-\log(4.3 \times 10^{-10})\} + 1/2 \log 0.050$

$= 14.00 - 4.69 - 0.65 = 8.66$

(c)

	$C_6H_5COO^-$ + H_2O $\rightleftharpoons$ C_6H_5COOH + OH^-
平衡濃度	$0.050-x$　　　　　　　　　　x　　　　x

加水分解の平衡定数 K_h は

$$K_h = \frac{[C_6H_5COOH][OH^-]}{[C_6H_5COO^-]} = K_b = \frac{x^2}{0.050-x} = \frac{x^2}{0.050}$$

ここで，$K_a \times K_b = K_w$ より安息香酸の共役塩基の K_b は

$$K_b = \frac{K_w}{K_a} = \frac{1.0 \times 10^{-14}}{6.5 \times 10^{-5}} = 1.5 \times 10^{-10}$$

よって

$$x^2 = K_b \times 0.050 = 1.5 \times 10^{-10} \times 0.050 = 7.5 \times 10^{-12}$$

$$x = [OH^-] = (7.5 \times 10^{-12})^{1/2} = 2.7 \times 10^{-6}$$

$$[H^+] = \frac{K_w}{[OH^-]} = \frac{1.0 \times 10^{-14}}{2.7 \times 10^{-6}} = 3.7 \times 10^{-9}$$

よって，pH $= -\log(3.7 \times 10^{-9}) = 8.43$

あるいは，(10.24) 式に値を代入し

$$pH = \frac{1}{2} pK_w + \frac{1}{2} pK_a + \frac{1}{2} \log C_S = \frac{1}{2}(14.00 + 4.19 + \log 0.050) = 8.45$$

10・8

$$5.00 = 4.75 + \log \frac{[CH_3COO^-]}{[CH_3COOH]}$$

$$\log \frac{[CH_3COO^-]}{[CH_3COOH]} = 0.25$$

よって，$\dfrac{[CH_3COO^-]}{[CH_3COOH]} = 10^{0.25} = 1.8$

したがって，酢酸と酢酸ナトリウムを物質量比 1 : 1.8 にして水に溶かせばよい。

10・9

HCl を加えると，その分だけ CH_3COOH 濃度は高くなり，CH_3COO^- 濃度が低くなる。

(10.33) 式より

$$\mathrm{pH} = 4.75 + \log \frac{\left\{\dfrac{0.10(100-4.0)}{104.0}\right\}}{\left\{\dfrac{0.10(100+4.0)}{104.0}\right\}} = 4.75 - 0.03 = 4.72$$

一方，NaOH を加えるとその逆になるので

$$\mathrm{pH} = 4.75 + \log \frac{\left\{\dfrac{0.10(100+4.0)}{104.0}\right\}}{\left\{\dfrac{0.10(100-4.0)}{104.0}\right\}} = 4.75 + 0.03 = 4.78$$

10・10

加えた塩酸を y cm^3 とすると，(10.33) 式より

$$\mathrm{pH} = \mathrm{p}K_\mathrm{a} + \log \frac{[\mathrm{CH_3COO^-}]}{[\mathrm{CH_3COOH}]} = 4.75 + \log \frac{(0.020 \times 100 - 0.10\mathrm{y})}{0.10\mathrm{y}} = 5.0$$

これから y を求めると，y = 7.2 cm^3

10・11

(a)

	CH$_3$COOH	⟶	CH$_3$COO$^-$	+	H$^+$
初濃度	0.15 − x		x		x

$$K_\mathrm{a} = \frac{x^2}{0.15 - x}$$

$0.15 - x \approx 0.15$ と近似すると

$$x = \pm\sqrt{0.15 \times 1.8 \times 10^{-5}} = 1.6 \times 10^{-3}$$

解離度 $\quad a = \dfrac{1.6 \times 10^{-3}}{0.15} = 1.1 \times 10^{-2}$

したがって，近似してよいことになる．よって

$$\mathrm{pH} = -\log[\mathrm{H^+}] = -\log(1.6 \times 10^{-3}) = 2.80$$

(b)　CH_3COOH の物質量は $0.15 \times \dfrac{25}{1000} = 3.75 \times 10^{-3}$ mol

OH^- の物質量は $0.20 \times \dfrac{5}{1000} = 1.00 \times 10^{-3}$ mol

よって残っている CH_3COOH の物質量は

$3.75 \times 10^{-3} - 1.0 \times 10^{-3} = 2.75 \times 10^{-3}$ mol

また CH_3COONa の物質量は 1.0×10^{-3} mol

全量は 30 ml であるので

$[CH_3COOH] = 2.75 \times 10^{-3} \times \dfrac{1000}{30} = 9.2 \times 10^{-2}$ mol dm^{-3}

$[CH_3COO^-Na^+] = 1.0 \times 10^{-3} \times \dfrac{1000}{30} = 3.3 \times 10^{-2}$ mol dm^{-3}

したがって

$$pH = 4.75 + \log \dfrac{3.3 \times 10^{-2}}{9.2 \times 10^{-2}}$$

$$= 4.75 - 0.44 = 4.31$$

11 章

11・1

(c) ～ (g) の化合物では，Na は Na^+ となっているのでその酸化数は $+1$。S の酸化数を x とおけば

(a)　H_2S　　　　　$(+1) \times 2 + x = 0$　　　　　　　　　　　　$x = -2$

(b)　SO_2　　　　　$x + (-2) \times 2 = 0$　　　　　　　　　　　　$x = +4$

(c)　$NaHSO_3$　　　$(+1) + (+1) + x + (-2) \times 3 = 0$　　　　$x = +4$

(d)　Na_2SO_3　　　$(+1) \times 2 + x + (-2) \times 3 = 0$　　　　　$x = +4$

(e)　$Na_2S_2O_3$　　$(+1) \times 2 + x \times 2 + (-2) \times 3 = 0$　　$x = +2$

(f)　Na_2SO_4　　　$(+1) \times 2 + x + (-2) \times 4 = 0$　　　　　$x = +6$

(g)　$NaHSO_4$　　　$(+1) + (+1) + x + (-2) \times 4 = 0$　　　　$x = +6$

11・2
化学反応式の中で酸化数が変化する原子とその酸化数は次のようになる。

(a) $\underline{\text{Cu}}\text{O} + \underline{\text{H}}_2 \longrightarrow \underline{\text{Cu}} + \underline{\text{H}}_2\text{O}$
　　(+2)　(0)　　(0)　(+1)

相手の化学種から電子を取り去るものが酸化剤。したがって，酸化剤は CuO

(b) $\underline{\text{Cl}}_2 + \underline{\text{S}}\text{O}_2 + 2\text{H}_2\text{O} \longrightarrow 2\text{H}\underline{\text{Cl}} + \text{H}_2\underline{\text{S}}\text{O}_4$
　　(0)　(+4)　　　　(−1)　(+6)

したがって，酸化剤は Cl_2

(c) $2\underline{\text{Fe}}\text{SO}_4 + \text{H}_2\text{SO}_4 + \text{H}_2\underline{\text{O}}_2 \longrightarrow \underline{\text{Fe}}_2(\text{SO}_4)_3 + 2\text{H}_2\underline{\text{O}}$
　　(+2)　　　　　(−1)　　　(+3)　　　(−2)

したがって，酸化剤は H_2O_2

(d) $2\text{K}\underline{\text{Mn}}\text{O}_4 + 3\text{H}_2\text{SO}_4 + 5\text{H}_2\underline{\text{O}}_2 \longrightarrow 2\underline{\text{Mn}}\text{SO}_4 + \text{K}_2\text{SO}_4 + 8\text{H}_2\text{O} + 5\underline{\text{O}}_2$
　　(+7)　　　　　　(−1)　　　(+2)　　　　　　　　(0)

したがって，酸化剤は KMnO_4

(e) $\text{H}_2\underline{\text{O}}_2 + \text{H}_2\text{SO}_4 + 2\text{K}\underline{\text{I}} \longrightarrow 2\text{H}_2\underline{\text{O}} + \text{K}_2\text{SO}_4 + \underline{\text{I}}_2$
　　(−1)　　　　　(−1)　　(−2)　　　　(0)

したがって，酸化剤は H_2O_2

11・3
(a) $\text{MnO}_4^- \longrightarrow \text{Mn}^{2+}$　　Mn の酸化数：$+7 \to +2$　（酸化数の差は−5）
　　$\text{SO}_3^{2-} \longrightarrow \text{SO}_4^{2-}$　　S の酸化数：$+4 \to +6$　（酸化数の差は+2）

したがって，1.0 mol の KMnO_4 と反応する Na_2SO_3 の物質量は

$$1.0 \text{ mol} \times \frac{5}{2} = 2.5 \text{ mol}$$

(b) 亜硫酸ナトリウム水溶液の濃度を x mol dm^{-3} とおけば，やりとりする電子の物質量が等しくなるのは，次の等式が成り立つときである。

$$0.0200 \text{ mol dm}^{-3} \times \frac{12.5}{1000} \text{ dm}^3 \times 5 = x \times \frac{10.0}{1000} \text{ dm}^3 \times 2$$

これを解けば

$$x = 6.25 \times 10^{-2} \text{ mol dm}^{-3}$$

11・4

(a) 反応式から，電極系は Sn/Sn^{2+} と Pb/Pb^{2+} となる．それぞれの標準電極電位は，表 11・1 から，Sn/Sn^{2+} が -0.136 V，Pb/Pb^{2+} が -0.126 V である．したがって，電池図として $Sn|Sn^{2+}\|Pb^{2+}|Pb$ を考えると，その標準起電力 $E°$ は

$$E° = -0.126 - (-0.136) = 0.010 \text{ V}$$

となる．値が正になることから，電子は電池の左から右に移動することがわかり，カソードとなる金属は Pb となる．

(b) 同様に，電池図として $Pt|Fe^{3+}, Fe^{2+}\|Cl^-|Cl_2|Pt$ を考えると，その標準起電力 $E°$ は

$$E° = 1.359 - 0.771 = 0.588 \text{ V}$$

となる．値が正になることから，電子は電池の左から右に移動することがわかり，カソード側の電極系は Cl^-/Cl_2 となる．なお，両電極系は電解質溶液系あるいは気体と電解質溶液の混合系となるので，電極としては白金 Pt を用いている．

(c) 同様に，電池図として $Pt|Fe^{3+}, Fe^{2+}\|Hg_2^{2+}|Hg$ を考えると，その標準起電力 $E°$ は

$$E° = 0.788 - 0.771 = 0.017 \text{ V}$$

となる．値が正になることから，電子は電池の左から右に移動することがわかり，カソードは Hg となる．

11・5

(a) 電池図として $Zn|Zn^{2+}\|Sn^{2+}|Sn$ を考えると，その標準起電力 $E°$ は

$$E° = -0.136 - (-0.7628) = 0.626_8 \text{ V} = 0.627 \text{ V}$$

となる．値が正になることから，電子は電池の左から右に移動し，反応式の左辺から右辺に反応が進むことがわかる．

(b) ネルンストの式から，関与する電子数は $z = 2$ より

$$E = E° - \frac{RT}{2F} \ln \frac{[Zn^{2+}]}{[Sn^{2+}]}$$

$$= 0.626_8 \text{ V} - \frac{(8.314 \text{ J K}^{-1}\text{ mol}^{-1})(298.15 \text{ K})}{2 \times (96485 \text{ C mol}^{-1})} \times \ln \frac{0.50}{1.5}$$

$$= 0.641 \text{ V}$$

(c) 同様に

$$E = E° - \frac{RT}{2F} \ln \frac{[\text{Zn}^{2+}]}{[\text{Sn}^{2+}]}$$

$$= 0.626_8 \text{ V} - \frac{(8.314 \text{ J K}^{-1} \text{ mol}^{-1})(298.15 \text{ K})}{2 \times (96485 \text{ C mol}^{-1})} \times \ln \frac{1.5}{0.50}$$

$$= 0.613 \text{ V}$$

11・6

$E°$ は,表 11・1 より

$$E° = 0.7991 - (-0.1518) = 0.9509 \text{ V}$$

正値から,電子は電池の左から右に移動する.したがって,電極反応は

$$\text{Ag} + \text{I}^- \longrightarrow \text{AgI} + \text{e}^-$$
$$\underline{\text{Ag}^+ + \text{e}^- \longrightarrow \text{Ag}}$$

全体として: $\text{Ag}^+ + \text{I}^- \longrightarrow \text{AgI}$

この反応では関わる電子数は $z = 1$ であるから,平衡定数 K_c は

$$\ln K_c = \frac{zFE°}{RT} = \frac{FE°}{RT} = \frac{(96485 \text{ C mol}^{-1})(0.9509 \text{ V})}{(8.314 \text{ J K}^{-1} \text{ mol}^{-1})(298.15 \text{ K})} = 37.01_2$$

溶解度積 (K_{sp}) は,$\text{AgI} \longrightarrow \text{Ag}^+ + \text{I}^-$ の平衡定数となることから,K_c の逆数となる.

したがって

$$K_{sp} = \frac{1}{K_c} = \text{e}^{-37.012} = 8.431 \times 10^{-17}$$

11・7

電池図として $\text{Pt}|\text{Fe}^{2+}, \text{Fe}^{3+} \| \text{Ce}^{3+}, \text{Ce}^{4+}|\text{Pt}$ を考えると,その標準起電力 $E°$ は,表 11・1 より

$$E° = 1.61 - 0.771 = 0.83_9 \text{ V}$$

ギブズの標準自由エネルギー変化 $\triangle G°$ は,$z = 1$ より

$$\triangle G° = -zFE° = -(96485 \text{ C mol}^{-1})(0.83_9 \text{ V}) = -8.0_9 \times 10^4 \text{ C V mol}^{-1}$$
$$= -8.1 \times 10^4 \text{ J mol}^{-1}$$

平衡定数 K_c は

$$\ln K_c = \frac{-\Delta G°}{RT} = -\frac{(-8.0_9 \times 10^4 \,\text{J mol}^{-1})}{(8.314 \,\text{J K}^{-1}\,\text{mol}^{-1})(298.15 \,\text{K})} = 3.2_6 \times 10$$

したがって

$$K_c = e^{32.6} = 1.4 \times 10^{14}$$

12 章

12・1

$$v = -\frac{1}{3}\frac{d[A]}{dt} = -\frac{1}{4}\frac{d[B]}{dt} = \frac{1}{2}\frac{d[C]}{dt} = \frac{1}{6}\frac{d[D]}{dt}$$

ここで, $d[C]/dt = 1.42 \,\text{mol dm}^{-3}\,\text{s}^{-1}$ であるから

$$-\frac{d[A]}{dt} = \frac{3}{2}\frac{d[C]}{dt} = \frac{3}{2} \times 1.42 = 2.13 \,\text{mol dm}^{-3}\,\text{s}^{-1}$$

$$\frac{d[D]}{dt} = \frac{6}{2}\frac{d[C]}{dt} = \frac{6}{2} \times 1.42 = 4.26 \,\text{mol dm}^{-3}\,\text{s}^{-1}$$

12・2

(a) $\ln \dfrac{[A]}{[A]_0} = -kt$

$\ln (0.8/1) = -k \times 10 \times 60$ よって, $k = 3.7 \times 10^{-4}\,\text{s}^{-1}$

(b) $\ln \dfrac{[A]}{[A]_0} = -3.7 \times 10^{-4} \times 30 \times 60 = -0.67$

$\dfrac{[A]}{[A]_0} = e^{-0.67} = 0.51$

51%が残っている。

12・3

$t_{1/2} = (\ln 2)/k$ より, $k = (\ln 2)/(30 \times 60) = 3.85 \times 10^{-4}\,\text{s}^{-1}$

$\ln ([A]/[A]_0) = -kt$ より, $\ln\{(0.15 \times 10^{-3})/(2.50 \times 10^{-3})\} = -3.85 \times 10^{-4} \times t$

よって, $t = 7300 \,\text{s} = 122$ 分

12・4

A 1 mol が反応すると B 2 mol が生成するので，B の濃度が 1.0×10^{-2} mol dm^{-3} になるのは，0.5×10^{-2} mol dm^{-3} 相当の A が反応したときである．よって，残っている A の濃度は $2.5 \times 10^{-2} - 0.5 \times 10^{-2} = 2.0 \times 10^{-2}$ mol dm^{-3}　したがって，

$$\ln\{(2.0 \times 10^{-2})/(2.5 \times 10^{-2})\} = -k \times 3 \times 60$$

よって，$k = 1.2 \times 10^{-3}$ s^{-1}

B の濃度が 3.0×10^{-2} mol dm^{-3} のときには，A は 1.5×10^{-2} mol dm^{-3} と反応しているので残っている A は 1.0×10^{-2} mol dm^{-3} となる．したがって

$$\ln\{(1.0 \times 10^{-2})/(2.5 \times 10^{-2})\} = -1.2 \times 10^{-3} \times t$$

$t = 760$ s $= 12.7$ 分後

12・5

$1/[A] = kt + 1/[A]_0$　(12・16)

$1/(2.3 \times 10^{-1}) = k \times 40 \times 60 + 1/(5.6 \times 10^{-1})$

$k = 1.0 \times 10^{-3}$ mol^{-1} dm^3 s^{-1}

12・6

$$\ln(k_2/k_1) = \frac{E_a}{R}\left(\frac{1}{T_1} - \frac{1}{T_2}\right)$$

$$\ln\frac{1.2 \times 10^{-3}}{3.6 \times 10^{-5}} = \frac{E_a}{8.31}\left(\frac{1}{480} - \frac{1}{550}\right)$$

$E_a = 110$ kJ mol^{-1}

12・7

$$\ln(k_2/k_1) = \frac{50.0 \times 10^3}{8.31}\left(\frac{1}{293} - \frac{1}{303}\right)$$

$k_2/k_1 = e^{0.678} = 1.97$

約 2 倍となる．

12・8

温度 T(単位は K)のときの反応速度定数を k_T とすれば,半減期は $(t_{1/2})_T = (\ln 2)/k_T$ であるので,$k_T = (\ln 2)/(t_{1/2})_T$ と表せる。温度 $(T+10)$ のときの反応速度定数を k_{T+10} とすれば,半減期は $(t_{1/2})_{T+10} = (t_{1/2})_T/2 = (\ln 2)/k_{T+10}$
よって,$k_{T+10} = (2\ln 2)/(t_{1/2})_T$ したがって,$k_{T+10} = 2\,k_T$ となる。

$$\ln(k_{T+10}/k_T) = \ln(2\,k_T/k_T) = \frac{E_a}{R}\left(\frac{1}{T} - \frac{1}{T+10}\right)$$

$$\ln 2 = \frac{50.0 \times 10^3}{8.31}\left(\frac{1}{T} - \frac{1}{T+10}\right)$$

$T^2 + 10\,T = 86800$ したがって,$T = 290$ K

12・9

(a) 全反応式に現れない NO_3

(b) 段階 1 が律速段階とすれば,この素反応の速度式は $v = k_1[NO_2]^2$ と表される。これは,反応速度式と同様,NO_2 について 2 次の式である。

12・10

(a) $d[N_2O_2]/dt = k_1[NO]^2 - k_2[N_2O_2] - k_3[N_2O_2][O_2] = 0$
  $[N_2O_2] = k_1[NO]^2/(k_2 + k_3[O_2])$

(b) $d[NO_2]/dt = 2k_3[N_2O_2][O_2] = 2k_1k_3[NO]^2[O_2]/(k_2 + k_3[O_2])$

(c) $k_3[O_2] \gg k_2$,すなわち $k_3[O_2][N_2O_2] \gg k_2[N_2O_2]$
$N_2O_2 + O_2 \longrightarrow 2\,NO_2$ の反応が,$N_2O_2 \longrightarrow NO + NO$ の反応より速いとき
  $d[NO_2]/dt = 2k_1[NO]^2$
となり,NO についての 2 次の速度式と一致する。

13 章

13・1

元素記号	質量数	陽子数	中性子数
$^{67}_{31}\text{Ga}$	67	31	36
$^{81}_{36}\text{Kr}$	81	36	45
$^{99}_{43}\text{Tc}$	99	43	56
$^{131}_{53}\text{I}$	131	53	78
$^{133}_{54}\text{Xe}$	133	54	79
$^{201}_{81}\text{Tl}$	201	81	120

13・2

元素記号	陽子数	中性子数	電子数
$^{18}_{9}\text{F}$	9	9	9
$^{40}_{19}\text{K}$	19	21	19
$^{224}_{88}\text{Ra}$	88	136	88
$^{241}_{95}\text{Am}$	95	146	95

13・3

(a) $^{210}_{83}\text{Bi} \longrightarrow {}^{206}_{81}\text{Tl} + {}^{4}_{2}\text{He}$

(b) $^{190}_{78}\text{Pt} \longrightarrow {}^{186}_{76}\text{Os} + {}^{4}_{2}\text{He}$

(c) $^{60}_{27}\text{Co} \longrightarrow {}^{56}_{25}\text{Mn} + {}^{4}_{2}\text{He}$

(d) $^{220}_{86}\text{Rn} \longrightarrow {}^{216}_{84}\text{Th} + {}^{4}_{2}\text{He}$

13・4

(a) $^{32}_{15}\text{P} \longrightarrow {}^{32}_{16}\text{S} + {}^{0}_{-1}\text{e}$

(b) $^{40}_{19}\text{K} \longrightarrow {}^{40}_{20}\text{Ca} + {}^{0}_{-1}\text{e}$

(c) $^{60}_{26}\text{Fe} \longrightarrow {}^{60}_{27}\text{Co} + {}^{0}_{-1}\text{e}$

(d) $^{141}_{56}\text{Ba} \longrightarrow {}^{141}_{57}\text{La} + {}^{0}_{-1}\text{e}$

13・5

(a) $^{238}_{92}U \longrightarrow \boxed{^{234}_{90}Th} + ^{4}_{2}He$

(b) $\boxed{^{239}_{93}Np} \longrightarrow ^{239}_{94}Pu + ^{0}_{-1}e$

13・6

(a) $^{235}_{92}U \longrightarrow ^{231}_{90}Th + ^{4}_{2}He,\qquad ^{231}_{90}Th \longrightarrow ^{231}_{91}Pa + ^{0}_{-1}e$

(b) $^{238}_{92}U \longrightarrow ^{234}_{90}Th + ^{4}_{2}He,\qquad ^{234}_{90}Th \longrightarrow ^{234}_{91}Pa + ^{0}_{-1}e$

$^{234}_{91}Pa \longrightarrow ^{230}_{89}Ac + ^{4}_{2}He$

(c) $^{220}_{86}Rn \longrightarrow ^{216}_{84}Po + ^{4}_{2}He,\qquad ^{216}_{84}Po \longrightarrow ^{212}_{82}Pb + ^{4}_{2}He$

13・7

$1\text{ eV} = 1.602 \times 10^{-19}\text{ J}$ であるので

$1.1\text{ MeV} = 1.1 \times 10^{6}\text{ eV} = 1.1 \times 10^{6} \times 1.602 \times 10^{-19}\text{ J}$

$E = h(c/\lambda)$ より

$$\lambda = \frac{hc}{E} = \frac{6.62 \times 10^{-34}\text{ J s} \times 3.00 \times 10^{8}\text{ m s}^{-1}}{(1.1 \times 10^{6} \times 1.602 \times 10^{-19}\text{ J})} = 1.1 \times 10^{-12}\text{ m}$$

13・8

(a) $^{14}_{7}N + ^{1}_{1}H \longrightarrow ^{11}_{6}C + ^{4}_{2}He$

(b) $^{66}_{30}Zn + ^{1}_{1}H \longrightarrow ^{67}_{31}Ga$

(c) $^{14}_{7}N + ^{4}_{2}He \longrightarrow ^{17}_{8}O + ^{1}_{1}H$

(d) $^{10}_{5}B + ^{4}_{2}He \longrightarrow ^{13}_{7}N + ^{1}_{0}n$

13・9

半減期 $t_{1/2} = (\ln 2)/\lambda$

したがって, $\lambda = (\ln 2)/5730 = 1.21 \times 10^{-4}\text{ y}^{-1}$

$\ln(N/N_0) = -\lambda t$ より

$N/N_0 = e^{-\lambda t} = e^{(-1.21 \times 10^{-4} \times 2000)} = 0.785$

よって, 78.5%の ^{14}C が残っている。

13・10

半減期 $t_{1/2} = (\ln 2)/\lambda$

したがって，壊変定数 $\lambda = (\ln 2)/3.8 = 0.182 \, \text{d}^{-1}$

$\ln (N/N_0) = -\lambda t$　より，$t = (\ln 0.6)/(-0.182) = 2.8$

よって，2.8 日後

13・11

$\Delta m = (7.01600 + 1.007825) - 2 \times 4.00260 = 0.018625 \, \text{u}$

$E = (\Delta m)c^2 = (0.018625 \times 1.6605 \times 10^{-27} \, \text{kg}) \times (2.9979 \times 10^8 \, \text{m s}^{-1})^2$
$= 2.7795 \times 10^{-12} \, \text{J}$

13・12

$E = 4.03 \times 10^{14} \, \text{eV} = 4.03 \times 10^{14} \times 1.602 \times 10^{-27} = 6.456 \times 10^{-13} \, \text{J} = 6.456 \times 10^{-13} \, \text{kg m}^2 \, \text{s}^{-2}$

質量欠損 $\Delta m = E/c^2 = 6.456 \times 10^{-13} \, \text{kg m}^2 \, \text{s}^{-2}/(2.9979 \times 10^8 \, \text{m s}^{-1})^2$
$= 7.183 \times 10^{-30} \, \text{kg} = 7.183 \times 10^{-30}/(1.6605 \times 10^{-27}) = 4.33 \times 10^{-3} \, \text{u}$

索　　引

■あ　行

アイソトープ　249
アクチノイド元素　39
圧平衡定数 K_p　154
アニオン　47
アノード　216
アボガドロ定数　13
アボガドロの法則　78
アレニウスの式　240
アレニウスの定義　171
安定同位体　249
α 線　250
α 崩壊　250
α 粒子　250

1 次反応　230
イオン化合物　48
イオン化列　216
イオン結合　48
イオン結晶　99
イオン式　15
一塩基酸　174
一酸塩基　175
移動量　125
陰イオン　47
陰極　121
陰性　48

エレクトロンボルト　252
塩基　171
塩基解離定数　179, 188
塩基性　182
エンタルピー　128, 142
塩の加水分解　192
SI 基本単位　6
SI 組立単位　6
SI 接頭語　6
SI 単位系　6
sp^2 混成軌道　65
sp^3 混成軌道　63
sp 混成軌道　67
L 殻　32
M 殻　32

N 殻　32
X 線　254
X 線回折法　100

オキソニウムイオン　56, 117, 172
オクテット　46, 54
オクテット則　46, 51, 54

■か　行

外界　125
外部被曝　256
壊変定数　258
解離度　175
化学式　14
科学的表記法　2
化学電池　215
化学反応式　19
化学平衡　154
化学量論　14
化学量論係数　20
可逆反応　129
殻　32
核子　10
核種　10
核電荷　36
核反応　260
核反応式　251
核分裂　263
核融合　264
価数　174
カソード　215
カチオン　47
活性化エネルギー　238, 240, 245
価電子　38
価表　51
還元　212
還元剤　212
換算係数表示法　6
緩衝液　196
緩衝作用　196
γ 線　254

γ 崩壊　250, 254
起原子化合物　54
気体定数　77
気体分子運動論　84
起電力　215
軌道　31
ギブズの自由エネルギー　146
吸収線量　257
強塩基　176, 191
凝固点　95
凝固点降下　112
凝固点降下定数　112
強酸　176, 191
共通イオン効果　162
強電解質　117
共鳴構造　57
共鳴混成体　58
共役塩基　173, 191, 194
共役酸　173, 191
共役酸‐塩基対　173, 189
共有結合　50, 62
共有結合結晶　99
共有結合対　51
共有電子対　53
極限構造　57
極性共有結合　70
極性分子　72
キルヒホッフの法則　139
均一触媒　246
金属結合　45
金属結晶　99

空間格子　99
クラウジウス‐クラペイロン　93
グラハムの法則　87
グレイ　257

系　125
形式電荷　55
系列極限　26

結合エネルギー　261
結合電子対　51, 59
ケルビン温度　6
原子価殻　59
原子価殻電子対反発理論
　　59
原子核　10
原子スペクトル　25
原子番号　10
原子量　11
原子力　263
元素分析　16
K_a　177
K_w　181
K殻　32

格子定数　99
格子点　99
格子面　100
酵素　246
構造式　15, 53
孤立系　125
孤立電子対　51
根平均二乗速度　85
最外殻電子　38

■さ　行
酸　171
酸化　212
酸解離定数　177, 186, 195
酸化還元反応　212
酸化剤　212
酸化数　213
三重結合　55
三重点　97
酸性　182

シーベルト　257
式量　12
磁気量子数　32
自然放射線　255
実験式　15
実効線量　257
実在気体　88
質量欠損　261
質量数　10, 249
質量分率　105
質量モル濃度　106

示強性　125
示性式　15
示量性　125
弱酸　178
弱電解質　117
遮蔽効果　36
シャルルの法則　77
自由電子　45
縮退　37
主量子数　32
昇華曲線　97
蒸気圧　91, 110
蒸気圧曲線　92, 97
蒸気圧降下　110
消失速度　227
状態図　97
状態量　125
衝突頻度　238
衝突理論　238
蒸発エンタルピー　92
蒸発熱　92
触媒　245
初速度　227
人工放射性元素　250
芯電子　38
浸透　114
浸透圧　114
振動数　26
振動数条件　28
σ結合　62

水酸化物イオン　171
水素イオン　171
水素イオン濃度　181
水素結合　91, 73
水素結合性結晶　99
水素原子モデル　27
スピン量子数　34
スペクトル系列　26

生成エンタルピー　135
生成速度　227
絶対温度　6
セルシウス温度　6
全圧　80
遷移状態　238, 245
全反応次数　229
線列　26

双極子・双極子相互作用　91
双極子モーメント　71
相対質量　11
相転移　131
束一的性質　105
組成式　14
素反応　242
存在比　11

■た　行
第一イオン化エネルギー
　　40
第一遷移元素　39
体心立方格子　99
体積分率　105
第二イオン化エネルギー
　　40
第二遷移元素　39
多電子原子　36
ダニエル電池　215
単位格子　99
単結合　53
単純立方格子　99
中性　182
中性子　10
中性子数　249
中和　200
中和滴定　200
中和点　202
中和反応　200
定圧過程　128
定圧熱容量　130
定常状態　28
定常状態の近似　245
定容過程　128
定容熱容量　130
電解質濃淡電池　221
電解質溶液　117
電気陰性度　70
電気素量　10
電気分解　121
電子欠損型化合物　54
電子親和力　41
電磁波　26, 254
電子配置　37
電子ボルト　252
天然放射性元素　249

索　引　*319*

電離作用　256

ド・ブロイ波　30
同位体　11, 249
統一原子質量単位　12
透過性　256
当量点　202
閉じた系　125
ドルトンの法則　80

■な　行
内殻　36
内部エネルギー　127
内部被曝　257
波　29

二塩基酸　175
二酸塩基　175
2次反応　235
二重結合　54

熱化学　125
熱容量　130
熱力学　125
熱力学温度　6
熱力学の第一法則　125
熱力学の第三法則　144
熱力学の第二法則　143
ネルンストの式　219
燃焼エンタルピー　134

濃淡表示　32
濃度平衡定数　154

■は　行
配位結合　52
パウリの禁制原理　36
波長　26
発光スペクトル　25
波動力学　29
バルマー系列　26
半減期　233, 257
半電池　215
半透膜　114
反応機構　242
万能試験紙　183
反応次数　229
反応速度　227

反応速度式　229
反応速度定数　229
反応中間体　243
π結合　65

非共有電子対　51, 59
非局在化　58
標準エントロピー　144
標準起電力　216
標準自由エネルギー変化　146
標準水素電極　216
標準生成エンタルピー　135
標準生成自由エネルギー　148
標準燃焼エンタルピー　134
標準反応エンタルピー　134, 137
標準沸点　92
開いた系　125
頻度因子　240
pH（ピーエイチ）　181
pH指示薬　183
pK_a　177

ファラデー定数　121
ファラデーの法則　121
ファンデルワールス係数　88
ファンデルワールスの状態方程式　88
ファンデルワールス力　91
ファントホッフ係数　118
ファントホッフの式　114
ファントホッフの定圧平衡式　165
フェノールフタレイン　183, 202
不均一触媒　246
不均一平衡　157
副殻　32
物質波　30
沸点　92
沸点上昇　111
沸点上昇定数　111
沸騰　92
物理量　5
ブラッグの式　100

プランク定数　26
プランクの式　26
ブレンステッド‐ローリーの定義　172
プロトン　171
ブロモチモールブルー　183, 202
分圧　80
分圧平衡　168
分極　70
分子結晶　99
分子式　14
分子量　12
フントの規則　36
分配係数　168
分布平衡　166
VSEPR理論　59

閉殻配置　38
平均二乗速度　85
平衡　91
平衡定数　154
ベクレル　257
ヘスの法則　135
ヘリウム殻　38
ヘルツ　26
ヘンダーソン‐ハッセルバルヒ　198, 204
ヘンリーの法則　167
β線　253
β崩壊　250, 253

ボイルの法則　77
方位量子数　32
放射性壊変　250
放射性元素　249
放射性同位体　249
放射性崩壊　250
放射線荷重係数　257
飽和蒸気圧　110

■ま　行
水のイオン積　181, 189
密度　8

無極性分子　72

メチルオレンジ　183

メチルオレンジ　202
面間隔　100
面心立方格子　99

モル　13
モル質量　13
モル昇華エンタルピー　96
モル昇華熱　96
モル蒸発エンタルピー　131
モル体積　78
モル濃度　106
モル融解エンタルピー　95, 131
モル融解熱　95
モル分率　105

■や　行
融解曲線　97

有効数字　1
融点　95

陽イオン　47
溶解度　109
溶解度積　162
陽極　121
陽子　10
陽子数　249
陽性　48
溶媒和結晶　109

■ら　行
ライマン系列　26
ラウールの法則　110
ラジオアイソトープ　249
ランタノイド元素　39

理想気体　77
律速段階　243
立体因子　238
リドベリ定数　26
リドベリ - リッツの式　26
リトマス紙　183
量子条件　28
量子数　28, 31
量子力学　29
臨界点　97

ルイス構造　52
ルイス構造　57
ルシャトリエの原理　159

励起　25

ロンドン力　91

著者略歴

田中　潔（たなか　きよし）
　1979年　東京工業大学大学院理工学研究科博士課程修了
　現　在　成蹊大学名誉教授
　　　　　工学博士
　専　攻　分子制御化学，物理有機化学

荒井貞夫（あらい　さだお）
　1977年　東京都立大学大学院工学研究科博士課程修了
　現　在　元法政大学生命科学部教授
　　　　　東京医科大学名誉教授
　　　　　工学博士
　専　攻　機能有機化学

フレンドリー基礎物理化学演習
2013年5月25日　初版第1刷発行
2025年4月1日　初版第4刷発行

　　　　　　　　　　　© 著 者　田　中　　　潔
　　　　　　　　　　　　　　　　荒　井　貞　夫
　　　　　　　　　　　　発行者　秀　島　　　功
　　　　　　　　　　　　印刷者　荒　木　浩　一

発行所　三共出版株式会社　　東京都千代田区神田神保町3の2
　　　　　　　　　　　　　　　郵便番号 101-0051　振替 00110-9-1065
　　　　　　　　　　　　　　　電話 03-3264-5711　FAX 03-3265-5149
　　　　　　　　　　　　　　　https://www.sankyoshuppan.co.jp/

一般社団法人 日本書籍出版協会・一般社団法人 自然科学書協会・工学書協会　会員

Printed in Japan　　　　　　　　　　　　印刷・製本・アイ・ピー・エス

JCOPY ＜（一社）出版者著作権管理機構 委託出版物＞
本書の無断複写は著作権法上での例外を除き禁じられています。複写される場合は、そのつど事前に、（一社）出版者著作権管理機構（電話 03-5244-5088、FAX 03-5244-5089、e-mail: info@jcopy.or.jp）の許諾を得てください。

ISBN 978-4-7827-0676-3

原子量表

(元素の原子量は，質量数12の炭素（^{12}C）を12とし，これに対する相対値とする．但し，この^{12}Cは核および電子が基底状態にある結合していない中性原子を示す．)

多くの元素の原子量は通常の物質中の同位体存在度の変動によって変化する．そのような元素のうち 13 の元素については，原子量の変動範囲を $[a, b]$ で示す．この場合，元素 E の原子量 $A_r(E)$ は $a \leq A_r(E) \leq b$ の範囲にある．ある特定の物質に対してより正確な原子量が知りたい場合には，別途求める必要がある．その他の 71 元素については，原子量 $A_r(E)$ とその不確かさ（括弧内の数値）を示す．不確かさは有効数字の最後の桁に対応する．

原子番号	元素記号	元 素 名	原子量	脚注	原子番号	元素記号	元 素 名	原子量	脚注
1	H	Hydrogen	[1.007 84 ; 1.00811]	m	60	Nd	Neodymium	144.242	g
2	He	Helium	4.002 602	g r	61	Pm	Promethium*		
3	Li	Lithium	[6.938, 6.997]	m	62	Sm	Samarium	150.36	g
4	Be	Berylium	9.012 1831		63	Eu	Europium	151.964	g
5	B	Boron	[10.806, 10.821]	m	64	Gd	Gadolinium	157.25	g
6	C	Carbon	[12.0096, 12.0116]		65	Tb	Terbium	158.925 354	
7	N	Nitrogen	[14.006 43, 14.007 28]	m	66	Dy	Dysprosium	162.500	g
8	O	Oxygen	[15.999 03, 15.999 77]	m	67	Ho	Holmium	164.930 329	
9	F	Fluorine	18.998 403 162		68	Er	Erbium	167.259	g
10	Ne	Neon	20.1797	g m	69	Tm	Thulium	168.934 219	
11	Na	Sodium	22.989 769 28		70	Yb	Ytterbium	173.045	g
12	Mg	Magnesium	[24.304, 24.307]		71	Lu	Lutetium	174.9668	g
13	Al	Aluminium	26.981 5384		72	Hf	Hafnium	178.486	g
14	Si	Silicon	[28.084, 28.086]		73	Ta	Tantalum	180.947 88	
15	P	Phosphorus	30.973 761 998		74	W	Tungsten	183.84	
16	S	Sulfur	[32.059, 32.076]		75	Re	Rhenium	186.207	
17	Cl	Chlorine	[35.446, 35.457]	m	76	Os	Osmium	190.23	g
18	Ar	Argon	[39.792, 39.963]		77	Ir	Iridium	192.217	
19	K	Potassium	39.0983		78	Pt	Platinum	195.084	
20	Ca	Calcium	40.078	g	79	Au	Gold	196.966 570	
21	Sc	Scandium	44.955 907		80	Hg	Mercury	200.592	
22	Ti	Titanium	47.867		81	Tl	Thallium	[204.382, 204.385]	
23	V	Vanadium	50.9415		82	Pb	Lead	[206.14, 207.94]	
24	Cr	Chromium	51.9961		83	Bi	Bismuth*	208.980 40	
25	Mn	Manganese	54.938 043		84	Po	Polonium*		
26	Fe	Iron	55.845		85	At	Astatine*		
27	Co	Cobalt	58.933 194		86	Rn	Radon*		
28	Ni	Nickel	58.6934	r	87	Fr	Francium*		
29	Cu	Copper	63.546	r	88	Ra	Radium*		
30	Zn	Zinc	65.38	r	89	Ac	Actinium*		
31	Ga	Gallium	69.723		90	Th	Thorium*	232.0377	g
32	Ge	Germanium	72.630		91	Pa	Protactinium*	231.035 88	
33	As	Arsenic	74.921 595		92	U	Uranium*	238.028 91	g m
34	Se	Selenium	78.971	r	93	Np	Neptunium*		
35	Br	Bromine	[79.901, 79.907]		94	Pu	Plutonium*		
36	Kr	Krypton	83.798	g m	95	Am	Americium*		
37	Rb	Rubidium	85.4678	g	96	Cm	Curium*		
38	Sr	Strontium	87.62	g r	97	Bk	Berkelium*		
39	Y	Yttrium	88.905 838		98	Cf	Californium*		
40	Zr	Zirconium	91.224	g	99	Es	Einsteinium*		
41	Nb	Niobium	92.906 37		100	Fm	Fermium*		
42	Mo	Molybdenum	95.95	g	101	Md	Mendelevium*		
43	Tc	Technetium*			102	No	Nobelium*		
44	Ru	Ruthenium	101.07	g	103	Lr	Lawrencium*		
45	Rh	Rhodium	102.905 49		104	Rf	Rutherfordium*		
46	Pd	Palladium	106.42	g	105	Db	Dubnium*		
47	Ag	Silver	107.8682	g	106	Sg	Seaborgium*		
48	Cd	Cadmium	112.414	g	107	Bh	Bohrium*		
49	In	Indium	114.818		108	Hs	Hassium*		
50	Sn	Tin	118.710	g	109	Mt	Meitnerium*		
51	Sb	Antimony	121.760	g	110	Ds	Darmstadtium*		
52	Te	Tellurium	127.60	g	111	Rg	Roentgenium*		
53	I	Iodine	126.904 47		112	Cn	Copernicium*		
54	Xe	Xenon	131.293	g m	113	Nh	Nihonium*		
55	Cs	Caesium	132.905 451 96		114	Fl	Flerovium*		
56	Ba	Barium	137.327		115	Mc	Moscovium*		
57	La	Lanthanum	138.905 47	g	116	Lv	Livermorium*		
58	Ce	Cerium	140.116	g	117	Ts	Tennessine*		
59	Pr	Praseodymium	140.907 66		118	Og	Oganesson*		

*：安定同位体がなく放射性同位体だけがある元素．ただし，Bi, Th, Pa, U の 4 元素は例外で，これらの元素は地球上で固有の同位体組成を示すので，原子量が与えられている．

g：当該元素の同位体組成が通常の物質が示す変動幅を超えるような地質学的あるいは生物学的な試料が知られている．そのような試料中では当該元素の原子量とこの表の値との差が，表記の不確かさを越えることがある．

m：不詳な，あるいは不適切な同位体分別を受けたために同位体組成が変動した物質が市販品中に見いだされることがある．そのため，当該元素の原子量が表記の値とかなり異なることがある．

r：通常の地球上の物質の同位体組成に変動があるために表記の原子量より精度の良い値を与えることができない．表中の原子量および不確かさは通常の物質に摘要されるものとする．